Frida Ramstedt

DESIGN FÜR DRAUSSEN

FRIDA RAMSTEDT

DESIGN FÜR DRAUSSEN

Ein Handbuch für alle, die ihren Garten, Balkon und ihre Terrasse lieben

Aus dem Schwedischen
übersetzt von Anja Lerz

ullstein extra

Die Originalausgabe erschien 2025 unter dem Titel *Handbok i inredning utomhus* bei The Book Affair.

Ullstein extra ist ein Verlag der Ullstein Buchverlage GmbH
www.ullstein-extra.de

ISBN 978-3-86493-258-8

Infografiken: © Sofia Gustafsson 2025
Illustrationen: © Angelica Lucaci 2025
Lektorat: Friederike Arnold

Gesetzt aus der Adobe Garamond und Sofia
Satz: Savage Types Media GbR, Berlin
Druck und Bindung: Livonia Print, Riga
Printed in Germany

Inhalt

3

FARBE UND FORM IM FREIEN

4

MÖBEL FÜR DEN AUSSENBEREICH

5

BELEUCHTUNG

6

EINRICHTUNG UND DEKORATION

7

RÄUME IM FREIEN

8

DER BALKON

9

GLOSSAR UND CHECKLISTE

Ein Sehnsuchtsort im Freien

Kann man ein Buch über Außenbereiche, Räume im Freien, Freiräume gewissermaßen, schreiben, ohne sich dabei schwerpunktmäßig mit Pflanzen und Gartenbau zu befassen? Ja, genau das will ich versuchen. Zu Themen wie Gärten, Pflanzen und deren Pflege gibt es bereits eine Vielzahl guter Bücher. Mit der Frage, wie man einen Außenraum einrichtet, befassen sich dagegen nicht so viele. Damit meine ich Bücher mit handfesten Ratschlägen und Tipps zur Planung von Freisitzen, Terrassen, Söllern oder Balkonen.

Dennoch gibt es viele brauchbare Gestaltungsprinzipien, Richtmaße und Faustregeln, die beim Planungsprozess ausgesprochen nützlich sind – und das ganz unabhängig davon, ob man sich darüber hinaus noch fürs Gärtnern interessiert oder sich lediglich eine schönere Außengestaltung wünscht.

Außerdem habe ich ein Buch vermisst, das wichtiges Wissen über Möbel für draußen vermittelt. Das Angebot heutzutage ist gewaltig, Informationen und Orientierungshilfen in Hinblick auf die vielen Wahlmöglichkeiten gibt es jedoch überraschend wenige. Dabei sind beim Möbelkauf häufig hohe Summen im Spiel.

Deshalb will ich das Thema von einer etwas anderen Perspektive aus angehen. Ich möchte dort anfangen, wo viele andere aufhören, und ein Handbuch schreiben, das eine Ergänzung zu den bereits existierenden Gartenbüchern darstellt und

nicht mit ihnen konkurriert. Und damit zu einem besseren Verständnis beitragen, wie Innendesigner und Landschaftsarchitekten die verschiedenen Zonen im Außenraum gestalten.

Damit es draußen ebenso schön ist wie im Haus, braucht man keinen grünen Daumen und muss sich auch nicht für die Pflege von Pflanzen begeistern, sondern sollte Freude daran haben, zu verstehen, wie Gartenprofis arbeiten und auf welcher Grundlage sie ihre Entscheidungen treffen.

Als mein erstes Buch *Innendesign* erschien, galt es als gewagt und anders, was vor allem daran lag, dass es keine Fotos enthielt, nur erklärende Texte und Illustrationen. Ich verfolgte jedoch eine klare Absicht: Ich wollte Sie als Leserinnen und Leser ermutigen, sich die eigenen Voraussetzungen vor Augen zu führen, anstatt sich an fertige Lösungen von Wohnungen und Häusern anderer krampfhaft zu orientieren. Zum jetzigen Zeitpunkt ist der Titel mehrfach übersetzt worden, wird in 29 Ländern verkauft und ist in so vielen Auflagen erschienen, dass ich mit dem Zählen nicht mehr hinterherkomme. Vor diesem Hintergrund wage ich mich erneut an ein ähnliches Konzept, auch bei diesem Thema. In einer Zeit, in der es Inspirationsfotos im Überfluss gibt, in der aber auch der Spaß am Gestalten und die Freude am Entwickeln eigenständiger Lösungen immer mehr verkümmert, möchte ich Ihre Fantasie anregen.

Egal, ob man einen kleinen Balkon, eine große Terrasse oder gleich mehrere Bereiche in einem Garten gestalten möchte: Dieses Buch soll dabei helfen; das ist mein Ziel. Ich hoffe, Sie gewinnen dadurch einen neuen Blick und Ideen für die Gestaltung eines Außenraums, der für Sie zum Sehnsuchtsort wird und an dem Sie das ganze Jahr über Freude haben.

1

Eine Bestands-aufnahme vorweg

Wenn Sie diese Zeilen lesen, verfügen Sie vermutlich über etwas, von dem sehr viele andere nur träumen können: einen Platz im Freien, den Sie Ihr Eigen nennen dürfen. Egal, wie groß oder klein dieser ist, ob er Ihnen gehört oder Sie ihn nur gemietet haben, der Schlüssel zum Gelingen Ihres Einrichtungsprojekts ist, zu verstehen, mit welchen Gegebenheiten Sie arbeiten werden. In diesem Kapitel geht es genau darum: das eigene Fleckchen Erde kennenzulernen. Hinzuschauen und sowohl Voraussetzungen zu erkennen, mit denen Sie es zu tun haben, als auch das, was Ihnen für Ihren Außenbereich vorschwebt.

Vom Frühling bis zum Winterschlaf

Während ich das hier schreibe, legt sich der erste Schnee des Jahres wie eine weiße Decke über unseren Garten. Über Nacht hat der Frost die trockenen Blätter, die sich immer noch in der Hainbuchenhecke festklammern, mit Eiskristallen überzogen, und sie sehen aus, als hätte jemand Puderzucker über die Büsche gestreut. Anders ausgedrückt ist es noch lange hin, bis alles wieder zu grünen und zu sprießen beginnt. Aber im Gegensatz zu dem, was viele in dieser Jahreszeit denken und empfinden, ist das gar keine schlechte Zeit, um die Umgebung draußen zu skizzieren.

Im Winter hat man genug Zeit, Moodboards zu basteln und verschiedene Alternativen abzuwägen, bevor der Eifer, jetzt alles zum Abschluss zu bringen, überhandnimmt. Außerdem sollte man analysieren, wie man Garten, Terrasse oder Balkon während der kalten Monate wahrnimmt. Wenn alles wächst und gedeiht, ist es zwar erheblich einfacher, Blickfänge zu kreieren, aber in den anderen Jahreszeiten ist es umso wichtiger, dass es etwas Schönes gibt, auf dem der Blick ruhen kann, etwas, wovon man noch länger etwas hat.

»The garden year has no beginning and no end.«

Elizabeth Lawrence,
Landschaftsarchitektin
(1904–1985)

Beschäftigt man sich in der Hauptsaison mit den Planungen, verliert man womöglich die Gegebenheiten im Herbst und im Winter aus den Augen. Die Sommermöbel sollen ja nicht nur funktionieren, wenn es draußen warm ist – sie müssen entweder Schnee aushalten oder auf eine durchdachte Weise untergebracht und den Winter über eingemottet werden. Auch die Beleuchtung sollte so konzipiert werden, dass sie sowohl im hellen Juli als auch im dunklen Dezember ihren Zweck erfüllt. Dann kommen in bestimmten Jahreszeiten auch noch ganz neue Fragen auf – wohin nur mit dem ganzen Schnee, den man wegschippt? Wie gut geeignet ist der gewünschte Bodenbelag für die Terrasse, die Haustürtreppe oder die Garagenauffahrt, wenn es friert und es Glatteis gibt? Und wie steht es mit den verschiedenen, zur Auswahl stehenden Arten des Windschutzes bei Herbststürmen, Regen und Schnee – oder bei Tauwetter? Ich glaube, Sie verstehen, worauf ich hinauswill. In Bezug auf den Außenraum gibt es wichtige Fragen, mit denen man sich das ganze Jahr über auseinandersetzen sollte. Vom Frühling bis zum Winterschlaf.

Strukturen und Formen analysieren

Wenn draußen alles grau (oder weiß) ist, fällt oft leichter auf, was fehlt. Aber egal, in welcher Jahreszeit Sie diese Zeilen lesen: Heben Sie einmal den Blick, und schauen Sie, worauf er fällt. Am besten von Ihrem Lieblingsplatz im Haus aus. Kneifen Sie die Augen ein bisschen zusammen, und denken Sie eher in Formen, nicht so sehr an Details. Vermissen Sie Abwechslung? Versuchen Sie, in Gedanken mit großen, schwungvollen Pinselstrichen zu malen. Welche Linien und Strukturen würden die Aussicht interessanter gestalten?

Nicht nur Bäume und Sträucher eignen sich auf einer Ebene als Blickfang, vielleicht wäre auch eine beleuchtete Wand an der Terrasse hübsch? Oder ein rundes Tor, das mit einer Lichterkette versehen werden kann? Vielleicht eine Bank oder eine Skulptur, die auf manchen Blickachsen vom Fenster aus einen Hingucker darstellen? Oder etwas ganz anderes, das Ihnen spontan einfällt, wenn Sie sich darauf konzentrieren, was fehlt?

WUSSTEN SIE, DASS …

… in der Landschaftsarchitektur bei der Planung von Zonen und Bepflanzungen Begriffe wie *Winteraspekt* und *Jahreszeiteninszenierung* verwendet werden? Es ist wichtig, dass die verschiedenen Zonen auch dann noch schön anzuschauen sind, wenn das Herbstlaub gefallen ist. Diese Denkweise trifft ebenfalls auf die Einrichtung eines Aufenthaltsbereichs im Freien zu. Hat man etwas geschaffen, das nur im Sommerhalbjahr Aufenthaltswert hat, ist es schließlich kaum verwunderlich, dass man sich im Herbst und Winter oder auch nur beim Blick nach draußen uninspiriert fühlt.

Was die Jahreszeiten auszeichnet

Jede Jahreszeit hat ihren Charme und einen bestimmten Fokus. Vorausgesetzt, wir legen den Grundstein für die richtigen Gegebenheiten, damit wir sie genießen können.

Frühling: Erwartung

Der Frühling ist die Jahreszeit der Erwartung. Schaffen Sie daher Voraussetzungen, um das Staunen und die Erwartung voll auskosten zu können. Legen Sie einen Sitzbereich vor einer sonnenwarmen Mauer an, von wo aus Sie einen schönen Blick auf die ersten Schneeglöckchen des Jahres und knospende Bäume haben. Oder wo man auch einfach nur still dasitzen und dem vom Dach tropfenden Wasser und dem ersten Gesang der Vögel lauschen kann.

Sommer: Üppigkeit

Im Sommer zeigt sich die Vegetation in ihrer ganzen Pracht, und wir können die Tage im Freien verbringen, sofern das Wetter (und die Gestaltung des Außenraums) das zulassen. Sorgen Sie dafür, dass Sie dem Lauf der Sonne folgen können, und legen Sie Sitzbereiche in mehreren Himmelsrichtungen an. Investieren Sie zudem Zeit und Geld in Pflanzen und andere Dinge, die Ihnen Freude bereiten, wenn Sie sich überwiegend zu Hause aufhalten – und nicht dann, wenn Sie üblicherweise im Urlaub sind.

Herbst: Vergänglichkeit

Die Tage werden kürzer und kälter. Bäume, Büsche und Blumen werden gelb, vertrocknen und verwelken. Obwohl das platt klingt, kann diese Zeit der Vergänglichkeit auch schön sein, voller neuer Farben und Voraussetzungen. Staffieren Sie den Außenraum mit einer Wintergarderobe aus. Legen Sie ein paar Schaffelle auf die Stühle, und halten Sie einen Korb mit Kuscheldecken bereit. Wenn es früher dunkel wird, kommt der Außenbeleuchtung eine größere Bedeutung zu. Zünden Sie eine Laterne an, lassen Sie die Büsche durch Lichterketten erstrahlen oder beleuchten Sie schönes Astwerk.

Winter: Formen und Frost

Verwenden Sie immergrüne Pflanzen, langlebige Stauden, Hecken in Formschnitt und sich wiegendes trockenes Gras, Mosaiksteine, die auch nach Einbruch des Winters schöne Silhouetten bilden. Eine gute Wahl sind auch schöne frostbeständige Pflanztöpfe, Möbel und winterliche Blickfänge, die draußen auch bei sinkenden Temperaturen etwas hermachen. Ebenso, wie Sie mit dem Grün einen Wow-Effekt erzielen möchten, sollten Sie Stellen schaffen, an denen sich Eiskristalle und Schnee ansammeln und schöne Winterstillleben entstehen können. Übrigens: Sind weiterhin gute Sitzgelegenheiten vorhanden, nachdem alle Gartenmöbel eingelagert worden sind? Suchen Sie sich den schönsten Winterausblick und investieren Sie in Sitzgelegenheiten aus wetterbeständigem Material.

»Einen Garten hat man erst dann richtig wahrgenommen, wenn man ihn das ganze Jahr hindurch betrachtet hat.«

Altes Sprichwort

BITTE BEACHTEN!

Gartenmöbel haben oft lange Lieferzeiten. Nicht selten sind beliebte Modelle in der Hochsaison ausverkauft. Deshalb sollte man seine Möbel bereits im Frühjahr bestellen.

Auch in der Natur gibt es so etwas wie Lieferzeiten. Frühlingszwiebeln müssen im Herbst gepflanzt werden und bestimmte Stauden schon im Frühjahr in die Erde, um ihren ersten Winter zu überstehen.

Nehmen Sie Ihr Projekt in Angriff – Schritt für Schritt

Nicht nur Sie sind ungeduldig und möchten direkt zu dem Kapitel springen, das Sie am meisten interessiert. Glauben Sie mir. Mir geht es genauso, und ich kann das total nachempfinden. Aber dank meiner langjährigen Erfahrung mit Hunderten von verschiedenen Einrichtungsprojekten weiß ich, dass man das Risiko von Fehlkäufen *erheblich* verringert, wenn man nur ein wenig mehr Vorarbeit leistet.

Profis gehen ein Außenanlagenprojekt folgendermaßen an: Schritt für Schritt.

Schritt 1. Bedarfsanalyse

Sowohl Garten- als auch Innenarchitekten empfehlen ihren Kunden, eine Wunschliste zu erstellen, bevor sie einen Auftrag annehmen. Kurz gesagt: Fassen Sie die Aktivitäten, für die Sie Platz schaffen möchten, in Worte, und beschreiben Sie, wie Sie sich die Nutzung Ihres Außenraums vorstellen. Es ist in der Regel einfacher, die gewünschte Atmosphäre zu beschreiben, als anzugeben, welcher Einrichtungsstil einem am besten gefällt. Diese Denkaufgabe kann jeder für sich selbst erledigen, unabhängig davon, ob man später einen Experten beauftragen oder alles selbst machen möchte.

Wie möchten Sie Ihren Außenbereich nutzen?

Möchten Sie sich vor allem ausruhen und entspannen? Oder möchten Sie einen Ort haben, an dem Sie sich mit Freunden treffen, gemütlich essen und große Feiern veranstalten können? Möchten Sie einen Kinderspielbereich, einen Platz, wo Sie Kräuter, Gemüse oder Schnittblumen anbauen können?

Welche praktischen Dinge müssen Sie unterbringen?
Neben verschiedenen Möbeln werden vielleicht auch Platz für den Grill, ein Trampolin, Mülltonnen, einen Geräteschuppen, einen Kompost und so weiter benötigt.

Welche Atmosphäre möchten Sie in den einzelnen Bereichen schaffen?
Welches Gefühl wollen Sie dort erzeugen? Möchten Sie sich ruhig oder ausgelassen, wachsam oder entspannt fühlen? Möchten Sie, dass die Atmosphäre eher heimelig oder gesellig, luxuriös oder schlicht, traditionell oder trendy ist? Das sind wichtige Stichworte, die Ihnen bei vielen Entscheidungen im Laufe des Projekts helfen.

Schritt 2. Standortanalyse

Abgesehen davon, dass Sie sich über Ihre Träume und Wünsche (und die Ihrer Familie) im Klaren sein sollten, bedarf es auch einer gründlichen Analyse des Standorts. Informieren Sie sich so umfassend wie möglich über die praktischen Gegebenheiten, bevor Sie mit der Gestaltung und Einrichtung Ihres Außenraums beginnen.

Manchmal liegt für ein Grundstück ein Gestaltungsplan vor, was bedeutet, dass es kommunale Vorgaben hinsichtlich seiner Nutzung gibt. Darüber hinaus gibt es möglicherweise baurechtliche Auflagen, Nachbarschaftsverbände und Anlieger, die ihre eigenen Ansichten darüber haben, was machbar ist. Bevor Sie verschiedene Ideen skizzieren, gilt es herauszufinden, wie der Lauf der Sonne ist, wo der Wind sich am meisten auswirkt, wo Sie die beste Aussicht haben und der Bereich am wenigsten einsehbar ist, wo sich Türen befinden und andere ortsbezogene Faktoren, die wir im nächsten Kapitel behandeln werden.

Ganz hinten im Buch finden Sie nützliche Informationen zu verschiedenen Klima-, Temperatur- und Schneezonen, die Sie bei Ihren Entscheidungen in Sachen Ausstattung berücksichtigen sollten.

Eine Standortanalyse ist immer sinnvoll, egal, ob Sie umziehen oder eine bestehende Umgebung neu gestalten möchten. Es ist manchmal ebenso schwierig, sich etwas nicht Existierendes vorzustellen, wie den tatsächlichen Wert des bereits Vorhandenen zu erkennen.

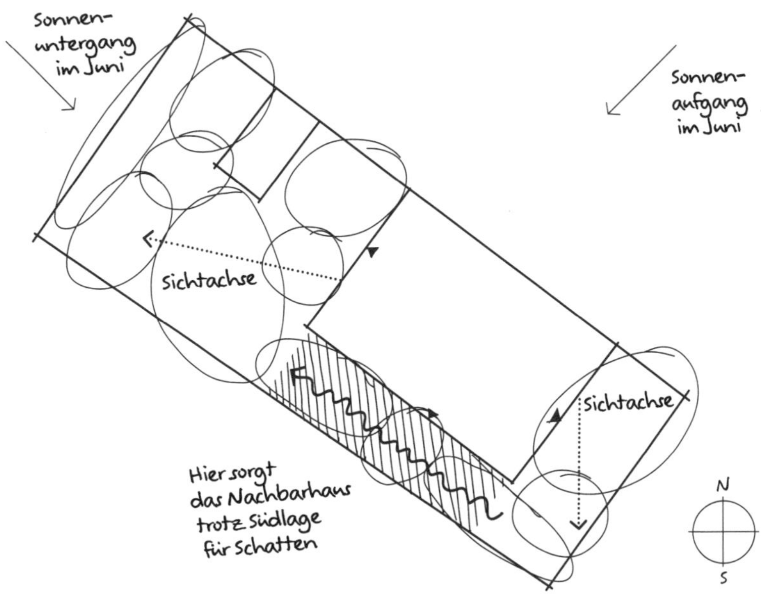

Schritt 3. Funktionsplan

Nach Abschluss der Schritte eins und zwei ist der nächste Schritt die Erstellung eines Funktionsplans. Dabei handelt es sich um eine grobe, häufig schwarz-weiße Skizze, in der Sie markieren, wo in Ihrem Garten oder auf Ihrer Terrasse Sie die verschiedenen Funktionen, die Sie sich überlegt haben, am besten unterbringen können. Der Funktionsplan sollte auf den Erkenntnissen Ihrer Bedarfs- und Standortanalyse basieren. In dieser Phase brauchen Sie noch nicht im Detail festzulegen, wie der Außenraum aussehen soll oder welche Möbel Ihnen vorschweben. Es reicht, wenn Sie den »Essbereich« oder die »Loungegarnitur« skizzieren. Zwei hilfreiche Fragen lauten:

- Wo lassen sich Ihre gewünschten Aktivitäten und Funktionen am besten unterbringen?
- Wie sollten sich die verschiedenen Zonen oder Funktionen am besten zueinander verhalten (und zu den Räumen und den verschiedenen Funktionen im Innenbereich des Hauses)?

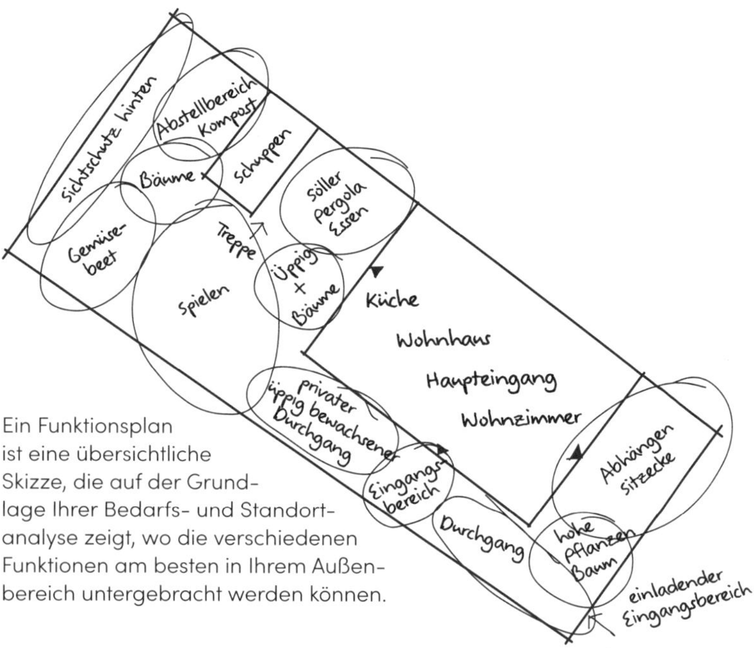

Ein Funktionsplan ist eine übersichtliche Skizze, die auf der Grundlage Ihrer Bedarfs- und Standortanalyse zeigt, wo die verschiedenen Funktionen am besten in Ihrem Außenbereich untergebracht werden können.

Schritt 4. Moodboard

Ein Moodboard ist ein visuelles Werkzeug zum Sammeln von Bildern und Texten, die Ihre Vision beschreiben.

Ein Moodboard kann digital auf Ihrem Computer erstellt oder als Collage auf Papier angefertigt werden. Auch wenn man das oft als Erstes in Angriff nehmen möchte, sind eigentlich als Vorbereitung erst eine gründliche Analyse der Voraussetzungen und die Anfertigung eines groben Plans vonnöten, damit Sie die vielen inspirierenden Bilder und Ideen aus Zeitschriften, sozialen Medien und dem Internet sinnvoll aufgreifen können.

Gerade bei der Gestaltung von Außenräumen kann man sich leicht von schönen Beispielen blenden lassen, die mit den eigenen Voraussetzungen nicht vergleichbar oder umsetzbar sind. Deshalb lohnt es sich, mit diesem Schritt ein bisschen zu warten, bis Sie die vorherigen abgeschlossen haben. Aber jetzt heißt es volle Kraft voraus: Nehmen Sie die Methode, die Ihnen am besten zusagt, und lassen Sie Ihren Ideen und Ihrer Kreativität freien Lauf!

Phase 1: Sammeln Sie alles, was Ihnen gefällt, Bilder, Materialproben oder Beispiele, ohne zu viel nachzudenken oder gleich jedes Foto zu analysieren. Seien Sie intuitiv und lassen Sie sich von Ihren Vorlieben leiten.

Phase 2: Halten Sie inne und treten Sie einen Schritt zurück. Betrachten Sie das gesammelte Material und versuchen Sie, einen roten Faden zu finden. Gibt es vielleicht eine wiederkehrende Farbpalette, ein Material oder eine Formensprache? Sortieren Sie alles aus, was nicht passt oder mit Ihren Gegebenheiten nicht funktioniert. Sie können Ihr Moodboard auch in verschiedene Cluster unterteilen – beispielsweise einen Teil, bei dem es um Materialien und Oberflächen geht, einen, in dem Gefühl und Formensprache zusammengefasst werden, und einen weiteren, der sich mit Farben befasst. Das Ziel ist es, eine anschauliche Grundlage zu schaffen, die Sie anderen zeigen können, beispielsweise Handwerksleuten oder den Menschen, mit denen Sie zusammenleben.

Mit einem gut durchdachten Moodboard sinkt das Risiko von Missverständnissen und Fehlinterpretationen, vor allem aber erhöht es die Chance, dass das Endergebnis genau Ihren Vorstellungen entspricht.

Schritt 5. Detaillierter Entwurf

In einem detaillierteren Entwurf werden alle Maße, Materialien, Oberflächen, Möbelspezifikationen und Platzierungen beschrieben.

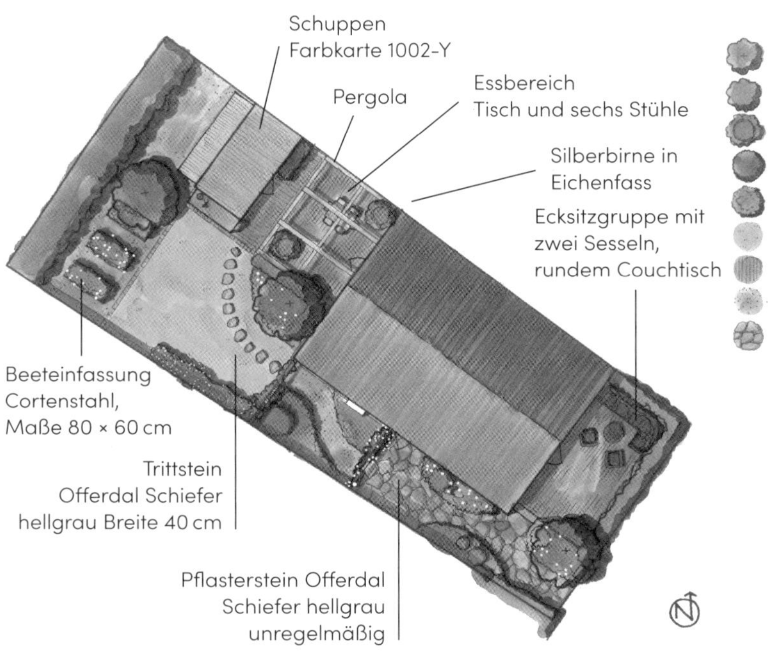

Diese Phase lässt sich fast mit einer visuellen Checkliste vergleichen, in der man alles festhält, was für die Umsetzung der Vision erforderlich ist. Wenn Landschaftsarchitekten einen solchen Plan erstellen, enthält er häufig eine maßstabsgetreue Zeichnung der Außenumgebung mit genauen Maßen, vollständigen Pflanzenlisten und Bepflanzungsplänen für Beete, eine Auswahl der Pflastersteine und Verlegemuster etc. Fertigen Sie eine Zeichnung davon an, wie alles platziert werden soll, und notieren Sie sich Farbcodes und Glanzgrade (d. h., wie glänzend oder matt eine Farbe sein soll). Das Ganze ergänzen Sie mit einer Liste von Dingen, die Sie sich anschaffen müssen.

Bei allem befragt den Geist des Orts;
der Wasser sagt: Steige! oder: Hinfort!
Der hochmütige Hügel gen Himmel hievt,
oder Täler zu runden Theatern vertieft;
ins Land hineinruft, sich öffnende Lichtungen einfängt,
wohlwollende Wälder vereint und sich im Schattenspiel wandelt;
der Linien hier unterbricht oder sie dort umlenkt;
malt, während ihr pflanzt, und entwirft, während ihr handelt.

Alexander Pope,
Dichter und Gartenkünstler
(1688–1744)

2

Prinzipien und Faustregeln

Auf welche Grundsätze und Faustregeln stützen sich Landschafts- und Innenarchitekten, wenn sie mit der Gestaltung eines Balkons, einer Terrasse oder eines Freisitzes beauftragt werden? Auch wer nicht vorhat, einen solchen Beruf zu ergreifen, sollte sich mit ein paar grundlegenden Denkweisen und Faustregeln der Profis vertraut machen – denn es geht um viel mehr, als nur die richtige Pflanze an den richtigen Ort zu pflanzen. In diesem Kapitel werden vereinfacht einige allgemeine Tricks erklärt, mit denen man einen Außenraum aufwerten kann.

Genius loci – die Seele eines Ortes finden

Bei der Innenraumgestaltung gibt es viele Parallelen zur Planung eines Außenraums, aber es gibt auch einen großen Unterschied. Man ist wesentlich stärker von den gegebenen äußeren Bedingungen abhängig. Hierzu gehören beispielsweise die Architektur und der Stil der benachbarten Gebäude, die Farbwahl der Nachbarschaft, die Natur und die Beschaffenheit des Geländes sowie die Atmosphäre der gesamten Umgebung.

Wenn ich ein neues Einrichtungsprojekt in Angriff nehme, empfehle ich meinen Auftraggebern immer, sich zunächst damit auseinanderzusetzen, mit welchem Haustyp sie es zu tun haben, und sich mit dem Baustil vertraut zu machen, von dem sich die Architektin oder der Architekt inspirieren ließ. Selbstverständlich darf man machen, was man will, aber es wirkt selten harmonisch, wenn man ein Haus aus den Siebzigerjahren mit Stuckverzierungen aus der Zeit um 1900 ausstattet. Das Gleiche gilt für Außenräume. Natürlich kann man ein modernes, schlichtes Haus mit romantischen, verschnörkelten Gartenmöbeln kombinieren, aber die beiden sehr unterschiedlichen Stilrichtungen werden wahrscheinlich immer um Ihre Aufmerksamkeit buhlen. Deshalb lohnt es sich in jedem Fall, zu verstehen, welche Ziele ein Architekt verfolgt hat, und sich mit der Epoche zu beschäftigen.

Bei Außenanlagenprojekten wird der Rahmen für Ihre Entscheidungen nicht nur durch die Architektur des eigenen oder der umliegenden Häuser vorgegeben, sondern auch durch die Stimmung und Atmosphäre des Ortes. Damit meine ich nicht nur die Fläche, mit der Sie arbeiten, sondern auch das, was sie umgibt. Wie wirken die Umgebung und die Nachbarschaft auf Sie? In einer kargen und windgepeitschten Gegend mit knorrigen Kiefern und schroffen Felsen fügen sich romantische und filigrane Möbel wahrscheinlich nicht so gut ein wie robuste Designs mit klaren Formen und Materialien.

Stellt man jedoch die robusten Möbel, die in die oben genannten Umgebungen passen, in eine von Sommerwiesen geprägte Landidylle, ist noch lange nicht sicher, dass sie dort mit der Umgebung harmonieren. Verstehen Sie, was ich meine?

FRAGEN ZUM NACHDENKEN

- Welche Eigenschaften prägen Ihren Außenraum und seine Umgebung? Zum Beispiel: Wirkt er chaotisch oder freundlich?
- Gibt es bestimmte Elemente, die einen starken Eindruck hinterlassen? Wie würden Sie diese beschreiben?
- Gibt es eine vorgegebene Ausrichtung oder Struktur, die berücksichtigt werden muss? Verfügt der Ort über eine schöne Aussicht, die den Blick lenkt?
- Beeinflussen Bäume, Felsbrocken oder größere Höhenunterschiede die Wahrnehmung?
- Wie können Sie die Atmosphäre und den Charakter des Ortes in Ihr Projekt einbeziehen oder interpretieren?
- Gibt es historische Aspekte, von denen Sie sich inspirieren lassen können? Was ist hier vor Ihrer Zeit geschehen?
- Falls derzeit keine spürbare Atmosphäre vorhanden ist, wie können Sie eine schaffen, und welche besonderen Merkmale oder Leitmotive soll der Ort dann haben? Die folgenden Gegensätze können Ihnen dabei helfen, Ihre Gedanken zu ordnen. Wie soll sich Ihr Außenraum anfühlen?
  - offen oder geschlossen
  - zugewachsen oder penibel gepflegt
  - schlicht oder detailreich
  - streng oder überraschend
  - zurückgenommen oder extravagant
  - intim oder einladend
  - feudal oder bescheiden
  - karg oder üppig
  - klassisch oder modern

Der Begriff Genius loci (Seele des Ortes) stammt aus dem Lateinischen und bedeutet, frei in die Gartensprache übertragen, dass Garten- und Landschaftsarchitekten immer versuchen sollten, den Charakter des Ortes zu verstehen und zu interpretieren. Oder wie es jemand formulierte: »Man sollte immer den Geist des Ortes befragen«, bei allem, was man im Außenbereich erschafft oder hinzufügt. Dabei geht es um viel mehr, als sich nur in das hineinzuversetzen, was man vor sich sieht. Es geht auch darum, in sich hineinzuhorchen und das Bauchgefühl mit einzubeziehen. Welche Stimmung und welchen Charakter hat der Ort? Welche Gefühle weckt er? Welche Faktoren schaffen Sicherheit oder ein Gefühl der Bedrohung? Was schenkt Freude oder vermittelt den Eindruck, Teil der Geschichte zu sein?

Ausrichtung und Lage

Der nächste Schritt besteht darin, herauszufinden, welche Himmelsrichtungen und damit Klimabedingungen Sie berücksichtigen müssen. Wie ist das Haus ausgerichtet, und welche Lage hat der Außenraum, also Garten, Terrasse oder Balkon: Geht er nach Norden, Süden, Osten oder Westen? Sofern möglich, ist es natürlich ein Traum, in jeder Himmelsrichtung einen Sitzbereich zu haben.

In den meisten Fällen muss man jedoch Prioritäten setzen, und dann hilft die nachstehende Beschreibung der Vor- und Nachteile der verschiedenen Himmelsrichtungen (für diejenigen, die auf der Nordhalbkugel leben) vielleicht weiter.

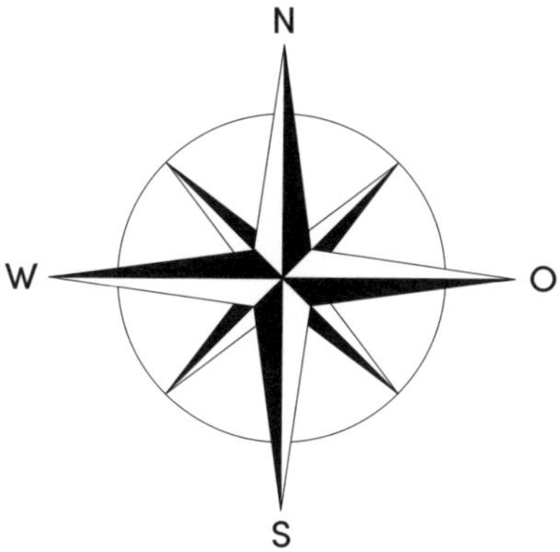

Nach Norden: Ein nach Norden ausgerichteter Außenraum liegt einen großen Teil des Tages im Schatten. Das führt dazu, dass es hier etwas kühler ist, was gerade im Hochsommer, wenn es andernorts fast unerträglich heiß werden kann, sehr angenehm ist. Es bedeutet aber auch, dass der Morgentau nicht so schnell verschwindet und die Möbel und Materialien robuster sein müssen. Sonnenstühle stellt man besser auch nicht dort auf. Dafür eignet sich diese Lage hervorragend für einen verglasten Balkon oder einen Wintergarten, die man ja möglichst nicht konstanter Sonneneinstrahlung aussetzen möchte.

Nach Osten: Ein Außenraum nach Osten hat Morgensonne. Der perfekte Ort für eine kleine Café-Garnitur, wo Sie Ihren Morgenkaffee trinken oder mit den ersten Sonnenstrahlen des Tages munter werden können.

Nach Süden: Ein nach Süden ausgerichteter Außenraum liegt nahezu den ganzen Tag über in der direkten Sonne. Daher eignet er sich gut für Sonnenliegen und Liegestühle. Berücksichtigen Sie jedoch, dass es sehr warm werden kann, und sorgen Sie daher für Sonnenschutz in Form von Terrassenüberdachungen, Sonnensegeln oder -schirmen. Das ist besonders wichtig, wenn man an diesem warmen Standort einen Esstisch, einen Grill oder sogar eine Außenküche plant.

Nach Westen: Ein Außenraum, der nach Westen geht, wird vor allem am Nachmittag und Abend von der Sonne beschienen. Deshalb eignet er sich gut für einen Essbereich für ausgiebige Mahlzeiten oder eine gemütliche Loungegarnitur mit Sofas und Sesseln, wo man sich in der Abendsonne bei einer Tasse Kaffee oder einem Glas Wein entspannen kann.

Sonne und Schatten

Eine eingehende Analyse des Sonnenverlaufs und der Dauer der Sonneneinstrahlung an verschiedenen Stellen hilft Ihnen nicht nur bei der Auswahl der Pflanzen, sondern auch bei der Entscheidung über die Platzierung der verschiedenen Möbelgruppen, die Wahl der Farben oder gegebenenfalls die Anbringung Schatten spendender Elemente. Eine Analyse am Schreibtisch reicht jedoch nicht aus. Man muss sich auch vor Ort ein Bild machen, um zu sehen, was den Standort beeinflusst. Auch ein nach Süden ausgerichteter Standort kann sehr schattig sein, wenn er von hohen Gebäuden oder Bäumen umgeben ist, die womöglich den Lichteinfall der Sonne verhindern.

In Schweden basiert die allgemeine Definition einer schattigen beziehungsweise sonnigen Gartenfläche auf der Anzahl der Sonnenstunden pro Tag (gemessen im Juni). Berücksichtigen Sie daher die Jahreszeit, in der Sie die Analyse durchführen. Da die Sonne im Sommer höher steht, strahlt sie über Dächer und Gebäude hinweg, die im Winter möglicherweise mehr Schatten werfen, und umgekehrt.

Sonnige Standorte

Standorte, die mindestens sechs Stunden direktes Sonnenlicht pro Tag bekommen.

Halbschatten

Standorte, die drei bis sechs Stunden pro Tag direktes Sonnenlicht bekommen. Bitte beachten: Ebenso Sonnenlicht, das durch ein Gebäude, eine Pflanzengruppe oder eine Baumkrone gedämpft wird, zählt dazu. Dies wird auch als wandernder Schatten bezeichnet.

Schatten

Standorte, die weniger als drei Stunden direktes Sonnenlicht pro Tag erhalten.

Wenn Sie nicht wissen, wie Ihr Außenraum ausgerichtet und der Sonnenverlauf ist, gibt es dazu mehrere hilfreiche Apps. Wenn Sie ein Smartphone besitzen, finden Sie häufig einen digitalen Kompass in den Tools.

Künstlicher Schatten

Die meisten Menschen können nur für eine begrenzte Zeit in der direkten Sonne sitzen, bevor die Hitze oder das Licht ihnen zu schaffen machen. Und viele sitzen auch beim Essen nicht gern in der prallen Sonne. Deshalb ist es sehr sinnvoll, bei der Planung der Gestaltung eines Außenraums den Grundsatz »Sonne suchen und Schatten schaffen« im Hinterkopf zu behalten.

Indem man aktiv Voraussetzungen für Schatten schafft, lässt sich die Aufenthaltsqualität oft drastisch steigern. Darüber hinaus bietet es sich an, flache, öde Flächen mit schönen Schattenmustern und Effekten zu beleben. Beispiele hierfür sind ein überdimensionaler Rasen, eine etwas zu große Terrasse oder ein Außenraum mit vielen, sich wiederholenden Linien in Terrassendielen oder Pflastersteinen. Die Möglichkeiten sind vielfältig, und es gibt nicht nur eine Art von Schatten. Überlegen Sie daher, was für Ihr Projekt am besten geeignet ist.

Blockiertes Licht

In diesem Fall ist der Schatten kompakt und das Sonnenlicht vollständig blockiert. Blockiertes Licht entsteht beispielsweise durch ein vollflächiges Dach, einen Sonnenschutz, hinter Brettern oder anderen Konstruktionen, die die Sonnenstrahlen vollständig abhalten. Der Schatten ist dann dicht und gleichmäßig. Er eignet sich gut als Ergänzung für Außenräume, in denen die Sonne den ganzen Tag scheint und man einen Bereich schaffen möchte, in dem man erholsame Abkühlung findet.

Gefiltertes Licht

Wird Sonnenlicht durch ein transparentes Material gefiltert, spricht man von gefiltertem Licht oder gefiltertem Schatten. Dies erzielen Sie, indem Sie ein weißes Segeltuch als Dach über einen Teil des Außenraums spannen.

Alternativ eignen sich auch eine hellere Markise, ein Pergola-Dach aus transparentem Kunststoff oder ein Sonnenschirm aus hellem Stoff. Bei gefiltertem Licht wird die Sonne eher gedämpft als vollständig abgeschirmt. Diese Lösung eignet sich für Bereiche, in denen die Blendung durch die Sonne reduziert, die Wärme und das Grundgefühl jedoch teilweise beibehalten werden sollen.

Gemustertes/gerastertes Licht

Schattenzonen, in denen das Sonnenlicht durch ein perforiertes Material scheint und ein Lichtmuster erzeugt (manchmal auch als gerastertes Licht bezeichnet). Beispielsweise, wenn die Sonne durch ein Bambusdach oder ein geripptes Spalier, eine lasergeschnittene Trennwand oder einen Sonnenschirm mit Löchern fällt.

Diese unregelmäßige, fleckige Schattenform wird häufig in Restaurants, Bars und öffentlichen Bereichen eingesetzt, um die Außenumgebung lebendiger zu gestalten. Für das Auge ist sie jedoch ermüdender. Aufgrund des Musters müssen wir uns mehr anstrengen, um Details und Gesichtsausdrücke zu erkennen, sodass sie bei starker

Sonneneinstrahlung oder an Orten, an denen man länger sitzen möchte, nicht zu empfehlen ist.

An Orten, an denen man sich nur für kurze Zeit aufhält, kann sie jedoch sehr effektvoll sein.

Die Schattenlinien lassen sich auch nutzen, um das Auge zu täuschen, indem sie den Eindruck einer verbreiterten oder verlängerten Fläche erwecken. Man kann den Schatten zudem als Wegweiser einsetzen, um die Aufmerksamkeit von einem Eingang oder einem Durchgang weiter nach innen zu lenken – je nachdem, wie wir den Gegenstand ausrichten.

BITTE BEACHTEN!

Wenn das Element nicht fest in seiner Konstruktion verankert ist, beispielsweise, wenn durch den Wind Stoff oder Gewebe flattern, bewegt sich auch das erzeugte Schattenmuster. Wer leicht von Außenreizen beeinflusst wird, fühlt sich dabei schnell seekrank.

Wind und Windschatten

Wenn Sie die Frage nach Sonne und Schatten geklärt haben, bleibt noch ein weiterer wichtiger Faktor zu berücksichtigen, bevor Sie entscheiden, wo (oder wie) Sie Ihre Gartenmöbel am besten aufstellen: der Wind und seine vorherrschende Richtung. Wenn der Freisitz sich an einem windigen Ort befindet, erweist sich selbst eine sonnige Lage womöglich als problematisch.

Wussten Sie, dass die gefühlte Temperatur an ein und demselben Ort durch den Wind bis zu zehn Grad kälter sein kann als bei Windstille? Die Stärke und die Richtung des Windes bleiben natürlich nicht konstant, sondern hängen von vielen verschiedenen Faktoren ab.

Wichtig für Ihre Planung ist, dass Sie von den Windverhältnissen auf dem Niveau ausgehen, auf dem Sie sich aufhalten, also von den Winden, die etwa zwei Meter über dem Boden wehen. Hören Sie im Radio Berichte über Windgeschwindigkeiten, die von meteorologischen Messstationen gemeldet werden, bedenken Sie bitte, dass diese in der Regel aus einer deutlich größeren Höhe (zehn Meter) gemessen werden. Zudem werden sie häufig über dem Meer oder einer offenen Fläche gemessen, da die meisten Stationen in der Nähe von Flughäfen oder Leuchttürmen liegen. Daher sind diese Daten oft um ein Vielfaches höher als die Windverhältnisse innerhalb eines bebauten Gebiets.

Windreiche Regionen

An der Küste sind die Windgeschwindigkeiten in der Regel am höchsten, jedoch treten auch an den Ufern großer Seen und auf offenen Ebenen starke Winde auf. Wie schnell der Wind im Landesinneren nachlässt, hängt von der Topografie ab. Vegetation wie Wälder, aber auch Hügel und Täler bremsen die Geschwindigkeit des Windes.

Zugige Ecken

Auch Gebäude und deren Lage tragen dazu bei, den Wind vor Ort zu verstärken. Das ist Ihnen sicherlich schon einmal selbst aufgefallen, wenn Sie bei starkem Wind durch eine Stadt gelaufen sind.

Trifft der Wind auf ein Haus oder ein größeres Hindernis, verändert sich nämlich die Strömungsrichtung und -geschwindigkeit der Luft, insbesondere an den Ecken. Wenn Sie ein neues Haus bauen oder Ihr Grundstück um weitere Gebäude ergänzen möchten, ist es sinnvoll, dieses Phänomen zu berücksichtigen. Auch bei der Analyse der lokalen Windverhältnisse rund um die Gebäude auf dem Grundstück, das Sie gestalten möchten, sollten Sie daran denken.

Beim Bau neuer Wohngebiete auf offenem, flachem Gelände, das früher als Acker- und Wiesenflächen genutzt wurde, ist möglicherweise kein Altbestand an Vegetation vorhanden, der zur Verringerung der Windgeschwindigkeit beitragen könnte. Wenn Sie einen Sitzplatz im Windschatten anlegen möchten, ist es besonders wichtig, sich zu überlegen, wie sich die Luftströmungen nicht nur um Ihr Haus, sondern auch zwischen den Gebäuden in einem größeren Gebiet bewegen. Vor allem innerhalb der ersten zehn bis zwanzig Jahre, solange die neu gepflanzten Bäume und Sträucher noch nicht groß und stabil genug sind.

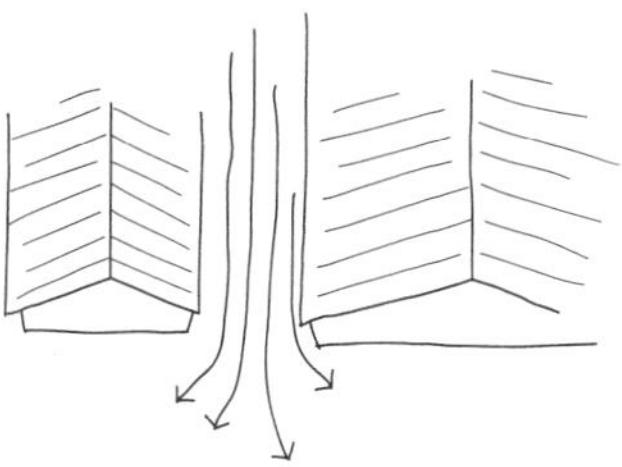

Wenn der Wind zwischen zwei Gebäuden hindurchweht, nimmt die Geschwindigkeit tendenziell zu.

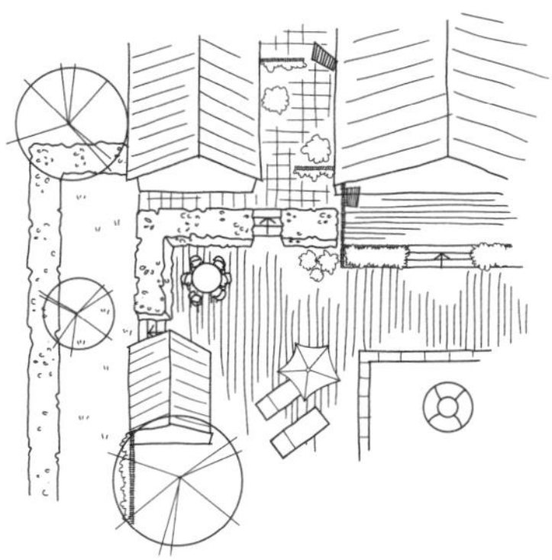

Tipps für den Windschutz:
- In mehreren Reihen und Ebenen anpflanzen.
- Statt eines ebenen Rasens die Terrasse tiefer legen und mit Höhenunterschieden arbeiten.
- Sowohl das Grundstück als auch die Terrasse mit Windschutz und Pflanzen einrahmen, die den Wind bremsen.

Den Winteraspekt nicht vergessen! Nadelbäume und immergrüne Pflanzen bieten das ganze Jahr über Windschutz.

GEWÄCHSHÄUSER ALS WINDSCHUTZ

Gewächshäuser und Orangerien sind aus mehreren Gründen beliebt, nicht nur, weil sie sich gut für den Anbau von Pflanzen eignen. Sie eignen sich auch als verglaste Wintergärten, in denen man Schutz vor Wind und Wetter findet und dennoch die Sonne genießen kann. Weitere Informationen hierzu finden Sie im Abschnitt über Räume im Freien.

Windschutz

Bevor ich mich mit den Bewegungsmustern des Windes beschäftigte, glaubte ich, dichte Wände seien der beste Windschutz. Außerdem fand ich, dass sie sowohl besser aussahen als auch den besseren Sichtschutz boten. Als wir dann einen Schreiner damit beauftragten, für die Terrasse bei unserem ersten Haus eine Seitenwand zu bauen, entschied ich mich deshalb für ein Element mit dicht abschließenden Leisten. Dabei hatte ich lediglich das klitzekleine Detail übersehen, dass an überlappenden Brettern ohne jeden Spalt dazwischen Verwirbelungen und zugige Ecken entstehen können. Da hatte ich mir was eingebrockt, weil sich bald herausstellte, dass der Windschutz an stürmischen Tagen nicht so recht Schutz bot. Genau genommen schützte er weder uns noch die Nachbarn, weil sich auf beiden Seiten Luftwirbel bildeten.

»Windschutz sorgt für Ruhe im Außenraum. Ganz gleich, wie schön die Ausstattung ist: Wenn es windig ist, fühlt sich niemand wohl.«

Frida Ramstedt

Die Turbulenzen, die durch die unterbrochene Luftbewegung entstehen, lassen sich reduzieren, indem man die Windschutzvorrichtungen stattdessen durchlässig gestaltet. Sind kleine Hohlräume vorhanden, durch die die Luft strömen kann, wird die Windgeschwindigkeit gedämpft, ohne dass Druck und Wirbel entstehen. Die beste Wirkung erzielt man angeblich, wenn etwa achtzig bis fünfundachtzig Prozent der Zaunfläche aus Latten bestehen und fünfzehn bis zwanzig Prozent offen sind. Ein derartiger Windschutz blockiert den Luftstrom also nicht, sondern bremst ihn eher ab.

Für die Errichtung besonderer Zäune, die etwa ungewöhnlich hoch sind oder lokalen Vorschriften nicht entsprechen, kann in Deutschland eine Baugenehmigung vonnöten sein. Daher sollten Sie sich über die geltenden Bestimmungen an Ihrem Wohnort informieren. Wenn Sie dennoch einen dichten Zaun wollen, können Sie die Verwirbelungen unter anderem durch das Anpflanzen von dichten Sträuchern und Pflanzen rund um den Zaun abmildern.

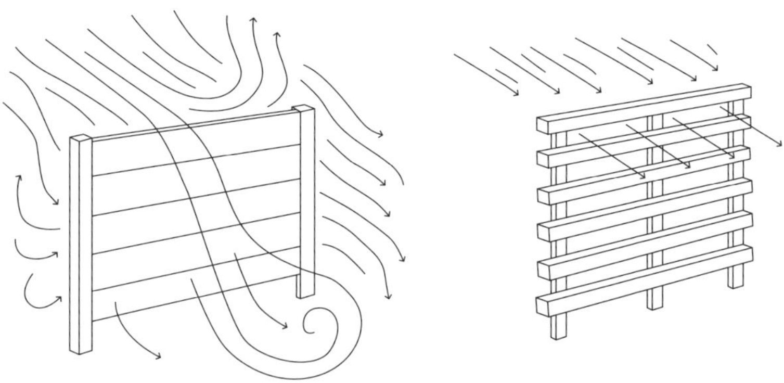

So unterscheiden sich die Verwirbelungen, die bei einer dichten Bretterwand im Vergleich zu einem durchlässigen Spalier auftreten können. Die beste Wirkung erzielt man in der Regel mit einer Konstruktion, die den Wind mit einem Abstand von etwa einem Zentimeter filtert.

Panorama und Sichtachsen

Bei der Organisation und Planung von Einrichtungsprojekten, egal, ob im Innen- oder Außenbereich, geht es vor allem um die Inszenierung visueller Eindrücke. So wie ein Songwriter beim Komponieren eines Musikstücks setzen auch Profis in der Innenarchitektur und dem Garten- und Landschaftsbau Intro, Refrain, Crescendo, Rhythmus und Tempo ein, um bei der betrachtenden Person unterschiedliche Gefühle zu erzeugen. Der vielleicht offensichtlichste Faktor für die Gestaltung von Terrasse oder Balkon ist der Ort, von dem aus man die beste Aussicht hat. Schließlich möchte man das Geschehen vom Mittelpunkt aus genießen, und so ist es nur natürlich, dass eine Sitz- oder Loungegarnitur oft dort steht, wo man den schönsten Ausblick hat. Überlegen Sie sich einmal, wie Sie die Sitzgelegenheiten so hinstellen, dass die meisten Leute etwas Schönes sehen.

In Innenräumen wird das Konzept der Sichtlinien und Sichtachsen oft von Punkten aus beschrieben, von denen aus man weit sehen kann, vielleicht sogar durch mehrere Räume auf einmal. Dasselbe Prinzip gilt auch im Außenbereich. Landschaftsarchitekten versuchen oft, die langen Linien und Sichtachsen in einem Garten zu verlängern, aber auch deren Ende abzurunden oder zu verstecken, um das Gelände größer und aufregender erscheinen zu lassen, als es tatsächlich ist. Es ist so, als würde man dem Blick einen Weg bahnen und die ganze Strecke interessant gestalten.

Bei der Gestaltung eines gemütlichen Interieurs geht es nicht nur darum, wie es um die geplante Möbelgruppe herum wirkt, sondern auch darum, was man sieht, wenn man sich dort hinsetzt. Den Trick der Immobilienmakler haben wir alle schon erlebt: Man kommt zu einem Besichtigungstermin, nachdem man Fotos von einer Immobilie in einer Anzeige gesehen hat, stellt aber schon bald fest, dass in Wirklichkeit nur die Vögel einen Meerblick haben. Das Wichtigste bei der Wahl des Sitzbereichs ist die Aussicht und das Sichtmotiv aus der Sichthöhe – und vor allem aus der Augenhöhe, die Sie am häufigsten einnehmen werden.

Einblicke und neugierige Nachbarn

Es gibt viele verschiedene Blickwinkel und Perspektiven, von denen Ihr Außenbereich womöglich eingesehen werden kann. Entscheidend ist, die Sichtlinien zu bestimmen, die auf uns gerichtet sind, und sie durch geschicktes Aufstellen von Möbeln und Sichtschutz zu blockieren. Wo sind Sie auf Ihrem Freisitz am meisten vor Blicken geschützt? Gibt es eine Möglichkeit, die attraktiveren Bereiche, die vielleicht mehr Sonne, weniger Wind oder eine bessere Aussicht haben, abzuschirmen, um unerwünschte Einblicke von Nachbarn oder Passanten zu vermeiden?

In dicht besiedelten Gebieten, in denen viele Menschen sehr nah beieinander wohnen und Terrassen in unmittelbarer Nähe zueinander liegen, sind Sichtschutzelemente für die Privatsphäre manchmal unerlässlich. Ein solcher Sichtschutz soll in erster Linie verhindern, dass man die Terrasse einsehen kann, und muss daher weniger winddicht sein.

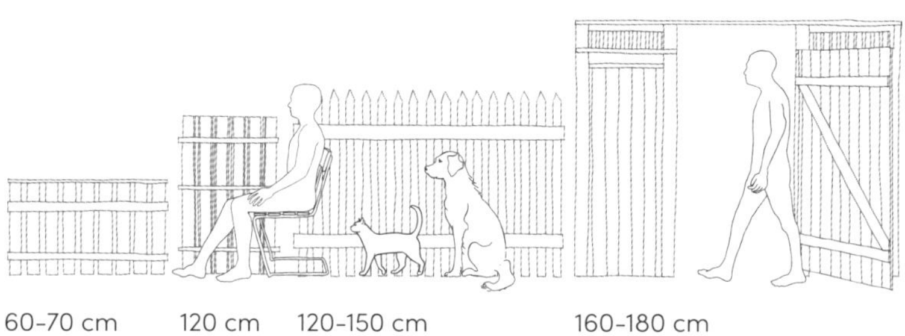

Empfohlene Höhen

Zäune: etwa 60–70 Zentimeter
Einfriedung zwecks Raumgefühl: 80–100 Zentimeter
Maximale Höhe der Bretter, um die Sicht für Sitzende nicht zu beeinträchtigen: etwa 120 Zentimeter
Mindesthöhe des Zauns für Haustiere (Hunde und Katzen): etwa 120–150 Zentimeter
Sichtschutz mit möglicher Plauderhöhe zwischen Nachbarn: 140–150 Zentimeter
Sichtschutz für Vorbeigehende: etwa 160 Zentimeter oder höher
Mindesthöhe für Durchgänge: 205 Zentimeter (entsprechend der Türöffnung), etwas höher für Pflanzenbögen, da auch das Laub Platz benötigt
Hohe Bretter: Bretter, die höher als 180 Zentimeter sind, führen unter Umständen zu Beengtheit und Unbehagen.

Vorhandene Bepflanzung

Der vorhandene Pflanzenbestand rund um Söller, Terrasse oder Balkon ist bei der Analyse des Außenraums von großer Bedeutung. Dabei ist es unerheblich, ob Sie ihn verändern oder sich einfach damit beschäftigen möchten.

Gartenplaner sagen oft, der häufigste Fehler von Gartenneulingen sei, zu viele bestehende Bäume und Sträucher zu entfernen, da sie so viele Jahre zum Wachsen brauchen. Schließlich gibt es im Außenbereich kaum etwas, das einen so unwiderruflichen Wohlfühleffekt auslöst wie prächtige alte Bäume. Außerdem erfüllen Bäume auch eine rein praktische Funktion: Sie spenden Schatten, tragen zur Artenvielfalt bei, festigen den Boden und nehmen mit ihren Wurzeln Feuchtigkeit auf.

Sie schaffen auch Räume und vermitteln ein Gefühl von Sicherheit und Geborgenheit. Allerdings heißt das nicht, dass man sie deshalb alle erhalten muss, vor allem nicht große Wald- oder Parkbäume. Manchmal passen sie nicht in den neuen Bebauungsplan. Bei einem kleinen Grundstück und einem kleineren Haus kann ein großer Baum zu sehr dominieren. Unter Umständen gerät das ganze Grundstück dadurch optisch aus dem Gleichgewicht. Zudem beanspruchen große Bäume viel Platz, sowohl über als auch unter der Erde, da sich die Krone und das Wurzelsystem mit der Zeit ausbreiten. Sie schlucken Nährstoffe und verschmutzen mit Blättern, Nadeln oder Zapfen sowie Ästen bei Sturm die Umgebung, was sowohl beim Rasenmähen als auch bei der Dachpflege Probleme verursachen kann, daher sollten das Für und Wider sorgfältig abgewogen werden. Auch bereits vorhandene Hecken und Sträucher sind wertvoll, da es einige Zeit dauert, bis eine neue Hecke oder ein neuer Strauch sich etabliert hat und dicht genug ist, um vor Blicken und Wind zu schützen. Man sollte ebenfalls berücksichtigen, dass es möglich ist, die bestehende Vegetation umzugestalten, indem man kleinere Bäume, Sträucher und Hecken umpflanzt und an anderen Stellen einsetzt, wo sie besser passen. Es lohnt sich also, gründlich darüber nachzudenken, was Sie behalten und weiterentwickeln können, bevor Sie etwas ausgraben. Was rund um den Außenraum bereits vorhanden ist und gut gedeiht, liefert außerdem einen Hinweis darauf, was dort tatsächlich funktioniert – nehmen Sie sich also Zeit, die vorhandene Bepflanzung zu begutachten und zu analysieren, unabhängig davon, was Sie später damit vorhaben.

TIPP!

Denken Sie daran, dass viele ausgewachsene Pflanzen einen hohen Wert auf dem Gebrauchtmarkt haben. Verkaufen oder verschenken Sie sie lieber, anstatt sie zu entsorgen!

Was ist ein Sichtdreieck?

Vergessen Sie nicht, dass Windschutzvorrichtungen, Hecken, Zäune und Mauern die Sicht von Passanten nicht beeinträchtigen und die Sichtbarkeit von Verkehrszeichen nicht behindern dürfen. Die Vorschriften bezüglich Sichtbehinderungen im Verkehr unterscheiden sich je nach Wohnort, aber als Richtwert gilt, dass Objekte, die die Sicht versperren, auf einem Eckgrundstück nicht höher als 80 Zentimeter über der Straße in einem sogenannten Sichtdreieck sein sollten. Zu beachtende Sichtdreiecke können unter Umständen im jeweiligen Bebauungsplan hinterlegt sein. Dies muss bei der Gestaltungsplanung eines an diese Fläche angrenzenden Außenraums oder bei der Pflege der Vegetation in diesem Bereich berücksichtigt werden. Als Grundstückseigentümer sind Sie auch dafür verantwortlich, überhängende Äste und Zweige bis zu einer Höhe von zweieinhalb Metern zu entfernen, wenn diese von Ihren Bäumen und Sträuchern über angrenzende Fuß- und Radwege ragen.

An Ausfahrten und Kreuzungen ist es besonders wichtig, dass Zäune, Hecken und Pflanzen maximal so hoch sind, dass man beim Vorbeifahren noch eine gute Sicht hat. Nachstehend finden Sie die derzeit in Schweden geltenden Richtwerte. Informieren Sie sich jedoch unbedingt über die geltenden Vorschriften an Ihrem Wohnort!

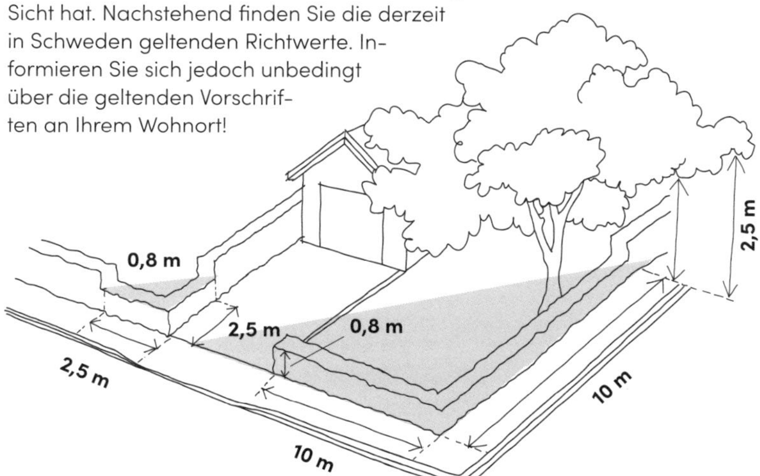

Shakkei – Einzelheiten des Panoramas aufgreifen

Das japanische Gartenkonzept Shakkei (auf Deutsch etwa »geborgter Blick« oder »geliehene Landschaft«) basiert darauf, dass man sich Details aus der Umgebung »borgt«, um seinen eigenen Außenraum zu bereichern und zu verschönern. Das kann alles Mögliche sein, von einem Berggipfel, der in der Ferne zu sehen ist, bis hin zu einem schönen See oder Fluss oder etwas anderem, das man sich beim Gestalten seines Gartens oder seiner Terrasse zunutze macht. Einfach erklärt geht es darum, das Auge zu täuschen und den Betrachter dazu zu bringen, die Umgebung außerhalb seines eigenen Außenbereichs als integralen Bestandteil desselben wahrzunehmen. Dabei gibt es drei Ansätze, von denen Sie sich inspirieren lassen können:

Verstecken Sie das Unansehnliche und heben Sie das Schöne hervor.

Einrahmen. Indem Sie Teile der Aussicht verdecken und einrahmen, was Sie hervorheben möchten, lenken Sie die Aufmerksamkeit auf das geliehene Detail in der Außenumgebung. Das können runde Löcher in Zäunen, rechteckige Rahmen, geschwungene Tore oder strategisch platzierte Pflanzungen sein, die einrahmen und verdeutlichen, worauf Sie das Hauptaugenmerk lenken möchten. Auch ideal, falls Sie einen weniger schönen Ausblick haben.

Mit der Perspektive arbeiten. Bei der Planung eines Außenbereichs kann man sich die Herangehensweise von Fotografen zu eigen machen und wie bei der Bildkomposition in mehreren Ebenen oder Schichten denken: Vordergrund, Mittelgrund und Hintergrund. Indem Sie bei der Planung Ihrer Perspektive auch das in der Ferne Sichtbare einbeziehen, schaffen Sie eine natürliche Verbindung zwischen Aussicht und Garten/Außenraum.

Spiegeln. Die Umgebung sollte sich möglichst in einem Element im Garten spiegeln. Zum Beispiel in einem strategisch platzierten Teich oder Wasserspiegel, der den Effekt verdoppelt. Eine andere Interpretation des Spiegelprinzips ist, Elemente Ihrer Aussicht in den Außenraum zu integrieren. Fällt der Blick in der Ferne auf Felsen, wirkt es besonders schön, wenn auch im Garten einige wirklich große Steine zu finden sind. Damit meine ich Steine in abgestufter Größe, nicht Kieselsteine vom Strand. Sieht man vom Balkon auf einen schönen Park? Dann lässt sich die optische Grenze vielleicht verwischen, indem Sie hohe Pflanzen verwenden, die das Balkongeländer verdecken und mit der Aussicht in der Ferne verschmelzen, um einen natürlichen Verlauf der Sichtlinie zu schaffen.

EINFACH MAL PROBESITZEN

Landschaftsarchitekten lassen ihre Kundschaft gerne einfach Probesitzen, um verschiedene Positionen für Sitzgelegenheiten auszutesten. Man bekommt dadurch ein besseres Gefühl, als wenn man an verschiedenen Punkten steht, weil man den richtigen Blickwinkel hat. Nehmen Sie einfach einen Stuhl mit und probieren Sie (wenn möglich) verschiedene Positionen in Ihrem Garten oder auf Ihrer Terrasse aus. Indem Sie tatsächlich an Ort und Stelle sitzen, anstatt nur einen Plan anzuschauen, bekommen Sie ein ganz anderes Gefühl dafür, wie es wäre, die Möbel an verschiedenen Stellen zu platzieren oder eine andere Aussicht zu haben als bisher.

Blickfelder und Isovisten – einen Zufluchtsort schaffen

In *Innendesign: Ein Handbuch für alle, die ihr Zuhause lieben* erkläre ich das Konzept der Isovisten. Das ist ein Phänomen, mit dem sich die Wahrnehmung bestimmter Orte in einem Raum als mehr oder weniger sicher erklären lässt. Wir suchen uns gerne Orte, von denen aus wir eine gute Übersicht haben und die zugleich wenig Einblick gewähren. Es wird angenommen, dass wir unbewusst nach solchen Positionen suchen, wenn wir an einen neuen Ort kommen, weil wir im Laufe der Zeit gelernt haben, wie wichtig es für unsere eigene Sicherheit ist, die Umgebung im Blick zu behalten. Man will einen guten Überblick haben, ohne sich ausgeliefert zu fühlen. Dies ist einer der wichtigsten Faktoren für die Schaffung einer angenehmen Atmosphäre.

Wenn Sie bei der Analyse Ihres Außenraums davon ausgehen, dass Menschen und Tiere gerne sichere Plätze aufsuchen, wo befindet sich dann Ihr Sweet Spot, Ihr sicherer Ort? Wenn Sie spontan kein Gefühl dafür haben, müssen Sie ihn vielleicht kreieren. Frieden Sie einen Sitzplatz ein, ohne die Sicht nach vorne zu versperren.

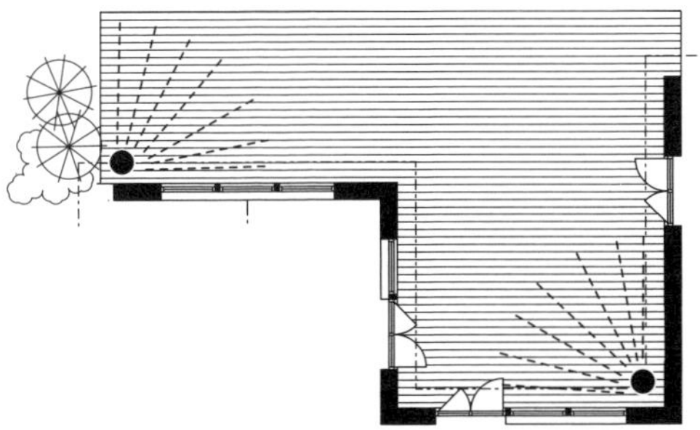

Wer sich ein Plätzchen zum Entspannen im Freien einrichten möchte, sollte nach Orten suchen, an denen man »Rückendeckung« hat. Am häufigsten wird dabei ein Liegestuhl genutzt, auf dem man nicht nur den Körper, sondern auch den Kopf ruhen lassen kann.

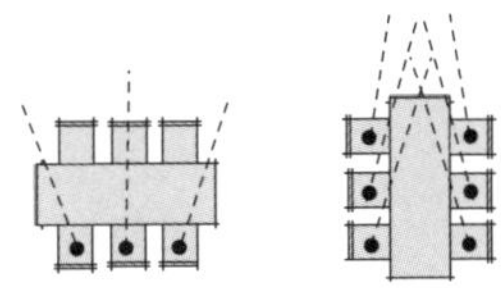

Es mag nicht ganz einfach sein, alle Sitzplätze um einen Esstisch herum nach dieser Theorie optimal anzuordnen, aber wählen Sie den Winkel, der möglichst vielen Personen ein angenehmes Gefühl und eine gute Aussicht bietet.

MIT MÖBELN FÜR RÜCKENDECKUNG SORGEN

Wie Sie auf Terrasse oder Balkon sichere Plätze schaffen können:

- Richten Sie gemütliche Lese- und Sitzplätze in Ecken ein, wo Sie den Rücken frei haben und eine gute Sicht nach vorne genießen können. Die Sicht muss nicht völlig ungehindert sein, aber Sie sollten sich nicht eingeengt fühlen.
- Vermeiden Sie es, Liegestühle, Sofas und Sessel mit der Rückenlehne zu Wegen und Durchgängen zu platzieren. Sollte es dennoch notwendig sein, einen Sessel oder Stuhl an einer solchen Stelle aufzustellen, fördern Sie das Sicherheitsempfinden, indem Sie große Topfpflanzen oder einen Raumteiler als Schutz aufstellen.
- Haben die auf Terrasse oder Balkon hinausgehenden Hauswände große Fensterfronten, ist es möglicherweise angenehmer, die Stühle mit der Rückenlehne zu einem Zaun, einem dichten Busch oder einer Hecke zu platzieren.
- Überlegen Sie auch, wo und wie Sie den Esstisch hinstellen, damit möglichst viele Sitzplätze einen guten Blick auf die Umgebung bieten, ohne sich dabei falsch ausgerichtet zu fühlen. Hier können Spaliere und Windschutzvorrichtungen eine große Hilfe sein, nicht nur, um den Wind abzuhalten, sondern auch, um denjenigen, die am Tisch sitzen, mehr Ruhe zu vermitteln.
- Im Feng-Shui wird dies als »Sitzen in Kraftposition« bezeichnet. Wenn man Rückendeckung, seitlichen Halt und freie Sicht nach vorne hat, fühlt man sich oft entspannter.

Harmonische Anordnung

In der Innen- und Landschaftsarchitektur wird häufig auf zwei Grundprinzipien der harmonischen Raumkompositionen verwiesen, auf die sich die Menschen seit Jahrhunderten stützen: der Goldene Schnitt und die Fibonacci-Spirale. Auch wenn sie nicht ganz einfach zu verstehen sind und ihre wissenschaftliche Fundiertheit nicht allgemein anerkannt ist, bieten sie dennoch überraschend brauchbare Orientierungshilfen für viele Entscheidungsprozesse.

Der Goldene Schnitt

Zur Beurteilung von Größe und Proportionen Ihres Außenraums können Sie den Goldenen Schnitt heranziehen. Dabei handelt es sich um eine auf einer alten griechischen Theorie basierende Gestaltungsregel, bei der es darum geht, Ausgewogenheit und Harmonie zu schaffen.

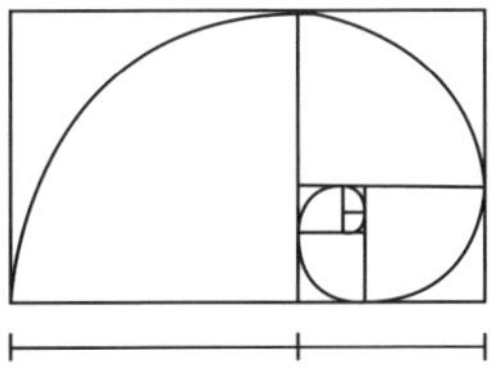

Der Goldene Schnitt und die Fibonacci-Spirale sind zwei uralte mathematische Prinzipien, die erklären, warum bestimmte Proportionen und Zahlen als harmonischer empfunden werden als andere.

Der Goldene Schnitt bedeutet, dass man ein Bild oder eine Fläche im Verhältnis 1 : 1,618 unterteilt anstatt beispielsweise in der Mitte. Es gibt viele Beispiele für diese Proportionen in der Natur, und in der Malerei, Fotografie und Architektur findet dieses Denkmodell häufig Anwendung. Ihnen erleichtert es vielleicht die Entscheidung über die Gestaltung verschiedener Elemente des Außenraums, beispielsweise über die Größe von Holzterrassen, Balkonen und Veranden im Verhältnis zur Breite und Höhe des Hauses. Sie können den Goldenen Schnitt auch auf die Höhe und Breite von Zäunen, Hecken und Mauern anwenden (natürlich unter Berücksichtigung der kommunalen Richtlinien und lokalen Gestaltungspläne).

Die Fibonacci-Spirale

Die Fibonacci-Formel ist nach dem italienischen Mathematiker Leonardo Pisano Fibonacci benannt, der im 13. Jahrhundert lebte.

Es handelt sich dabei um eine Zahlenreihe, in der jede Zahl die Summe der beiden vorhergehenden Zahlen ergibt: 0, 1, 1, 2, 3, 5, 8, 13, 21, 34 … und so weiter.

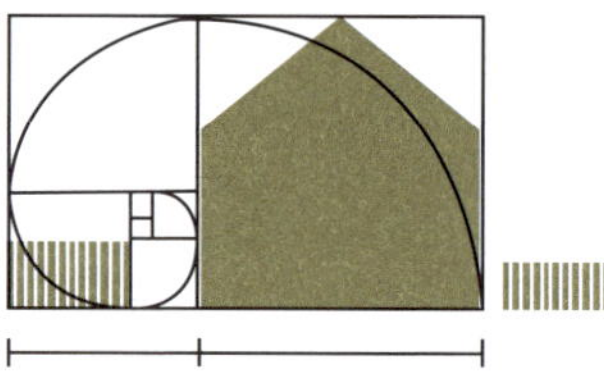

Architektinnen und Architekten verwenden den Goldenen Schnitt und die Proportionen der Fibonacci-Spirale häufig beim Entwerfen von Gebäuden, beispielsweise, was das Verhältnis von Dach und Gebäudekörper betrifft oder die Anordnung der Fenster.

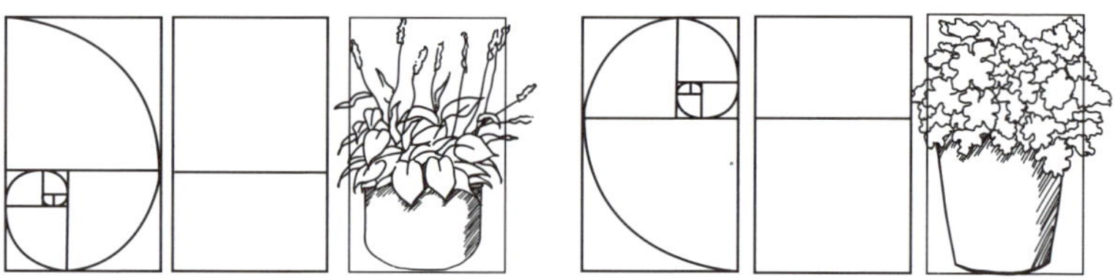

Diese Prinzipien sind auch bei der Auswahl der Form und Proportionen von Pflanzgefäßen im Außenraum hilfreich, um eine visuelle Balance und Harmonie für das Auge zu schaffen (vorausgesetzt, sie passen auch zum Wurzelsystem und den Bedürfnissen der Pflanzen).

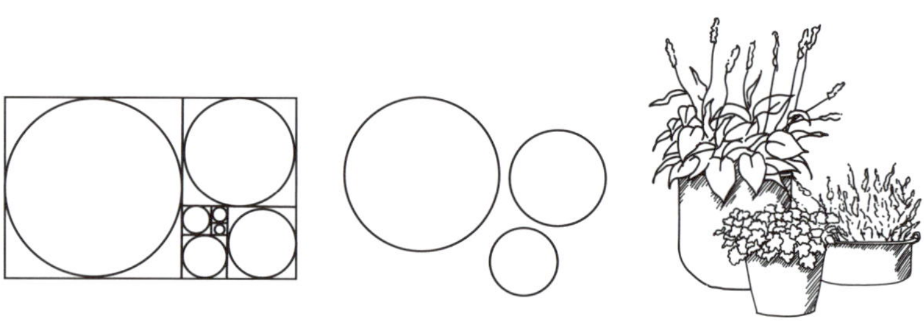

Orientieren Sie sich bei der Gestaltung von Stillleben mit mehreren Töpfen oder Windlichtern an Fibonacci-Zahlen und -Proportionen. Oft wirkt es harmonischer, drei oder fünf unterschiedlich große Objekte zusammenzustellen, anstatt zwei oder vier gleich große.

Fibonacci entwickelte diese Zahlenfolge, um die Fortpflanzung von Kaninchen zu beschreiben, die Formel findet sich jedoch überall wieder, in Muschelschalen bis hin zu Blüten. Die Fibonacci-Zahlen und -Proportionen helfen Ihnen unter anderem dabei, auf der Terrasse Stillleben aus Töpfen zu gestalten oder zu entscheiden, wie viele verschiedene Sorten Sie in ein Beet pflanzen möchten.

Die Drittelregel

Falls es Ihnen widerstrebt, den Goldenen Schnitt genau zu berechnen, bietet die Drittelregel eine hilfreiche Orientierung für eine schnelle Einschätzung harmonischer Abstände, Proportionen und Höhen.

Dem Goldenen Schnitt entsprechend ist die Zentrierung von Objekten nicht immer optimal. Anstatt eine Fläche zu halbieren, empfiehlt es sich, stattdessen in Drittelungen zu denken. Dadurch ergibt sich oft eine interessantere Dynamik. Fotografen und Filmemacher unterteilen den Bildausschnitt in der Regel in neun Teile (drei Quadrate in der Höhe und drei in der Breite). Die Schnittpunkte der Linien dienen dann als Orientierung für die optimale Positionierung des Fokuspunkts. Auch bei der Gestaltung eines Außenraums kann man diese Methode für alles Mögliche nutzen, von der Anordnung der Pflanzgefäße über die richtige Höhe der Pflanzen bis hin zu Windschutz und Möbeln.

Die Dreiecktechnik

Ein weiterer einfacher Weg für eine harmonische Komposition ist die Gestaltung in gedachten Dreiecken. Die Konturen einer Gruppe von Gegenständen oder Pflanzen sollten wie bei einem Dreieck drei gedachte Eckpunkte haben. Die Längen können variieren, aber durch diese Anordnung entsteht ein interessanteres Gesamtbild, und der Blick wird anders gelenkt als bei einer quadratischen oder rechteckigen Anordnung.

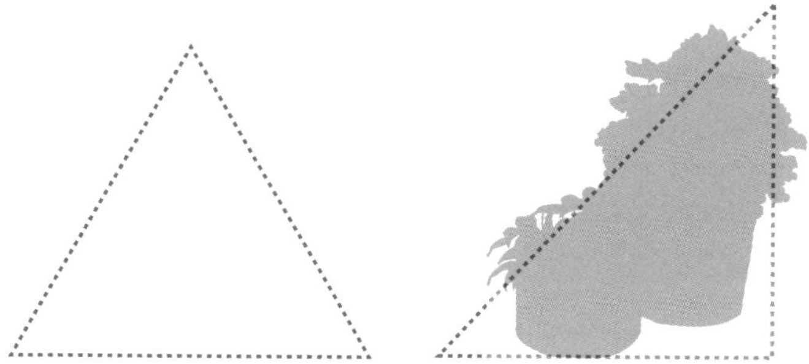

Visuelles Gewicht

Helle Gegenstände werden als leichter wahrgenommen als dunkle, selbst wenn sie gleich groß oder schwer sind.

Ein schwarzer Stuhl wird als visuell dominanter wahrgenommen als sein helles Gegenstück.

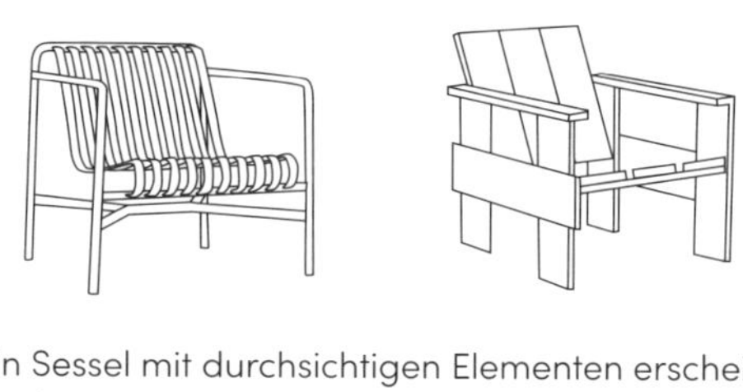

Ein Sessel mit durchsichtigen Elementen erscheint leichter und zierlicher als ein solides Möbelstück, auch wenn sie die gleiche Bodenfläche beanspruchen.

Durchbrochene Möbel wirken optisch leichter als massive, auch wenn sie genau dasselbe wiegen. Dies kann von Vorteil sein, wenn die Fläche des Außenbereichs oder des Balkons eher klein ist. Vermeiden Sie daher dunkle, massive Möbel und bevorzugen Sie helle Stühle oder Sessel mit Lochmuster oder lichtdurchlässigen Spalten.

Führende Linien

Führende oder leitende Linien (»regulating lines«, frei aus dem Englischen übersetzt) sind sichtbare oder gedachte Linien, die Landschaftsarchitekten verwenden, um in einem Garten Struktur, Einheit und Harmonie zu schaffen. Die Linien locken den Blick in eine bestimmte Richtung und sorgen für Harmonie. Häufig geht man vom Hauseingang, den Gebäudeecken, Terrassentüren, der Anordnung der Fenster, der Breite einer Hauswand oder anderen Elementen aus, an denen man sich sozusagen abstützen kann, um die Linie dann zu verlängern und den Blick weiter auf den gewählten Fokuspunkt zu richten. So erzeugt man eine zugrunde liegende logische Struktur.

Formelle Gärten weisen oft außerordentlich klare und symmetrische Linien oder Formen auf, die mit den Gebäuden auf dem Grundstück in Verbindung stehen. In weniger formellen Gärten sind solche Linien mitunter nicht ganz so deutlich erkennbar, obwohl sie in der Planungsphase womöglich durchaus eine Rolle spielten, um eine zusammenhängende und ausbalancierte Komposition zu schaffen.

Die Linien können gerade oder diagonal verlaufen. Von ihnen ausgehend kann man verschiedene Anordnungen skizzieren, die einen sowohl interessanten als auch harmonischen Eindruck machen. Welche Knotenpunkte und Linien gibt es in Ihrem Außenraum? Können Sie (gedachte) Linien ziehen, indem Sie verschiedene

Details wie Durchgänge, Terrassendielen, das Verlegemuster der Steinfläche, Beetkanten, zu Gruppen arrangierte Pflanzgefäße oder Ähnliches anordnen?

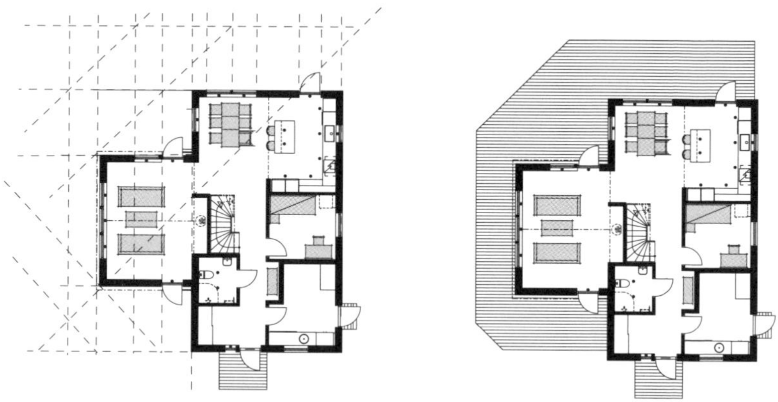

Blickpunkte

Ein Blickpunkt ist eine Stelle oder ein Element, das alle Blicke auf sich lenkt. Dieses Konzept lässt sich im Haus wie auch draußen anwenden. Blickpunkte können sich von Natur aus finden oder künstlich geschaffen werden. Manchmal will man den Blick auch von etwas ablenken. Solche Hingucker eignen sich nämlich gut dazu, dem Auge etwas vorzugaukeln und von einem weniger schmeichelhaften Anblick abzulenken oder um in einem Außenraum stärker für Spannung oder Ruhe zu sorgen.

Dabei kann es sich um sowohl große als auch um kleine Objekte handeln, sie müssen jedoch hinreichend auffällig sein, um eine Wirkung zu erzielen. Den Gestaltungsprinzipien zufolge gibt es verschiedene Mittel zur Hervorhebung eines Blickpunkts.

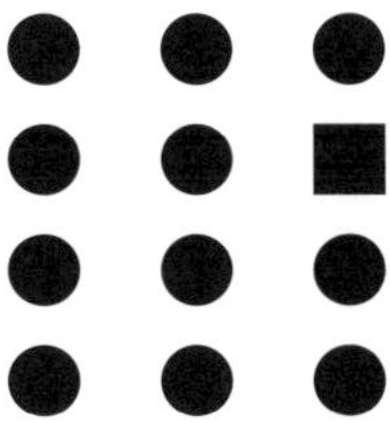

abweichende Form

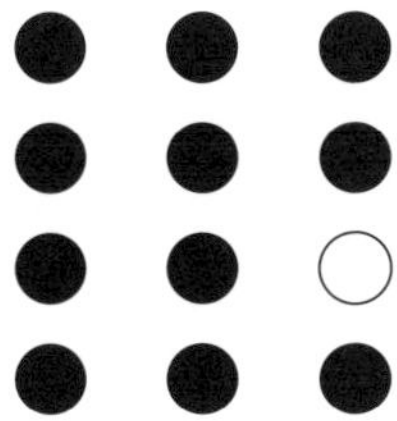

abweichende Farbe oder Kontrast

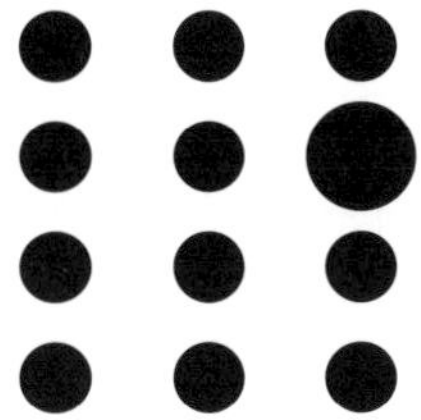

abweichende Größe

abweichende Anordnung

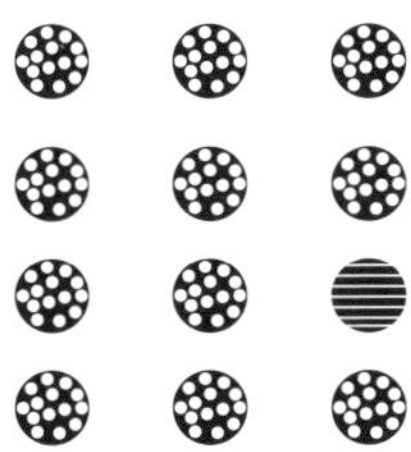

abweichende Textur

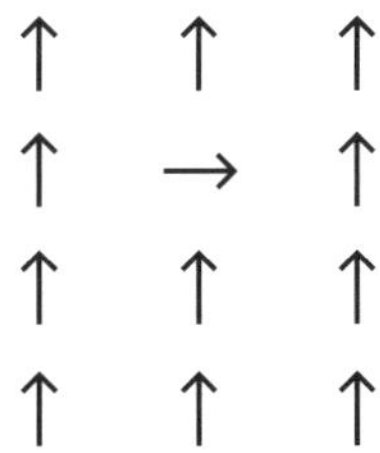

abweichende Richtung

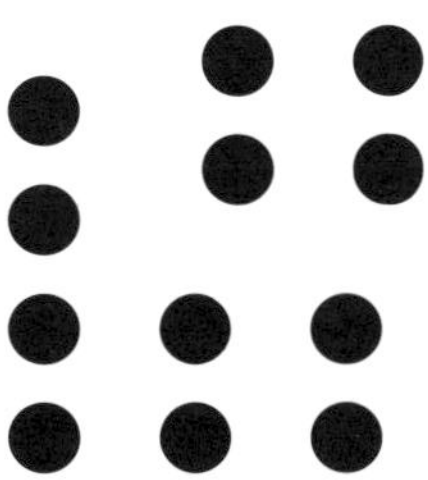

zu einer Gruppe arrangieren

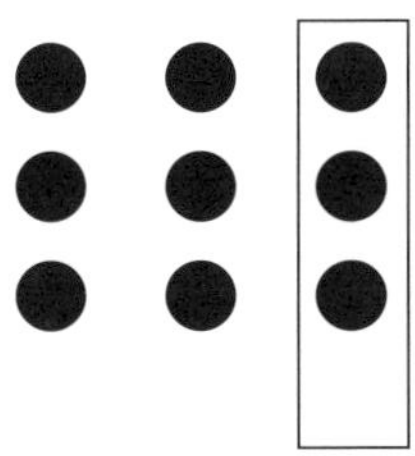

zusammen-fassen

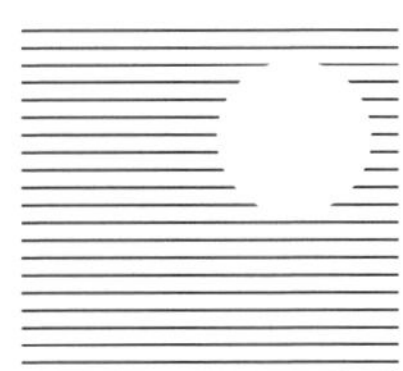

eine Freifläche schaffen

Blättern Sie noch einmal zurück zum Kapitel **Genius loci** und der Analyse der Atmosphäre. Helfen Ihnen die derzeitigen Blickpunkte dabei, das gewünschte Gefühl in Ihrem Außenraum oder Garten zu vermitteln? Lautet die Antwort Nein? Möglicherweise empfiehlt es sich, die Aufmerksamkeit auf einen Blickpunkt umzuleiten, der diese Aufgabe besser erfüllt.

Kontrasteffekte

Der Grundgedanke beim Kontrasteffekt ist der, mit Gegensätzen zu arbeiten. Wählt man eine Farbe oder eine Textur, die sich gegensätzlich zu einer anderen verhält, wirken beide auffälliger. Was sich voneinander abhebt, fällt mehr auf und lässt Details in einem viel klareren Licht erscheinen.

Dieses Prinzip ist ein wichtiger Aspekt, den man bei der Einrichtung und den Möbeln für den Außenraum berücksichtigen sollte, und außerdem ein nützlicher Trick, um etwas Unansehnliches zu kaschieren, zum Beispiel Mülltonnen oder die Truhe für die Stuhlkissen. Aber auch wenn man etwas Schönes besonders hervorheben möchte, sollte man dieses Prinzip im Hinterkopf behalten. Beachtet man es nicht, verschwindet das Schöne, das man eigentlich hervorheben möchte, allzu leicht oder »ertrinkt« im Hintergrund.

Sollen Ihre Gartenmöbel auffallen und ins Auge stechen? Dann wählen Sie eine Farbe, die sich vom Hintergrund abhebt. Möchten Sie den Fokus auf etwas anderes lenken oder ein einheitlicheres Gesamtbild schaffen? Entscheiden Sie sich in diesem Fall für Möbel in einer Farbe, die sich harmonisch in die Fassade Ihres Hauses und die Umgebung Ihres Gartens einfügt.

Beispiele für Gegenstände, die mithilfe des Kontrasteffekts kaschiert werden können:

- Mülltonnen und Wertstoffbehälter.
- Gartenschläuche in derselben Farbe wie die Fassade fallen weniger auf.
- Geräteschuppen und Gartenhäuser.
- Fahrradständer.
- Windschutz.
- Blumen- und Balkonkästen.

Beispiele für Elemente, die mit dem Kontrasteffekt hervorgehoben werden können:

- Formen und Linien von Gartenmöbeln und Sitzgruppen.
- Beeteinfassungen, Höhenunterschiede und Gartenwege.
- Treppenstufen und -absätze.
- Skulpturen und Deko.
- Poolauskleidungen und Mosaike im Pool.
- Sonnenschirme und Markisen.
- Bänke und Sitzgelegenheiten.

Einrahmen und Abgrenzen

Geliebtes Kind trägt viele Namen, wie man so schön sagt, und genau das trifft auf eines der wichtigsten Prinzipien der Außenraumgestaltung zu: das Einrahmen. Viele Bezeichnungen drücken hier dasselbe aus. *Hortus conclusus* ist der lateinische Begriff dafür. Auf Deutsch benutzen Garten- und Innenarchitekten normalerweise das Wort *Einhegung*, und auf Englisch heißt es *enclosure*, wenn man einen abgegrenzten und eingefriedeten Bereich beschreiben will. Warum ist das so wichtig für alle, die einen Außenraum gestalten wollen? Ganz einfach: ohne Rahmen keine Räumlichkeit. Man bekommt kein Gefühl dafür, wo etwas beginnt und wo es endet, wodurch es deutlich schwieriger wird, die gewünschte Atmosphäre für Besucher zu schaffen. Wenn man sich an bestimmte Bedingungen hält, kann man leichter Struktur erzeugen. Das sorgt für Klarheit, aber auch für Reize und Entdeckerfreude.

Daher ist die Gestaltung des Rahmens einer der ersten Punkte, die man klären sollte. Ein Zaun, eine Hecke, eine Bepflanzung mit Sträuchern oder eine Mauer, die das Grundstück optisch von der Straße und den Sitzbereich vom Grundstück trennen, haben sowohl aus ästhetischer als auch aus emotionaler Sicht eine wichtige Bedeutung. Innerhalb der umfriedeten Fläche lassen sich dann weitere Rahmen oder Räume schaffen: Sträucher rund um den Sitzplatz, Windschutzelemente und Geländer, die die Terrasse umgeben, eine Pergola oder ein Laubengang etwas abseits auf dem Grundstück, die für mehr Räumlichkeit sorgen, oder man verwendet niedrige Hecken rund um den Kräutergarten, die einzelne Bereiche einhegen.

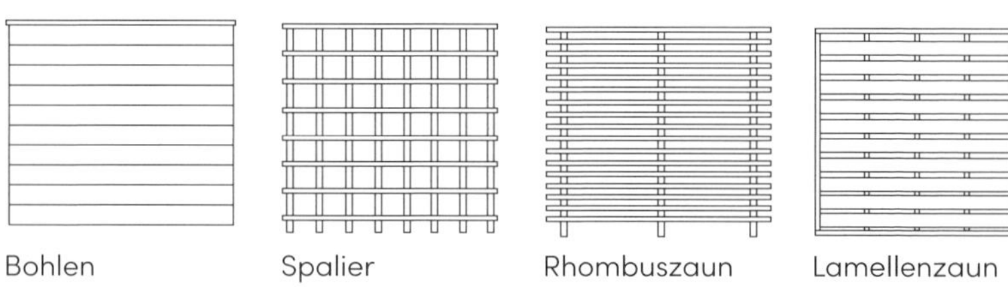

Denken Sie auch daran, dass durch die verschiedenen Optionen eine bestimmte Musterwirkung entsteht. Eine Terrasse mit vielen abwechslungsreichen Eindrücken oder einem detailreichen Untergrund kann durch eine ruhigere Umzäunung ausgeglichen werden und umgekehrt.

Dichtzaun

Kann frei stehend sein, als vorspringender Gebäudebestandteil oder alternativ als Einfriedung dienen. Allen Dichtzäunen ist gemeinsam, dass sie zu mehr als fünfzig Prozent undurchlässig sind, wodurch Luftströmungen und auch die Sicht reduziert werden. Der Zaun bietet Windschutz, es können jedoch je nach Windstärke und Windrichtung auch Turbulenzen und Verwirbelungen entstehen.

Spalier

Als Spalier bezeichnet man eine lockerere Konstruktion, die meist als Sichtschutz oder Gerüst für Kletterpflanzen benutzt wird. Es ist sehr licht- und luftdurchlässig. Da es den Wind bremst, bietet es einen gewissen Windschutz.

Rhombuszaun oder -element

Eine Form von Sicht- und Windschutz, der ähnlich wie ein Spalier größere Abstände zwischen den Latten aufweist, aber eher als Wand neben einer Terrasse gedacht ist. Kann auch nur auf einer Seite mit Latten versehen sein. Rhombuszäune und -elemente sind oft effektiver, als man denkt, da sie dank ihrer Durchlässigkeit den Wind bremsen, ohne Wirbel zu erzeugen.

Lamellenzaun

Ein Lamellenzaun besteht aus einem Holzrahmen, der mit dünnen Lamellen verkleidet ist, die oft in die senkrechten Latten des Rahmens eingewebt oder geflochten sind. Ein Lamellenzaun sieht auf den ersten Blick dicht aus, sollte es aber nicht sein. Die Spalten im Windschutz lassen Luft durch, sind jedoch für das Auge nicht sichtbar. Bei einem völlig winddichten Zaun besteht die Gefahr, dass er bei Sturm umkippt, da er der Belastung nicht standhält.

Zaun

Als Zaun wird eine Einfriedung um ein Grundstück oder eine Terrasse definiert, die zu wenigstens der Hälfte licht- und luftdurchlässig ist. Bei einer dichteren Konstruktion bezeichnet man ihn als Dicht- oder Sichtschutzzaun (weitere Informationen dazu finden Sie weiter oben in diesem Kapitel). Die Ober- und Unterseite der Pfosten und Querstreben eines Zauns sind der Witterung am stärksten ausgesetzt. Daher ist es ratsam, das Hirnholz mit einem Querbalken zu schützen oder so zu sägen, dass es eine sogenannte Tropfkante erhält. Dadurch können Regenwasser und Feuchtigkeit leichter abfließen. Die Form der Oberseite der Querstreben wird als Zaunprofil bezeichnet und hat somit nicht nur eine ästhetische Funktion. Es gibt eine Vielzahl verschiedener Varianten von Zaunprofilen, Zaunpfosten und Konstruktionslösungen, die auf die Architektur und den Stil Ihres Hauses abgestimmt werden können. Für einen einheitlichen Eindruck ist es wichtig, dass Stil und Farbe mit dem Haus harmonieren.

Um die zukünftige Pflege zu erleichtern, ist es ratsam, bereits bei der Konstruktion Abstände und Abmessungen des Holzes so zu wählen, dass man beim Nachstreichen leichter mit einem Pinsel herankommt.

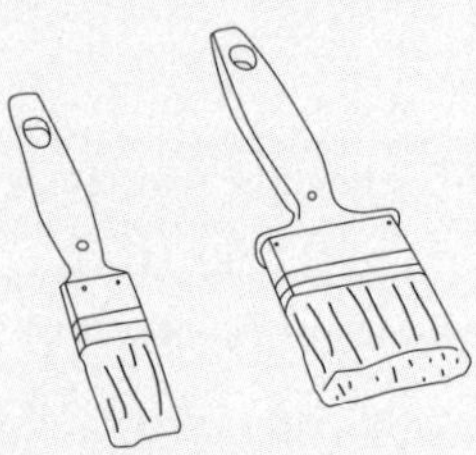

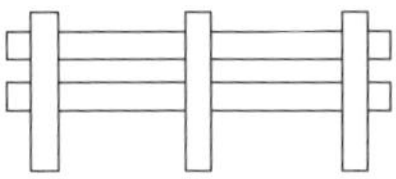

Zaun

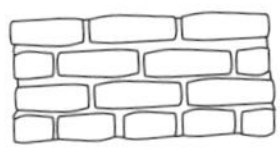

Mauer

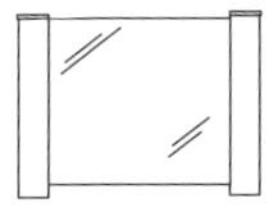

Glasscheibe

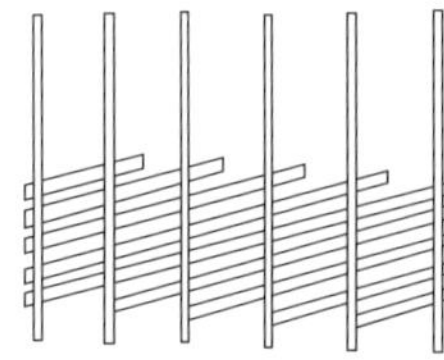

Traditioneller skandinavischer Staketenzaun (schwedisch *Gärdsgård*)

Die Abmessungen des Materials sollten der Konstruktion entsprechend gewählt werden. Ein zu schmales und zierliches Material für eine hohe und breite Wand ist nicht nur weniger stabil, sondern wirkt auch oft unausgewogen und klapprig. Umgekehrt sieht ein niedriger Zaun unverhältnismäßig klobig aus, wenn man zu dicke Pfosten und sehr breite Bretter verwendet.

Mauer

Gemeinhin wird eine Mauer als eine Aufschichtung von Steinen oder Baumaterialien definiert. Als Materialien nimmt man beispielsweise Beton-, Ziegel- und Natursteine, Holzstämme oder Ähnliches. In letzter Zeit werden auch Gabionenmauern immer häufiger verwendet (mit Steinen gefüllte Stahlgitterkörbe). Wer eine Mauer um sein Haus oder seine Terrasse bauen möchte, benötigt unter Umständen eine Baugenehmigung. Informieren Sie sich bitte über die geltenden Vorschriften an Ihrem Wohnort.

Glas und Plexiglas

Gehärtetes Verbundglas bietet vollständige Transparenz und eignet sich für Windschutzwände, die ganze oder teilweise Verglasung von Außenräumen oder als Kombination aus Sicherheitsgeländer und

Windschutz. Es wirkt optisch leicht und luftig – hohe Glaswände verursachen allerdings ähnliche Turbulenzen wie dichte Bohlenwände. Ein Trick, um dies zu umgehen, besteht darin, die Scheiben in schmaleren Abschnitten mit Luftspalt dazwischen anzubringen. Geländer, Windschutzvorrichtungen und Verglasungen, bei denen die Fallhöhe zwei Meter überschreitet, müssen aus einem speziellen Sicherheitsglas hergestellt sein.

Großflächige Windschutzvorrichtungen aus Glas erfordern möglicherweise eine Kontrastmarkierung, damit niemand versehentlich dagegen prallt. Dies gilt insbesondere für Stellen, an denen Glasflächen schwer zu erkennen sind. Es wird empfohlen, die Markierungen in zwei Höhen (90 Zentimeter und 150 Zentimeter) anzubringen, damit sie sowohl für Kinder als auch für Erwachsene und sitzende Personen gut sichtbar sind.

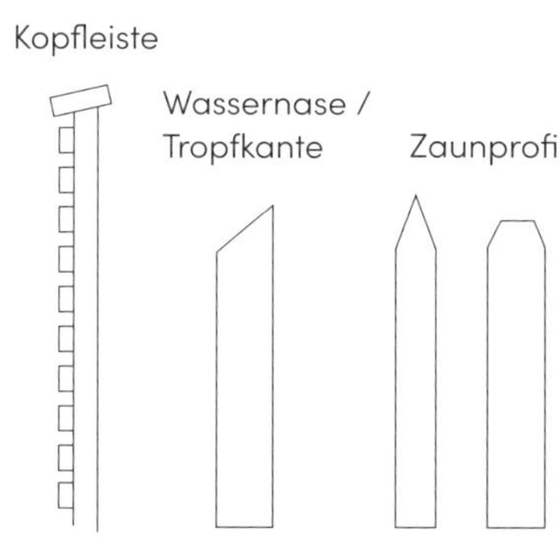

Die oben auf Planken, Spalieren und Geländern angebrachte Abdeckleiste hat nicht nur einen dekorativen, sondern auch praktischen Zweck. Sie dient dazu, die Stirnflächen von Pfosten, Latten und Spalten vor Feuchtigkeitsaufnahme zu schützen, die Stabilität und Haltbarkeit zu erhöhen und die Lebensdauer des Windschutzes zu verlängern. Daher ist sie in der Regel etwas breiter als das darunterliegende Holz, um einen besseren Schutz vor Niederschlägen zu bieten, und meist leicht geneigt, damit Regen und Schnee leichter abfließen können.

Gärdsgård – der typisch skandinavische Staketenzaun

Man findet sie in den verschiedenen Regionen Skandinaviens in jeweils etwas unterschiedlicher Ausführung: der traditionelle Zaun, der »Gärdsgård« oder »Gärdesgård« genannt wird. Diese Variante des Staketenzauns besteht aus senkrechten Pfosten und diagonal verlaufenden, durch Weidenruten miteinander verbundenen Querstreben in Form gespaltener oder runder Stämme (auch »gärdsle« oder »trinna« genannt). Ein Gärdsgård vermittelt einen rustikalen und organischen Eindruck, der sowohl zu klassischen schwedischen Häusern in Schwedenrot (Faluröd) mit weißen Ecken als auch zu moderneren Gebäuden passt. Oft bildet er einen schönen Kontrast zu neu gebauten Holzhäusern im Scheunenstil.

BLÄTTER GEGEN DEN WIND

Eine Kletterpflanze neben dem Windschutz erhöht den Schutzeffekt zusätzlich. Durch die Begrünung wirkt er lebendiger und schöner, und sie trägt dazu bei, die Bewegungen des Windes abzuschwächen. Achten Sie nur darauf, die Pflanze an einem separaten Spalier hochranken zu lassen, das sich bei zukünftigen Wartungs- und Anstricharbeiten leicht zur Seite bewegen lässt.

Räume im Freien

Selbst kleine Terrassen, Gärten und Balkone wirken größer, wenn man sie in kleinere Räume unterteilt. Diese können unterschiedliche Funktionen, aber auch unterschiedliche Themen oder Ausrichtungen haben. Auf einer kleinen Fläche reicht es vielleicht schon aus, verschiedene Zonen nur anzudeuten. In einer größeren Umgebung können Sie sogar Räume für verschiedene Funktionen schaffen: Essbereich, Außenküche, Lounge-Bereich, Spielzimmer und so weiter.

Hier drei Möglichkeiten, wie man im Freien Räume anlegen (oder andeuten) kann:

Mit Wänden: Ein Freisitz ganz ohne Wände wirkt oft sehr exponiert, aber das bedeutet nicht, dass man die gesamte Fläche einrahmen muss. Drei, zwei oder sogar nur eine Wand genügen oft schon, um für mehr Behaglichkeit und Geborgenheit zu sorgen. Als Wände im Außenraum eignen sich: Hecken, Zäune, Windschutz, Spaliere, Mauern, geflochtene Weiden, Sträucher und Bepflanzungen, hervorstehende Teile von Hausfassaden, Garagen, Schuppen und andere Anbauten. Sie brauchen nicht so hoch zu sein wie in Innenräumen. Damit nicht der Eindruck entsteht, man säße eingemauert in einer Festung, orientieren Sie sich bei der Wahl der geeigneten Höhe an der Blickhöhe im Sitzen, also etwa 80 bis 120 Zentimeter.

Mit Bodenbelag: Mit verschiedenen Bodenbelägen wie Gras, Kies, Pflastersteinen, Fliesen, Terrakottafliesen, Terrassendielen, Sand, Erde, Rinde, Holzspänen oder Bodendeckern können Sie den Untergrund Ihres Außenraums gestalten. Anders als bei der Inneneinrichtung sollte man nicht überall denselben Bodenbelag verwenden. Das wirkt schnell eintönig und leblos. Aber allzu große Abwechslung ist auch nicht wünschenswert; das könnte als unordentlich empfunden werden. Durch unterschiedliche Bodenbeläge zwischen zwei Bereichen oder durch Höhenunterschiede kann man die gewünschte Aufteilung verdeutlichen.

Mit Überdachungen: Bäume, Pergolen, Sonnendächer, Sonnenschirme, Markisen, Sonnensegel … Eigentlich eignet sich alles, was einen Schutz über dem Kopf bietet und ein Gefühl von Umhülltsein und Abgrenzung nach oben vermittelt.

Die Höhe des Daches ist wichtig: Zu hoch sollte es nicht sein, sonst verliert es womöglich seine Funktion und wird eher als Bedrohung denn als Schutz empfunden. Was ist also angemessen? Bei Pergolen geht man in der Regel von etwa derselben Dachhöhe aus wie im Innenbereich, also etwa 2,30 Meter.

Überraschungseffekte erzeugen

Im Rahmen des Architekturstudiums lernt man einen Trick, der »Compression and Release« genannt wird und dazu dient, beim Betreten eines Gebäudes einen Überraschungseffekt zu erzielen. Dieses von dem US-amerikanischen Architekten Frank Lloyd Wright geprägte Konzept lässt sich auch bei der Gestaltung von Gärten oder Außenräumen anwenden, um die Emotionen der Besucher zu lenken und Überraschungsmomente zu schaffen. Einfach erklärt geht es darum, den Besucher durch einen engen Durchgang (Compression) zu führen, um ihn dann mit einer unerwarteten Aussicht zu überraschen (Release). Eine Art zweistufige Rakete der Eindrücke, die immer funktioniert, wenn man jemanden beeindrucken oder eine Stimmung verändern möchte.

Ähnliche Gedanken hatte der Architekt Gunnar Asplund, als er die Grabkapellen auf dem Waldfriedhof in Stockholm entwarf. Asplunds Entwurf sah vor, dass die Eingänge zu den Kapellen, die den Namen »Kapelle des Glaubens«, »Kapelle der Hoffnung« und »Kapelle des Heiligen Kreuzes« tragen, schmal und ein bisschen eng sein sollten. Nach der Beerdigung werden die Besucher dann auf einem anderen Weg durch einen größeren Ausgang hinausgeführt, von wo aus sie den Blick auf die schöne Landschaft genießen können. Auf diese Weise entsteht ein Gefühl der sensorischen Erleichterung, das den Trauergästen das Weiterleben vereinfachen soll.

Wenn Sie Teile Ihres Außenraums verbergen, entsteht dann ein ähnlicher Effekt, als würden sich hinter einem Portal oder Durchgang Ausblicke oder Flächen öffnen?

Bewegungsmuster analysieren

Welche Wege legen Sie draußen am häufigsten zurück? (Oder welche werden es in Zukunft sein?) Wir neigen ja gerne dazu, den kürzesten Weg zu wählen. Wo nehmen Sie Abkürzungen, um schneller ans Ziel zu kommen, und wenn Sie Spuren hinterlassen würden, welche Pfade wären dann deutlich erkennbar? Die folgenden sechs Bewegungsmuster sind eine gute Grundlage für Ihre Überlegungen.

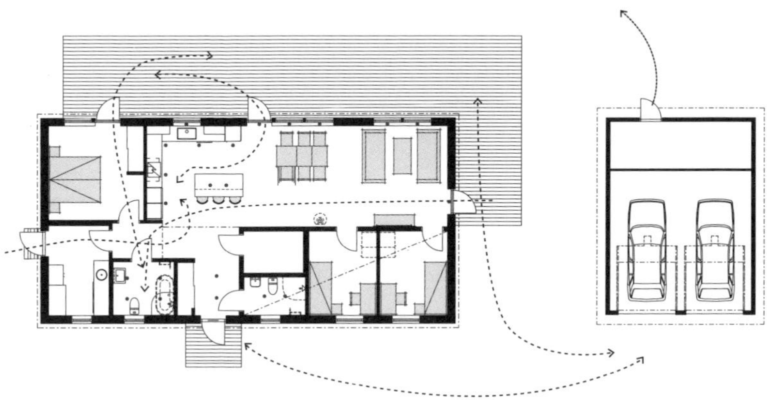

Aus dem Haus gehen und heimkommen

Wie gelangt man in den Wohnbereich und wieder hinaus? Wie sehen die Bewegungsmuster in der Regel aus? Analysieren Sie diese anhand verschiedener Fortbewegungsmittel wie zu Fuß, mit dem Auto oder mit dem Fahrrad.

Haushalt und Alltag

Welche Wege legt man bei der Erledigung alltäglicher Aufgaben zwischen Innen- und Außenraum zurück, etwa um Einkäufe aus dem Auto auszuladen, Müll zu trennen oder ihn hinauszubringen, Essen aus der Küche zu tragen und zu servieren, Holz zu holen oder Wäsche aus der Waschküche aufzuhängen? Wie lässt sich die Außenumgebung anpassen, damit solche Abläufe vereinfacht werden?

Instandhaltung

Was muss draußen instand gehalten werden, und wie gelangt man zu diesen Flächen und wieder zurück? Beispiele hierfür sind Rasenmähen, Bewässerung und Pflege des Poolbereichs. Wo werden die entsprechenden Arbeitsgeräte aufbewahrt, und wie sehen die Wege und Flächen um diese Stauräume aus? Teilen Sie Ihre Arbeitsgeräte am besten in »häufig verwendete Werkzeuge« und »selten verwendete Werkzeuge« ein, wobei die regelmäßig verwendeten leicht zugänglich sein sollten, damit die Arbeit auch tatsächlich erledigt wird, während die übrigen an einem weniger zentralen Ort aufbewahrt werden können.

Familie und Freizeit

Wie bewegen Sie und Ihre Familie sich tagsüber im Freien, je nach Aktivität? Gibt es große Unterschiede zwischen den Jahreszeiten? Funktioniert das optimal, oder könnten Sie etwas ändern, um die Fortbewegung zu erleichtern und die Einrichtung im Sinne des Näheprinzips zu gestalten?

Gastfreundlichkeit

Wie ist das Bewegungsmuster der Menschen, die zu Besuch kommen? Stellen Sie sich vor, Sie wären noch nie bei sich zu Besuch gewesen. Ist der Eingang eindeutig zu erkennen? Welchen Eindruck bekommen die Gäste, was sehen sie auf dem Weg dorthin, und wie können Sie das Erleben besser gestalten? Wenn Sie im Sommer jemanden zum Kaffee oder Abendessen einladen, gibt es vielleicht einen selbstverständlichen Weg zum Außenraum, ohne dass man an der Tür klingeln und durch das Haus gehen muss? Wie sieht dieser aus? Ist der Weg zwischen der Garageneinfahrt und der Rückseite des Hauses in Ordnung oder muss er verbessert werden?

Blicke und Aufmerksamkeit lenken

Ein weitverbreiteter Fehler, den viele beim Einrichten ihrer Terrassen oder Balkone machen, ist, ausschließlich an die physische Fortbewegung zu denken. Wie gelangt man von A nach B? Aber wie steht es eigentlich um die Aufmerksamkeit Ihrer Gäste oder um Ihre eigene, unterwegs von einem Ort zum anderen? Indem Sie den Weg mit visuellen Ködern versehen, wecken Sie Neugier und Interesse für die verschiedenen Bereiche Ihres Außenraums.

Großen Eindruck machen: optische Täuschungen

Mithilfe von optischen Täuschungen und raffinierten Illusionen lassen sich Garten und Terrasse größer und interessanter gestalten, als sie tatsächlich sind. Dieses Konzept wird auch als »Trompe L'œil« bezeichnet. Nun bin ich kein großer Fan davon, Scheintüren im Garten anzubringen oder Panoramaansichten auf Hauswände zu malen, die dem Auge etwas vorgaukeln, aber das bleibt natürlich jedem unbenommen. Amüsant finde ich hingegen die Idee, die Sinne zu täuschen, indem man Wege zum Ende hin schmaler werden lässt oder die satten Farben nach vorne und die blassen nach hinten stellt, um mit einfachen Mitteln eine größere wahrgenommene Tiefe in einem Außenraum zu erzeugen. Hier einige Beispiele:

– Diagonal angelegte Wege und Pfade, die sich zum Ende hin etwas verjüngen, werden als länger empfunden als gerade.
– Verbergen Sie den letzten Abschnitt des Weges, damit man nicht sehen kann, wo er endet.
– Betonen Sie lange Sichtlinien und platzieren Sie einen Blickpunkt so weit entfernt wie nur möglich, um das Gefühl von Tiefe zu verstärken. Indem Sie diesen Hingucker etwas kleiner halten als erwartet, täuschen Sie das Auge, weil die Entfernung größer als in Wirklichkeit erscheint.
– Wussten Sie, dass Farben und Konturen in der Ferne verblassen? Wenn Sie den Eindruck einer größeren Bepflanzung oder Außenumgebung erwecken möchten, platzieren Sie die farbenprächtigsten und satten Farben im Vordergrund und wählen Sie weiter hinten eher gedeckte Töne. Dadurch entsteht der optische Eindruck, das Beet oder der Außenraum seien größer. Das funktioniert sowohl bei Blumen als auch bei Möbeln.
– Sogenannte Trompe L'œil-Spaliere und kräftige Linien in Brettern und Zäunen sorgen ebenfalls für einen optischen Effekt, mit dem man etwas verlängern, verbreitern oder vertiefen kann.

Das Prinzip der grünen Wand

Viele sprechen vom Außenbereich, dem Balkon oder dem Garten als einer Erweiterung des Wohnraums. Der Architekt Ingald Andersson geht noch einen Schritt weiter und spricht vom »Prinzip der grünen Wand«. Darunter versteht er, dass nicht die Außenwände des Hauses die Räume definieren, insbesondere wenn diese mit großen Fenstern oder Glasfronten versehen sind, sondern vielmehr die weiter entfernte grüne Wand, wie die Heckenpflanzung rund um das

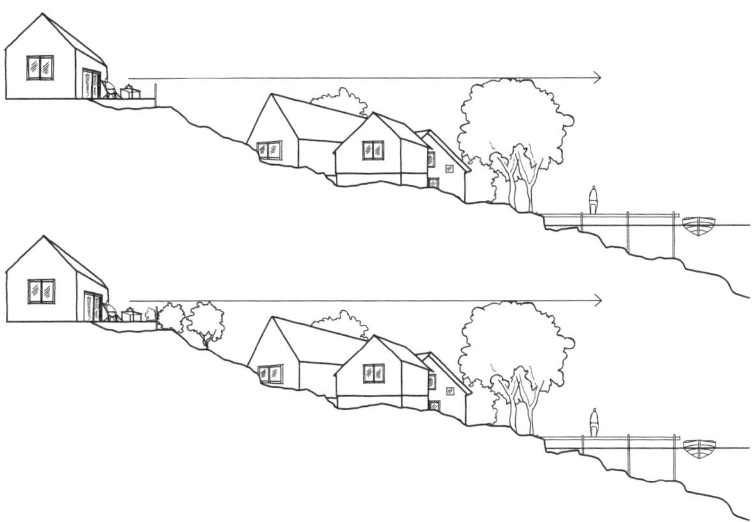

Wenn Sie in der Ferne einen Meerblick haben, Ihre Immobilie jedoch ein paar Hausreihen vom Strand entfernt liegt, empfiehlt es sich, die Grenzen mit Grünpflanzen zu verwischen und hervorstehende Dächer und Gebäude zu kaschieren, sodass die grüne Wand Ihrer Terrasse mit den weiter entfernten Baumkronen verschmilzt (die nicht einmal auf dem eigenen Grundstück stehen). Nach dem gleichen Prinzip funktionieren sogenannte Infinity-Pools, die ein Gefühl der Unendlichkeit erzeugen. Ein ähnlicher Eindruck einer ununterbrochenen Sichtlinie lässt sich mit Kübelpflanzen erzielen, die mit einer Hecke harmonieren, die wiederum mit den Baumkronen in hundert Meter Entfernung verschmilzt.

Haus oder ein dichtes Gebüsch in Augenhöhe, die vom Inneren des Hauses aus zu sehen ist und das Ende des Raumgefühls definiert. Dies wird besonders deutlich, wenn der Boden im Innen- und Außenraum auf gleicher (oder ähnlicher) Höhe liegt und die Linien durchgehend von innen nach außen verlaufen. Mit diesem Ansatz lässt sich auch das Raumgefühl im Freien verstärken. Indem Sie Gebäudeteile und Sichtbarrieren mithilfe verschiedener Grünflächen verdecken, verschieben Sie die äußere Grenze noch weiter nach hinten.

Die Aussicht als Motiv

Wenn ein Architekt ein Haus entwirft, beschäftigt er sich bei der Standortanalyse und der Planung der möglichen Positionierung des Gebäudes und der Fenster oft mit dem Thema Aussicht. Dabei werden alle Aspekte berücksichtigt, vom Meerblick über schöne Waldstücke bis hin zu benachbarten Häusern und vielversprechenden Blickwinkeln. Mit »Die Aussicht als Motiv« meine ich also das, was man jenseits der Fensteröffnungen sieht.

Nun hat natürlich nicht jeder, der neu baut, Einfluss auf den Ausblick, das heißt, wo die Fenster platziert werden. Wer einen Garten hat, kann aber zumindest bis zu einem gewissen Grad Einfluss auf seine Aussicht nehmen. Die Gartengestaltung ist für mich daher nicht nur deshalb interessant, weil sie entscheidend die Wahrnehmung des Gartens bestimmen kann. Es geht genauso sehr darum, wie man ihn wahrnimmt, wenn man sich *nicht* dort aufhält.

So kann man wie ein Künstler denken und die Fensterrahmen wie Bilderrahmen nutzen und sowohl Pflanzen und Sträucher, Beete und Bäume als auch Möbel und andere Elemente so konzipieren, dass man aktiv schöne Ausblicke gestaltet, und zwar von innen nach außen und das ganze Jahr über. Ein nicht ganz abwegiger Vergleich, wenn man bedenkt, dass unsere Fenster oft die größten Kunstwerke an unseren Wänden sind.

Gestaltungstricks

- Wohnen Sie in einem mehrstöckigen Haus? Denken Sie daran, dass ein und dieselbe Aussicht unterschiedlich wahrgenommen wird, je nachdem, ob man vom Erdgeschoss aus nach draußen schaut oder sich weiter oben befindet. Gelingt es Ihnen, von beiden Perspektiven aus eine angenehme Atmosphäre und schöne Blickfänge zu kreieren?
- Um mehr Tiefe in das Blickfeld zu bringen, denken Sie wie ein Fotograf, und versuchen Sie, durch die Platzierung von Gegenständen einen Vordergrund, einen Mittelgrund und einen Hintergrund zu erzeugen. Pflanzen Sie beispielsweise Ziergras oder ähnliche niedrigere Pflanzen, durch die man hindurchsehen kann, in Töpfe in der Nähe des Fensters, setzen Sie den Fokuspunkt in die Mitte und schaffen Sie einen weniger scharfen Hintergrund.
- Nutzen Sie optische Täuschungen (siehe vorheriger Abschnitt), um den Eindruck zu erwecken, Terrasse oder Garten seien größer, als sie es tatsächlich sind.
- Vergessen Sie nicht, bei der Gestaltung Ihres Außenraums sowohl Sommer- als auch Winteraspekte zu berücksichtigen. Sorgen Sie für etwas Schönes, an dem sich das Auge auch dann erfreuen kann, wenn sich der Garten im Laufe der Jahreszeiten verändert.

Mit der Einrichtung von Terrasse oder Balkon lässt sich nicht nur der Außenraum verschönern, sondern auch das Raumgefühl im Innenbereich verbessern. Indem Sie von Ihren Fenstern und Sitzgelegenheiten aus betrachtet ein schönes Motiv schaffen, verändern Sie die Aussicht und werden so doppelt für Ihre Mühe belohnt.

BITTE BEACHTEN!

Ist Ihnen schon einmal aufgefallen, dass das Innere eines Hauses oft als kleiner empfunden wird, wenn es draußen dunkel ist? Das liegt daran, dass die Sichtlinie unterbrochen wird. Wenn die Fenster schwarz werden, geht die Tiefe der Aussicht verloren, und die Fensterfront wird zum letzten Fixpunkt für das Auge. Abhilfe schafft hier eine Beleuchtung der »Außenseite« des Raumes, um ihn optisch zu vergrößern. Sie können dies ganz einfach mit einer zusätzlichen Lichterkette oder einer Laterne im Garten testen: Je weiter Sie den letzten Lichtpunkt vom Fenster entfernt platzieren, desto tiefer wirkt der Raum drinnen. Heutzutage gibt es sehr gute batterie- und solarbetriebene Lampen und Strahler, sodass man nicht immer einen Stromanschluss benötigt, um Bäume und Sträucher zu beleuchten.

Ganzheitlich gestalten

Damit wir einen Außenraum mit dem ganzen Körper wahrnehmen können, müssen wir mehr Sinne als nur das Sehen einbeziehen. Wie fühlt sich die Oberflächenstruktur unter den Füßen an, wie stabil ist der Untergrund, wie passt sich das Mobiliar an den Körper an, wie liegt das Geländer in der Hand? Taktilität wird auch durch den Sehsinn wahrgenommen. Beim Betrachten verschiedener Oberflächen und Materialien werden in uns unterschiedliche Empfindungen ausgelöst, je nachdem, wie wir das Material interpretieren. Wie fühlt es sich an, das Möbelstück zu berühren oder über die Terrasse zu gehen – oder wie meinen Sie, fühlen sich die verschiedenen Elemente an, wenn Sie die Texturen und Materialien nur dem Augenschein nach beurteilen? Wie klingt es? Wie riecht es, oder wie *soll* die Außenumgebung riechen? Wie können Sie sich mithilfe der Sinnesorgane wohlfühlen?

Angenehme Düfte

Im Freien gibt es viele Duftquellen. Manche möchte man vielleicht überdecken, andere gilt es, bewusst hinzuzufügen. Setzen Sie duftende Pflanzen an strategischen Stellen ein, möglichst in der Nähe von Sitzgelegenheiten oder Gartenwegen. Wenn man daran vorbeigeht oder der Wind durch das Laub weht, sorgen sie für kleine Genussmomente für die Nase.

Hinzufügen und verstärken können Sie beispielsweise:

- duftende Blumen und Sträucher.
- Kräuter und Gewürze.
- duftendes Gemüse, zum Beispiel Tomatenpflanzen.
- frisch gemähtes Gras.
- Wäsche, die in der Sonne trocknet.
- warme, humusreiche Erde.

IMMER DER NASE NACH – DER ERSTE EINDRUCK

Einerseits ist es sinnvoll, die Recyclingbehälter so nah wie möglich dort aufzustellen, wo wir aufgrund unserer Bewegungsmuster in Haushalt und Alltag sowieso vorbeikommen (entsprechend dem Prinzip, dass das Steinzeitgehirn immer den kürzesten Weg einschlägt), andererseits sollten sie nicht unbedingt da stehen, wo unsere Gäste vorbeigehen. Vor allem im Sommer duften Mülltonnen nicht gerade einladend.

Angenehme Geräusche

Ein Garten ist nicht nur etwas fürs Auge, auch die Geräuschkulisse spielt eine wichtige Rolle, wie wir unsere Umgebung wahrnehmen. Wie klingt es bei Ihnen draußen? Was bereitet Ihnen schon jetzt Freude, und wie können Sie die Bedingungen für wohltuende Klänge verbessern? Zum Beispiel durch summende Hummeln, Vogelgezwitscher, plätscherndes Wasser, Wind, der langes Gras oder Bambus rascheln lässt, Kies, der einladend knirscht, wenn jemand über die Wege geht, oder ein kleines Wasserbecken, das Singvögel glücklich macht. Solche Geräusche sollten Sie so nah wie möglich an den Sitzplätzen platzieren. Umgekehrt lohnt es sich auch, darüber nachzudenken, wo im Laufe des Tages störende Geräusche auftreten, die gedämpft werden sollen.

Höhenunterschiede und Baukonstruktionen wie Lärmschutzwände sind oft am effektivsten, um Schallwellen zu brechen, aber im Freien lässt sich auch mit dichter Bepflanzung eine gewisse Schalldämpfung erzielen. So kann eine üppige Vegetation Geschirrgeklapper, das Scharren von Stühlen auf der Nachbarterrasse oder das Brummen einer Wärmepumpe dämpfen.

Hinzufügen und verstärken können Sie beispielsweise:

- Summende Hummeln und Insekten (damit sind nicht Mücken oder Wespen gemeint). Für Hummeln sind Pflanzen wie Lavendel, Eisenkraut, Schmuckkörbchen und Sonnenhut besonders attraktiv.
- Vogelgezwitscher. Ein Vogelbad und gegebenenfalls eine Futterstelle locken die Piepmätze an. (Naturschutzinitiativen informieren über die richtige Fütterung.)
- Wasserplätschern eines Bachs, Springbrunnens oder Wasserspiels.
- Das Geräusch von Regentropfen, während man unter einem schützenden Dach sitzt.
- Das Rascheln von Baumkronen, Gras oder Bambus, die sich im leichten Wind wiegen.
- Kies, der einladend knirscht, wenn jemand die Wege entlanggeht.
- Windspiele.

3

Farbe und Form im Freien

Auch wenn die Grundprinzipien ähnlich sind, ist es schon noch einmal etwas ganz anderes, einen Außenbereich farblich zu gestalten als einen Innenraum. Wie schafft man ein harmonisches Gesamtbild, wenn man Farben in einem Ambiente kombinieren muss, in dem man nicht alles kontrollieren kann? In diesem Abschnitt finden Sie wichtige Tipps für die Auswahl einer Farbpalette für Außenräume und Terrassen.

Außenräume farblich gestalten

Farben für einen Außenraum auszuwählen ist oft schwieriger als für einen Innenraum. Sowohl das Tageslicht als auch die Farben der Natur ändern sich im Verlauf des Tages und der Jahreszeiten. Je nachdem, ob es morgens, mittags oder spätabends, Sommer, Herbst oder Winter ist, werden die Farben ein bisschen anders wahrgenommen. Aber es gibt ein paar Tricks!

Farbe und Form in der Umgebung

Für Ihre Nachbarn ist Ihr Haus Teil der Aussicht, und Ihre Wahl der Farbe für Fassade und Gartenmöbel wirkt sich nicht nur auf Sie aus, sondern auch auf die Gegend, in der Sie wohnen. Umgekehrt gilt, dass die Nachbarschaft eine Rolle dabei spielt, wie Ihr Außenraum wahrgenommen wird.

Bevor Sie nach Farbcodes suchen oder über Formensprache und Stil nachdenken, schauen Sie sich einmal die Umgebung Ihres Hauses genauer an: Wie sind die umliegenden Häuser gestrichen, welche Farben haben die Blumen und das Laub? Davon lässt sich ableiten, was zusammenpasst, wenn bei Ihnen ähnliche Gegebenheiten vorliegen wie die Nähe zur gleichen Landschaft und Natur.

Architektur und Stil des Hauses

Welchem Baustil ist Ihr Haus zuzuordnen und welche Farben und Möbel werden dort normalerweise verwendet? Welche Art von Gartenmöbeln passt Ihrer Meinung nach am besten zu Häusern dieses Stils? Suchen Sie Inspiration in Geschichtsbüchern, aber auch in anderen Stadtvierteln mit ähnlichen Haustypen, und lassen Sie sich von Gebäuden und Außenräumen inspirieren, deren Gegebenheiten mit Ihren vergleichbar sind.

Sich von verschiedenen Bereichen und Details des Hauses inspirieren lassen

Ein Haus besteht aus vielen verschiedenen Bestandteilen. Abgesehen von der Fassade ist es wichtig, darüber nachzudenken, wie sich die Farben anderer Elemente wie Fensterrahmen, Verkleidungen, Sprossen, Türen, Garagentore, Schnitzereien, Zäune, Windschutz und Fundamentmauern miteinander kombinieren lassen. Für ein harmonisches Gesamtbild muss all dies bei der Planung einer farblich durchdachten Außenumgebung berücksichtigt werden. Vielleicht gibt es ja etwas, das Sie bei der Farbauswahl für Ihre Gartenmöbel, Textilien oder Töpfe aufgreifen und verwenden können, um ein Gefühl von Verbundenheit zu kreieren.

VERGRÖSSERN UND VERKLEINERN MIT FARBE

Die Wahl der Farbe für den Bodenbelag, also den Untergrund, beeinflusst maßgeblich die Wahrnehmung der Helligkeit Ihres Außenraums. Wer mit einer kleinen und schattigen Außenumgebung zu kämpfen hat, kann beispielsweise einen hellen Kies verwenden, damit sie größer wirkt. Für eine eher gemütliche und geerdete Atmosphäre empfiehlt sich ein dunklerer Untergrund, beispielsweise schwarzer Schiefer. Aber so wie man Farben mit Probeanstrichen an Ort und Stelle ausprobiert, sollte man die Materialien immer in dem Licht testen, in dem sie später zu sehen sein werden. Sehr weiße Untergründe können in der prallen Sonne blenden, während dunkle für Fußsohlen und Möbel womöglich zu warm werden.

Verstärken oder ablenken

Manche Details möchte man hervorheben, andere lieber ausblenden. Mit Farbe können Sie zaubern und den Blick umlenken. Konzentrieren Sie sich deshalb nicht nur auf die Auswahl der Farbcodes, sondern denken Sie auch an den Kontrasteffekt. Wenn Sie etwas betonen möchten, nehmen Sie eine abweichende Farbe oder einen dunkleren/helleren Ton. Möchten Sie hingegen etwas kaschieren, verwenden Sie eine ähnliche Farbe oder einen harmonischen Farbton, um weniger Kontraste zu erzeugen.

Der Einfluss des Tageslichts

Tageslicht ist einerseits kräftiger und andererseits etwas kälter als das Licht in Innenräumen. Außerdem wird es je nach Himmelsrichtung unterschiedlich wahrgenommen: Morgens tendiert es ins Blaue, abends ins Orangerote. Das bedeutet, dass eine Farbe an einer Außenwand oder ein Gartenmöbelstück, das Sie sich in einem beleuchteten Geschäft ansehen, auf Ihrer Terrasse je nach Tageszeit oft ganz anders wirkt. Grau und Weiß tendieren im kühleren Tageslicht oft eher zu bläulich-violett. Dem kann man entgegenwirken, indem man Grautöne mit einem leichten Gelb- und Rotstich wählt. Gelbtöne mit einem leichten Grünstich wirken im Tageslicht eher etwas herb, und Rot mit einem leichten Blaustich wird oft als Violett wahrgenommen.

Um dies zu vermeiden, sollte man besser auf Gelb mit Rot oder Rot mit etwas Gelb setzen. Dadurch erhält die Farbe eine gewisse Wärme, die das kalte Tageslicht ausgleicht. Experten raten dazu, immer eine »schmutzigere« und gedecktere Farbe zu wählen als ursprünglich gedacht, damit das Ergebnis im Zusammenspiel mit der Sonne als Scheinwerfer und dem blauen Himmel als Reflektor stimmt.

BITTE BEACHTEN!

Reines Weiß wirkt in der Sonne oft sehr hart und grell. Um diesen Effekt etwas abzuschwächen, empfiehlt sich stattdessen ein gebrochenes Weiß.

Visuelles Abfärben

Farben werden je nach Kontext unterschiedlich wahrgenommen. Dieses Phänomen wird als Metamerie oder »Abfärben« bezeichnet und kann eine echte Herausforderung darstellen. Gerade im Außenraum, wo sich die Kulisse im Laufe des Jahres von Grau zu Grün im Frühling und Sommer und von feurig warm zu eisig kalt im Herbst und Winter wandelt. Wussten Sie, dass Weiß, Grau und Beige die Farben sind, die am stärksten von solchen Einflüssen betroffen sind? Die Farben der umgebenden Fassaden, Pflanzen, Lichtfarben und Möbel werden etwa von Grau leichter reflektiert, da es so pigmentarm ist. Je pigmentreicher und dunkler eine Farbe ist, desto weniger wird sie reflektiert. Auch ein Dach aus Ziegeln oder orangefarbenem Blech kann auf die hellen und weißen Fassaden des »eigenen« Gebäudes oder auf die Oberflächen eines etwas höher gelegenen Balkons »abfärben«.

Von diesem Phänomen sind nicht nur Fassaden betroffen, sondern auch Outdoor-Möbel und Textilien in unmittelbarer Nähe des Gebäudes. Daher ist es wichtig, die Farben dort zu testen, wo sie auch verwendet werden sollen.

Farbcode

Einfach ausgedrückt bezieht sich der Farbcode auf das Rezept, das verwendet wurde, um den von Ihnen gewünschten Ton anzumischen. Aber genau wie beim Kuchenbacken gibt es auch hier je nach Qualität der verwendeten Zutaten leichte Unterschiede im Endergebnis, selbst wenn man sich an die gleichen Anweisungen gehalten hat.

Bei Farben für den Außenraum kommt es auf eine Vielzahl technischer Eigenschaften an, durch die sich der Inhalt einer Farbdose von dem einer anderen unterscheiden kann. Dies wirkt sich unter Umständen darauf aus, wie oft Sie Ihre Gartenmöbel und den Windschutz um Ihren Sitzplatz neu streichen müssen. Die Hersteller investieren sehr viel Zeit in die Entwicklung von Farbcodes und die Erstellung von Farbkarten für ihre Kunden. Deshalb freut sich ein Anbieter nicht besonders, wenn Sie erst nach der Rezeptur beziehungsweise der richtigen Mischung fragen und die Farbe dann woanders kaufen. Einige geben ihren Farben daher eigens erdachte Bezeichnungen, um den Ideenklau etwas zu erschweren. Außerdem kann man sich so die beliebtesten Farben leichter merken als eine lange Buchstaben- und Zahlenkombination.

Weitere Informationen über Farbcodes und die Bedeutung der verschiedenen Komponenten des patentierten NCS-Systems, das in weiten Teilen der Welt Standard ist und von einer Vielzahl von Herstellern verwendet wird, finden Sie auf *ncscolour.com.*

Glanzgrad

Zudem müssen Sie sich bei der Außengestaltung nicht nur für die Farbe entscheiden, sondern auch für einen Glanzgrad. Soll es ein mattes oder ein glänzendes Finish sein? In Innenräumen wurden für Oberflächen und Holzteile, die häufig Schmutz und Feuchtigkeit ausgesetzt sind (Küche, Bad, Flur, Kinderzimmer und so weiter), traditionell höhere Glanzgrade gewählt, da sich glänzende Oberflächen oft leichter abwischen lassen als matte, ohne dass dabei unschöne Flecken entstehen. Inzwischen gibt es auch abwischbare matte Farben – erkundigen Sie sich im Fachhandel. Der Glanzgrad wirkt sich jedoch nicht nur auf die Abwischbarkeit aus, sondern auch auf die Wahrnehmung ein und desselben Farbtons. Eine glänzende Oberfläche verleiht der Farbe mehr Tiefe (vergleichen Sie beispielsweise eine glänzende schwarze mit einer matten schwarzen Oberfläche, Letztere erscheint oft fast staubig). Im Außenraum gilt es außerdem zu bedenken, dass glänzende Oberflächen das Sonnenlicht stärker reflektieren. Bei der Kategorisierung des Glanzgrades gibt es zwar manchmal Abweichungen zwischen den einzelnen Fabrikaten, dennoch finden Sie hier einige gängige Richtwerte.

Stumpfmatt (1–5): wirkt »trocken«, samtig. Verbirgt Unebenheiten, neigt aber zu Fleckenbildung.
Matt (6–10): erzeugt eine reflexionsfreie Oberfläche, ist jedoch etwas schwieriger sauber zu halten.
Satinmatt / Seidenmatt (11–30): sorgt für leichten Glanz und Schimmer. Häufig gute Verschleißfestigkeit. Für die meisten Außenflächen geeignet.
Halbglänzend (31–60): verstärkt die Farbintensität. Perfekt für Tischlerarbeiten, Gartenmöbel und Oberflächen, die Wind und Wetter ausgesetzt sind.
Glänzend (61–90): sehr widerstandsfähig und pflegeleicht. Häufig bei Fenstern und Türen zu finden.
Hochglänzend (91–100): spiegelglänzend. Sehr strapazierfähig. Hebt Details hervor.

»Alle Farben sind mit ihren Nachbarn befreundet und in ihre Gegensätze verliebt.«

Marc Chagall,
Künstler 1887–1985

Farbpaletten anlegen

Der Farbkreis hilft uns, das Verhältnis der verschiedenen Grundfarben (Gelb, Blau, Rot) zueinander zu verstehen und nachzuvollziehen, wie durch Mischen neue Farbtöne entstehen (Gelb + Blau = Grün, Rot + Blau = Violett, Rot + Gelb = Orange und so weiter). Mithilfe des Farbkreises erhält man Hinweise darauf, welche Farben am stärksten kontrastieren (nämlich die, die sich im Farbkreis gegenüberliegen) und welche am besten harmonieren (die, die sich nebeneinander befinden).

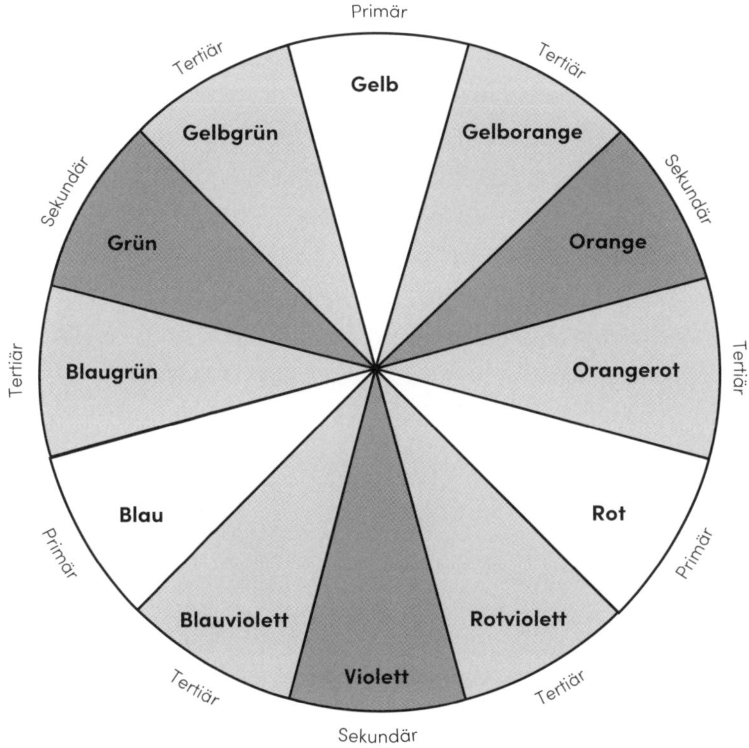

Beispiele für Farbpaletten

1. Einfarbige Palette (monochrom)

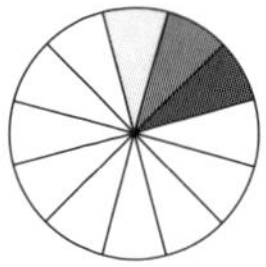

Am einfachsten lässt sich eine harmonische Farbgestaltung für den Außenraum mit einer monochromen Farbpalette erzielen. Dabei entscheidet man sich für eine Farbe und wählt Varianten davon, die etwas mehr Weiß oder Schwarz enthalten.

2. Analoge Farbpalette

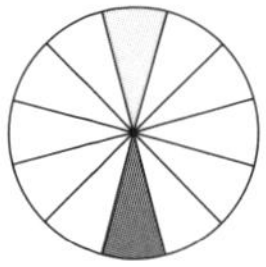

Wer mehr Abwechslung in eine einfarbige Palette bringen möchte, wählt eine Farbe aus dem Farbkreis und nimmt dann die beiden Nachbarfarben hinzu.

3. Kontrastreiche Palette

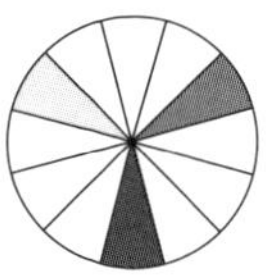

Um mehr Schwung in die Farbpalette zu bringen, kann man zwei Farben wählen, die sich im Farbkreis gegenüberliegen und einen Kontrast zueinander bilden. Das wirkt energetisch und lebendig. Dies bezieht sich nicht nur auf angestrichene Oberflächen, denn vielleicht entscheiden Sie sich ja auch für Gartenmöbel aus warmem braunem Holz (zum Beispiel Redwood oder Akazie) oder für einen warmen Farbton bei der Holzterrasse im Kontrast zu einem blauen Haus.

4. Dreifarbige Palette

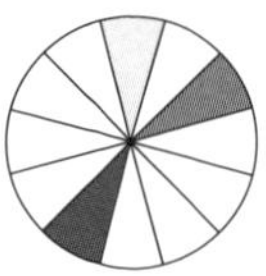

Wer die Kontraste noch mehr verstärken möchte, kann mit drei Hauptfarben arbeiten, die im Farbkreis gleich weit voneinander entfernt sind.

5. Rechteckige Farbpalette

Soll das Ergebnis noch bunter und lebendiger sein? Nehmen Sie vier kontrastierende Farben, die in dem Farbkreis ein Quadrat bilden.

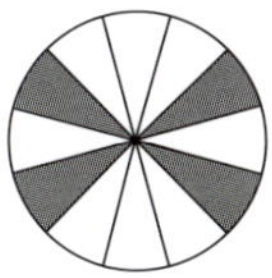

Warme oder kalte Untertöne?

Bevor man sich für die Farben der Details wie befestigte Oberflächen, Gartenmöbel, Kissen, Sonnenschirme und Blumentöpfe entscheidet, sollte man meiner Meinung nach zunächst die Untertöne der Fassade und des Daches ermitteln, die zum Außenraum hin ausgerichtet sind. Weist Ihr Außenraum warme oder kalte Untertöne auf?

Eine weiße, beige oder graue Fassade ist selten völlig neutral. Die Farbe tendiert vielmehr entweder zu warmen oder zu kalten Tönen. Warmgraue Häuser haben oft einen roten oder gelben Unterton, der in Kombination mit wärmeren Steinsorten sowie rostroten und weinroten Farben sehr schön aussieht. Zu kaltgrauen Häusern, die ins Blaulila tendieren, passen oft Pflanzen mit hellblauen und lila Farbtönen sowie silbergrüne Blätter in Kombination mit dunklerem Grün und Möbeln aus grauem Teakholz. Werden warme und kalte Farbtöne gemischt, entsteht schnell ein unruhiger Eindruck. Achten Sie daher darauf, dass die großen Flächen miteinander harmonieren.

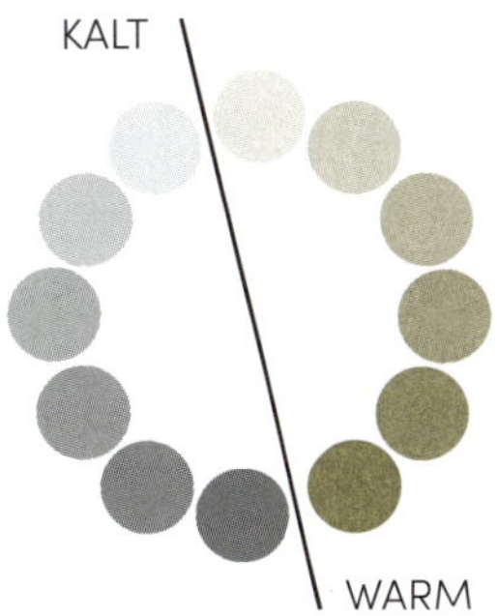

Zu welchem der beiden Gegensätze neigen die Farben Ihres Außenraums: zu warmen oder zu kalten Untertönen?

Farbgestaltungstipps für Außenräume

– Überlegen Sie, ob es Pflanzen oder Bäume gibt, von denen Sie sich für die Farbgestaltung Ihres Außenraums oder neuer Bepflanzungen inspirieren lassen können. Beispiel: Rund um die Terrasse unseres neuen Hauses wuchs eine große Fliederhecke mit lila Blüten, es war uns also ein Leichtes, diese Farbpalette mit blaulila Hortensien und Lavendel in Töpfen sowie hellblauen Kissen für die weißen Gartenmöbel fortzuführen.
– Gibt es am Gebäude Farben, anhand derer Sie die Auswahl für Ihre Farbpalette eingrenzen können? Beispiel: In unserem letzten Wohnviertel hatten die Häuser rote Fensterrahmen. Nicht gerade meine erste Wahl, hätte ich selbst entscheiden dürfen, aber dadurch ergab sich eine klare Farbvorgabe, mit der ich arbeiten konnte. Viele Anwohner trugen zu einem harmonischen Gesamtbild mit einer lebhaften Akzentfarbe bei, indem sie japanischen Ahorn mit dunkelroten Blättern vor dem Haus einsetzten, die Terrasse mit roten Loungesesseln ausstatteten und jede Menge rote Blumen in einem großen Eichenfass pflanzten, anstatt die Fensterrahmen wie einen blauen Kajal wirken zu lassen, der für sich allein das gesamte Make-up beherrscht.
– Ein weiterer Trick besteht darin, die Farben, die Sie für die an die Terrasse angrenzende Inneneinrichtung verwenden, auch im Freien zu verwenden. So entsteht ein nahtloser Übergang zwischen Innen und Außen.
– Die meisten Hersteller von Farben stellen Farbkarten mit fertigen Farbkombinationen für ihre Produkte wie Farben, Lacke, Beizen und Lasuren zusammen. Davon können Sie sich reichlich inspirieren lassen, sowohl wenn Sie draußen neu streichen möchten als auch bei verschiedenen Farbkombinationen von Möbeln, Textilien oder bei der Oberflächenbehandlung der Terrasse.

WASSER FARBLICH GESTALTEN?

Haben Sie einen Pool? In der Regel wird die Innenwand mit Fliesen, Mosaik oder einem dichten Gewebe, einem sogenannten Liner, verkleidet. Die Farbe dieser Oberflächenschicht beeinflusst die Farbe des Wassers und die Wirkung des gesamten Poolbereichs:

- **Satte Blautöne** sind seit jeher die klassische Poolfarbe.
- **Graue Verkleidungen** verleihen dem Wasser einen dezenten hellblauen Farbton und fügen sich in viele verschiedene Umgebungen ein.
- **Grüne Innenwände** vermitteln das Gefühl einer tropischen Lagune.
- **Sandfarbene Innenwände** sorgen für türkisblaues Wasser. Verleiht dem Ganzen einen Hauch von Karibik.
- **Helle Farbtöne** im Inneren des Pools reflektieren den Himmel und vermitteln eine gewisse Leichtigkeit. Durch eine helle Auskleidung kann man bis zum Boden sehen, wodurch allerdings auch Schmutz und Ablagerungen deutlicher sichtbar sind.
- **Dunkelgraue Farbtöne** lassen den Pool tiefer wirken und erzeugen Reflexionen auf der Oberfläche. Da die dunkle Auskleidung Wärme absorbiert, kann man außerdem das Wasser leichter erwärmen. Ein dunkler Pool erschwert jedoch den Blick auf den Boden, was insbesondere für kleine Kinder unangenehm sein kann.

Die Tiefe des Pools beeinflusst die Wahrnehmung der Farbe. Je tiefer der Pool, desto dunkler erscheint das Wasser in der Regel.

Auch sollten Sie die Lichtverhältnisse in der Umgebung berücksichtigen: Je mehr Sonneneinstrahlung, desto heller erscheint das Wasser, je schattiger der Standort, desto dunkler wirkt er. Daher sollten Sie möglicherweise einen etwas helleren oder dunkleren Farbton wählen als ursprünglich geplant.

Eine gemusterte Verkleidung ist toleranter, da sie Schmutz und Ablagerungen besser verdeckt als eine einfarbige – unabhängig davon, welche Farbe Sie wählen.

Formenpaletten schaffen

Genauso wie verschiedene Farben unterschiedliche Sprachen sprechen und uns in unterschiedliche Stimmungen versetzen, wirken auch verschiedene Formen auf uns ein. Ein strenges, spitzes Design kann als scharf und kantig, aber auch als prägnant und stilvoll empfunden werden. Eine weiche und geschwungene Form wird von vielen als wärmer und einladender empfunden, aber in einem Raum, der nur aus abgerundeten Ecken und wellenförmigen Formen besteht, fällt die Orientierung mitunter schwer. In der Regel ist eine ausgewogene Mischung mit einer harmonischen Formensprache das beste Rezept für eine stimmige Einrichtung.

Möchten Sie stattdessen überraschen und eine verspieltere Atmosphäre schaffen, sind unerwartete Proportionen und kontrastreiche Kombinationen die bessere Herangehensweise. Haben Sie schon einmal darüber nachgedacht, welche Formensprache Ihnen gefällt und warum? Erinnern Sie sich an die Stimmungsanalyse und überlegen Sie, wie Sie ausgehend von der Atmosphäre, die Sie kreieren möchten, die jeweilige Formensprache am besten gewichten können.

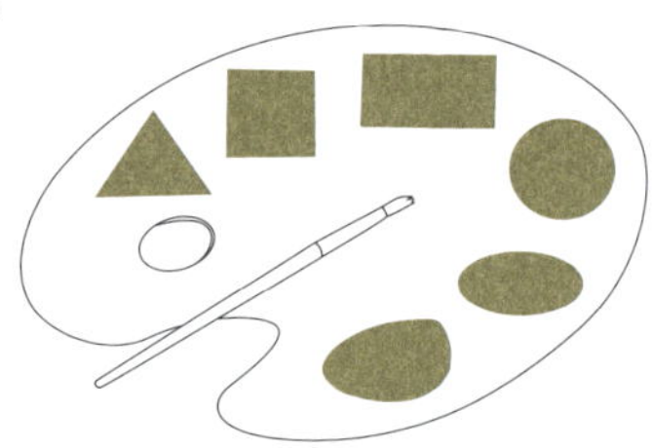

Das Gebäude

Wie sieht das Haus aus, in dem Sie wohnen? Ist der Hauskörper völlig gerade oder an manchen Stellen abgerundet? Ist die Fassade mit Ornamenten oder Zierleisten ausgestattet? Wie sind Einfriedungen und Terrassendielen gestaltet? Mit welcher Kulisse können Sie arbeiten und wie wollen Sie dabei vorgehen? Möchten Sie die Formvorgaben unterstreichen oder davon ablenken? Eine strenge Architektur lässt sich beispielsweise durch organischere Formen im Außenraum entschärfen. Oder aber man betont sie durch noch mehr geometrische Elemente.

Die Möbel

Welche Formen haben Ihre derzeitigen Gartenmöbel? Bei dieser Analyse stellte ich fest, dass auf unserer Terrasse alle Möbel gerade Kanten hatten – bis auf den Tisch. Es mussten mehr Möbel und Accessoires mit weichen Kanten her! Mit runden Pflanzgefäßen, runden Beistelltischen, sechseckigen Sonnenschirmen und organisch geformten Beeten habe ich die dominierenden Formen aufgelockert. Können Sie etwas Ähnliches tun, um Vielfalt in Ihre Formenpalette zu bringen?

Das Blattwerk

Die Blumen, die Sie in Ihren Beeten pflanzen, verändern sich im Laufe einer Saison: Sie kommen in verschiedenen Phasen zur Blüte und verblühen wieder. Was hingegen eher konstant bleibt und leicht vergessen wird, sind die Blätter und Blattformen darunter. Bei Grünpflanzen neigt man dazu, sie auf eine einzige Farbe zu reduzieren, aber wenn man sich ein gut geplantes Beet oder eine Kübelbepflanzung etwas genauer ansieht, besteht sie aus unglaublich vielen verschiedenen Nuancen. Das Blattwerk weist etliche Grüntöne auf, von hell bis dunkel, von kalt bis warm. Selbst eine einfarbige grüne Bepflanzung hat je nach Form und Größe der kombinierten Blätter unterschiedliche Tiefen.

Kleine Blätter
Kleinblättrige Pflanzen kommen meist in größeren Gruppen am besten zur Geltung. Sie dienen sowohl als beruhigender Hintergrund in größeren Pflanzengruppen als auch dazu, den Blick in einem kleineren Beet aufzulockern, wodurch man länger braucht, das Ganze zu erfassen.

Mittelgroße Blätter
Die häufigste Blattgröße, die selten ergänzt werden muss, wenn man das Gesamtbild betrachtet. Häufig bilden sie die Basis bei Kübelbepflanzungen oder Beeten. Bei ausschließlich mittelgroßen Blattformen wirkt das Gesamtbild schnell etwas langweilig und platt.

Große Blätter
Großblättrige Pflanzen schaffen Dynamik und tragen zum Volumen bei. Um sie besser zur Geltung zu bringen, empfiehlt es sich oft, sie zusammen mit kleinblättrigen Pflanzen zu arrangieren, da so der Kontrast zwischen ihnen verstärkt wird.

Die Blüten

Neben der Farbe der Blüten sind auch die Form der Blütenblätter und ihre Silhouette wichtig für eine gelungene Komposition. Durch die Mischung von großen und vielen kleineren Blumen, also einer Kombination von zarten und kräftigeren Formen, entsteht eine sich gegenseitig verstärkende Wirkung. Wunderbar ist auch, ein paar zarte Blumen in Kugel- und Schirmform einzufügen, die über den kompakteren Pflanzen schweben.

TAKTILITÄT EINBAUEN

Denken Sie an Gegensätze, in Bezug auf die Haptik und auch auf die Optik.

Beschaffenheit einbauen
weich – hart
glänzend – matt
glatt – rau
zottelig – glatt
gerade – abgerundet
abgenutzt und patiniert – neu oder poliert
grob – fein

Struktur verstärken
hoch – niedrig
breit – schmal
viereckig – rund
spitz – geschwungen

Haustypen und Formensprache

Im Bereich der Raumgestaltung und der Architektur gibt es zahlreiche verschiedene Stile und Ausdrucksformen. Betrachtet man jedoch die tragenden Linien im Design, so tendieren die meisten zu denselben Eckpunkten: traditionell oder modern, detailreich oder schlicht. Möchten Sie Ihren Außenraum so gestalten, dass er zum grundsätzlichen Stil des Hauses passt? Oder möchten Sie ihn mit einer anderen Formensprache ausgleichen, um die Atmosphäre in eine andere Richtung zu lenken? Egal, was Sie vorhaben: Dieses Denkmodell kann Ihnen helfen, aus dem großen Angebot das Richtige auszuwählen.

In diesem Abschnitt beschreibe ich einige verbreitete Haustypen, welche Möbel, Töpfe und Materialien in der Regel gut zusammenpassen und welche nicht – und warum das so ist. Ihr Hausmodell ist auf den folgenden Seiten nicht dabei? Dann hilft Ihnen hoffentlich die nachstehende Orientierungshilfe bei der Bestimmung des Stils, den Sie anstreben.

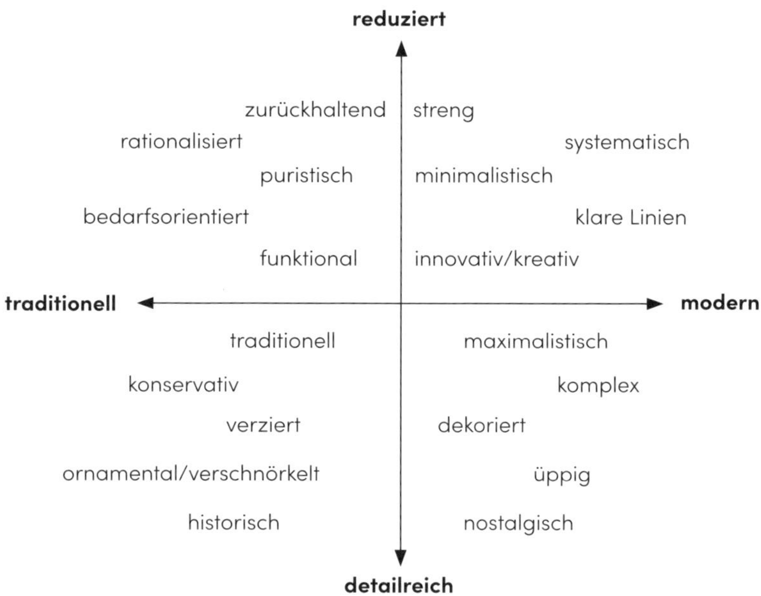

Haustypen gibt es viele, und die Stilrichtungen für Gartenmöbel sind sogar noch vielfältiger, aber auf den Punkt gebracht, tendieren die meisten zu einer der genannten Richtungen. Möchten Sie, dass die Formensprache Ihrer Terrasseneinrichtung mit dem Haustyp harmoniert, ihn ausgleicht oder einen Kontrast dazu bildet?

Jahrhundertwendehäuser und Herrenhäuser

Hauscharakter: Herrenhausähnliche Gebäude, Fassaden aus Holz oder Putz. Mansardendächer mit dem typischen Mansardknick zwischen den Dachflächen.
Fassadenfarben: Hell, Weiß, Gelb oder Beige.
Einfriedungen: Zäune aus Holz oder Schmiedeeisen.
Außenräume: Gartenlauben als Windschutz. Oft mit Kies oder Naturstein befestigt.
Pflanzgefäße und Kübel: Pokaltöpfe und Urnen (sogenannte Prunkurnen und Dorchester-Urnen auf Sockeln).
Pflanzen: Rosen, Flieder, Pfingstrosen, Hortensien.
Möbel: Gartenmöbel aus lackiertem Holz und gusseiserne Möbel mit Ornamenten. Gängige Farben sind Weiß und Chromoxidgrün.
Beleuchtung: Laternen und verschiedene Arten von Laternenmasten.
Formensprache/Grundgefühl: Romantisch, detailreich, klassisch, nostalgisch.
Ikonen/Inspirationsquellen: Astrid Lindgrens Szenerien in *Madita*, Ingmar Bergmans Film *Fanny und Alexander*.
Sonstiges: Eisentore, Rosentürme, gewundene Kieswege, Farnmöbel.
Vermeiden Sie: Brutalismus und rustikale Möbel. Da die Häuser aus der Zeit der Jahrhundertwende oft recht massiv sind, bedarf es optisch leichterer Möbel, um ein Gleichgewicht herzustellen.

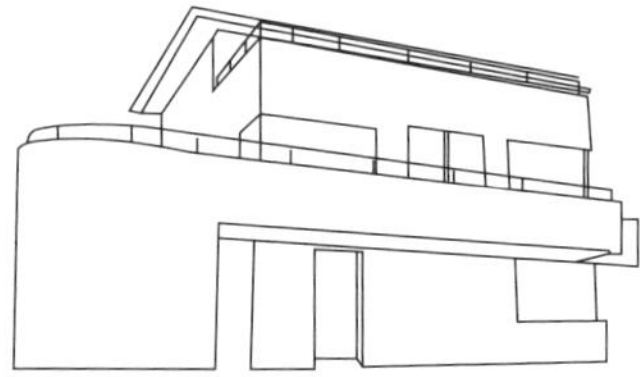

Neue Sachlichkeit / (Neo-)Funktionalismus

Hauscharakter: Putzfassaden, abgerundete Balkone, Betontreppen, Außentüren aus Holz, runde Fenster. Pultdach mit Gefälle.
Fassadenfarben: Weiß, hell. Typische Akzentfarben für Fenster- und Türrahmen waren die Grundfarben Grün, Blau, Rot und Gelb.
Einfriedungen: Schmiedeeiserne Zäune und niedrige Mauern mit schmiedeeisernen Details oben.
Außenräume: Gepflasterte Außenräume.
Pflanzgefäße und Kübel: Betontöpfe und Aluminiumgefäße in einfachem Design mit geraden oder abgerundeten Linien.
Pflanzen: Formschnitte, Rhododendren, wilder Wein, Nadelgehölze und Ziergräser.
Möbel: Häufig werden Gartenmöbel aus Teakholz, lackiertem Holz und verzinktem Stahl verwendet.
Beleuchtung: Runde Lampen mit Opalglas, Kupferlampen.
Formensprache/Grundgefühl: Schlicht, zurückhaltend, streng, geometrische Formen, pflegeleicht und wartungsfrei.
Ikonen/Inspirationsquellen: Die Architektin Ingrid Wallberg. Der Architekt und Designer Josef Frank.
Sonstiges: Gepflasterte Wege, sparsame Details und Fokus auf funktionale Möbel und Lösungen. Details aus Kupfer und Blech.
Vermeiden Sie: Bunte Blumenbeete im Bauerngartenstil, verzierte Möbel, Schnickschnack und Krimskrams. Die Grundidee des Funktionalismus war es, stilvolle, pflegeleichte Außenräume zu schaffen, die das Haus aufwerten, ohne die Aufmerksamkeit von der Architektur abzulenken. Vermeiden Sie Pflanzen und Bäume, die den Lichteinfall und die Aussicht aus den großen Fensterfronten beeinträchtigen.

Retro oder Midcentury Modern

Hauscharakter: In den Fünfziger- und Sechzigerjahren erbaute eingeschossige Backsteinhäuser. Seitlich versetzte Hauskörper. In den Sechzigerjahren gab es mehr Pultdächer mit Kupfer- oder Blechdetails. Häuser mit Kellergeschoss.
Fassadenfarben: Unverputzte Ziegelfassaden. Orange, Rot und Gelb. Außentüren aus Teakholz.
Einfriedungen: Schmiedeeiserne Gitter und Zäune im zeitgenössischen Stil.
Außenräume: Oft rechteckige oder rechtwinklige mit Naturstein oder Beton gepflasterte Terrassen. Schiefer, Granit und Kalkstein.
Pflanzgefäße und Kübel: Graue Betontöpfe entsprechend dem Putz oder Blechgefäße in ähnlichen Farben wie die verwendeten Gartenmöbel.
Pflanzen: Rhododendron und Japanischer Ahorn.
Möbel: Pulverbeschichtete Gartenmöbel aus Metall in fröhlichen und klaren Farben. Auch neutrale Farben (Schwarz, Weiß, Grau) und Grün passen gut zu Ziegelsteinen.
Beleuchtung: Leuchten aus Kupfer und Messing. Lampen mit Opalglas-Schirmen. Trichter- und zylinderförmige Lampen.
Formensprache/Grundgefühl: Das für die Mitte des 20. Jahrhunderts typische Retro-Design war formstark und verspielt, oft mit farbenfrohen Akzenten.
Ikonen/Inspirationsquellen: Signe Persson Melin. Eine wichtige Inspirationsquelle für diesen Haustyp ist auch Ulla Molins denkmalgeschützter Garten in Höganäs.
Sonstiges: Atriumgärten.
Vermeiden Sie: Aufwendige Dekorationen und verschnörkelte Zierelemente. Auch maritime Einrichtungsdetails und französische Romantik werden in Vierteln mit Einfamilienhäusern dieser Art als überladen empfunden.

Einfamilienhäuser aus den Siebziger- und Achtzigerjahren

Hauscharakter: Steile Dachneigung, zurückgesetzte Giebelbalkone, Häuser mit Kellergeschoss, Fensterläden. In den Achtzigerjahren gewinnen eingeschossige Einfamilienhäuser im Bungalowstil an Bedeutung.
Fassadenfarben: Weiße Sandsteinverblender (Mexisten) am Sockel und dunkel gestrichene Holzelemente in Braun, Blau, Grün oder Rot.
Einfriedungen: Oft grobe Zäune mit waagerechten Brettern, gestrichen in einem ähnlichen braunschwarzen Farbton wie die Fassade.
Außenräume: Terrassen aus druckimprägniertem Holz. Bodenbelag aus Betonsteinen und Waschbetonplatten.
Pflanzgefäße und Kübel: Gefäße, die Details des Hauses aufgreifen. Wenn Sie dunkel gestrichenes Holz auf dem Balkon haben, können Sie das oft gut mit dunkleren Töpfen und Blumenkästen als Kontrast zum helleren Sandstein des Hauses kombinieren.
Pflanzen: Nadelgehölze, Thuja und Kiefer, Spiersträucher. Auch Sträucher und Bäume mit weinroten Blättern.
Möbel: Oft dunkle Gartenmöbel mit gebeizter oder lackierter Oberfläche. Auch pulverbeschichtete Metallmöbel passen gut zu Sandstein.
Beleuchtung: Große Auswahl, von kleinen Metallschirmen bis hin zu größeren Glaslaternen.
Formensprache/Grundgefühl: Überdimensionierte Proportionen (zum Beispiel breite Armlehnen, massive Bohlen und schwere Beine).
Ikonen/Inspirationsquellen: Ähnliche Balkone finden sich in den Alpen, wo sie oft mit großen Blumenarrangements geschmückt sind.
Sonstiges: Häufig eignen sich Möbel mit starken horizontalen Linien, um die steilen Dachschrägen auszugleichen.
Vermeiden Sie: Landhausromantik und vom Barock inspirierte Verzierungen.

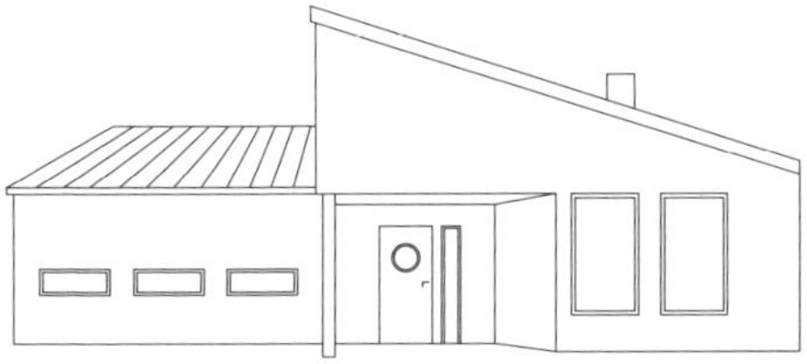

Zeitgenössisches skandinavisches Design

Hauscharakter: Moderner Funktionalismus. Kastenförmige und kastenartige Hauskörper, häufig schräg gestapelt. Abfallende Grundstücke sind üblich.
Fassadenfarben: Weiß, Grau und Schwarz. (Kräftige und satte Farben sind bei diesen Fassaden ungewöhnlich).
Einfriedungen: Mauern und Hecken. Gabionenmauern.
Außenräume: Großzügige Balkone und Terrassen, oft auf mehreren Ebenen. Gepflasterte Poolbereiche.
Pflanzgefäße und Kübel: Beton, Blech. Aluminiumguss.
Pflanzen: Gras, Formschnittsträucher, hochstämmige Zierbäume. Starker Fokus auf Grün in verschiedenen Formen. Im Poolbereich, sofern vorhanden, häufig Gras und Palmen.
Möbel: Gartenmöbel aus Metall mit Holzelementen. Teak, Lärche, Beton, Glas, Stein. Mikrozement (mit einer bestimmten Art Betonpulver verputzte Oberflächen).
Beleuchtung: Verdeckte Fassadenbeleuchtung und indirekte Beleuchtung von Teilen des Hauskörpers (mehr dazu im Abschnitt über Beleuchtung).
Formensprache/Grundgefühl: Reduziert mit Fokus auf formstarke Details. Geometrische Konturen. Minimalismus.
Ikonen/Inspirationsquellen: Gert Wingårdh, Thomas Sandell.
Sonstiges: Durchsichtige Möbel gleichen die Schwere der Hausform aus. Abgerundete Ecken und weiche Formen in der Bepflanzung lockern die geraden und nüchternen Linien auf.
Vermeiden Sie: Niedliche und kleine Details, die leicht untergehen und mit den großen Pinselstrichen des Hauses kollidieren.

Häuser im Scheunenstil

Hauscharakter: Scheunenähnliche Hausformen, oft ein- oder anderthalbgeschossig. Satteldach aus schwarzem oder verzinktem Blech, häufig auch mit Pappe gedeckt, ohne oder mit geringem Dachüberstand. Großzügige Fensteranordnung. Häufig mit schwarzen Elementen wie Regenrinnen und Sprossenfenstern.
Fassadenfarben: Lasiertes Holz in Grau- und Brauntönen.
Einfriedungen: Mauern, Hecken und Lattenzäune. Gabionenmauern.
Außenräume: Große gegossene Betonbalkone und Terrassen aus druckimprägniertem Holz oder Lärchenholz.
Pflanzgefäße und Kübel: Große Eichenfässer, Palettenrahmen, Kübel aus Cortenstahl (rostigem Blech).
Pflanzen: Olivenbäume und Silberbirnen in Töpfen. Lavendel. Ziergräser. Graugrüne Blätter.
Möbel: Gartenmöbel aus Metall und pulverbeschichtetem Aluminium. Details aus Beton, Cortenstahl, Terrassendielen und vergrautem Holz. Granitkeramik.
Beleuchtung: Kleine Leuchten am Hauskörper, oft ist die Fassadenbeleuchtung in derselben Farbe und aus demselben Material wie Dachrinnen, Fallrohre und Fensterverkleidungen.
Formensprache/Grundgefühl: Schlicht mit klaren Linien, oft kombiniert mit industriellem Charakter bei Fenstern und Einrichtungsdetails.
Ikonen/Inspirationsquellen: Inspiriert von skandinavischen Scheunen und Langhäusern, aber mit einem modernen Twist.
Sonstiges: Über Eck gebaute Scheunenhäuser bilden windgeschützte Höfe. Bei diesem Haustyp besteht oft eine sehr gute Verbindung zwischen den sozialen Bereichen im Innen- und Außenraum (Balkon und Terrasse, die vom Küchen- und Wohnbereich aus zugänglich sind).
Vermeiden Sie: Schnitzereien. Zu kleine Töpfe und zu kleine Details.

New England

Hauscharakter: Horizontale Holzpaneele oder Schindeln, Sprossenfenster, niedrige Dächer, mittig platzierter Schornstein, viele kleine Dachgauben.
Fassadenfarben: Meist Weiß.
Einfriedungen: Weiß gestrichene Zäune und weiße Bohlen.
Außenräume: Großzügige Veranden an der Vorder- und Rückseite. Sowohl Holz als auch Stein kommen zum Einsatz. Nicht selten sind die Fundamente aus Mauerwerk.
Pflanzgefäße und Kübel: Viereckige Töpfe mit Holzkreuz. Auch sogenannte englische Bleitöpfe mit Emblemen und Rosetten sowie Töpfe aus Zink und Ton.
Pflanzen: Hortensie Annabelle, Blauregen, Clematis, Buchsbaum in Formschnitt.
Möbel: Gartenmöbel aus Kunstrattan und Teakholz. Weiß gestrichene Möbel mit Kissen in gedeckten, sonnengebleichten Pastelltönen. Blau, Rosa, Eierschalenweiß, Beige, Hellgrau. Textilien im Streifen- oder Paisleymuster.
Beleuchtung: Laternen mit klarem Glas, Stalllampen und schwarze Lampenschirme.
Formensprache/Grundgefühl: Maritim. Vom Wind verwittert. Grandios.
Ikonen/Inspirationsquellen: Amerikanische Ostküste. Die Hamptons.
Sonstiges: Oft für größere soziale Veranstaltungen konzipiert. Symmetrie. Gut gepflegte Rasenflächen.
Vermeiden Sie: Midcentury Modern. Fröhlicher Fünfzigerjahre-Pop und hochglänzender Kunststoff passen nicht so gut zum windgepeitschten Stil und der Ästhetik Neuenglands.

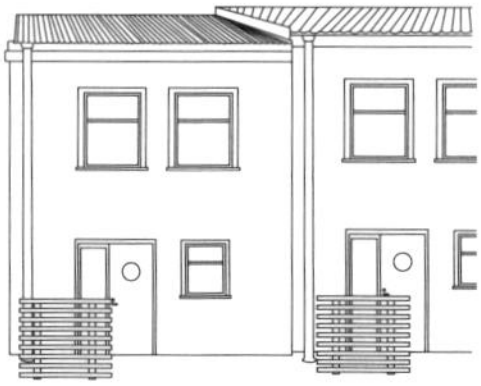

Kleinere Reihenhäuser

Hauscharakter: Wohnraum mit maximaler Fläche und kleinen Außenräumen.
Fassadenfarben: Werden in der Regel zum Entstehungszeitpunkt des Wohnviertels von den Bauunternehmen festgelegt.
Einfriedungen: Oft umgeben von Zäunen oder Sichtschutzvorrichtungen, die sich nach dem Gestaltungsplan des Gebiets richten.
Außenräume: Häufig mit Pflaster- oder Betonsteinen auf der einen Seite des Hauses und einer Terrasse auf der anderen Seite.
Pflanzgefäße und Kübel: Faserkeramik, Beton, Cortenstahl und Blech. Eine schöne Auflockerung bilden kontrastierende Materialien und größere Eichenfässer.
Pflanzen: Mitunter sind auch Bepflanzungen mit Bäumen und Hecken im Gestaltungsplan des Gebiets geregelt.
Möbel: Große Vielfalt an zeitgenössischem Design.
Beleuchtung: Es ist nicht ungewöhnlich, dass der Gestaltungsplan des Gebiets oder die Wohnungseigentümergemeinschaft die Wahl der Fassaden- und Eingangsbeleuchtung bestimmt. Dafür kann man die übrige Beleuchtung von Pflanzen und Terrasse selbst auswählen.
Formensprache/Grundgefühl: Siehe andere Haustypen und architektonische Stile für weitere Inspiration hinsichtlich der Ästhetik, die dem Charakter des Gebiets am ehesten entspricht.
Ikonen/Inspirationsquellen: Englische Reihenhausgärten bieten oft Inspiration für verschiedene kreative Lösungen auf kleiner Fläche.
Sonstiges: Die Herausforderung besteht darin, ein Gleichgewicht zwischen den vorgegebenen Vorschriften und dem persönlichen Geschmack zu finden.
Vermeiden Sie: Thematische und ausgefallene Details, etwa ein maritimes Thema in einer städtischen Umgebung oder Schloss-Skulpturen und Steinbüsten in einer Reihenhausumgebung.

Berghütten und Lodge-Stil

Hauscharakter: Rustikale Holzhäuser. Steile Dächer und große Fensterfronten. Oft sichtbare Mauerwerke oder sonstige gemauerte Elemente, beispielsweise hohe Hausfundamente.
Fassadenfarben: Grau, Braun, Eisenvitriol (Eisensulfat), lasiertes Holz.
Einfriedungen: Mauern und Lattenzäune.
Außenräume: Gepflasterte Terrassen, meist aus Naturstein.
Pflanzgefäße und Kübel: Frostbeständige Gefäße und Materialien, die Schnee und starken Temperaturschwankungen standhalten.
Pflanzen: Nadelbäume und Steinmauern, Gras, Steingartenpflanzen.
Möbel: Gartenmöbel aus rustikalem Holz mit groben Details. Stühle/Sessel der Modelle Adirondack und EcoFurn.
Beleuchtung: Trichterförmige Lampen und Fassadenbeleuchtung aus Metall. Pfosten und Poller bei größeren Terrassen.
Formensprache/Grundgefühl: Rustikal, grob geschnitzt, stabil.
Ikonen/Inspirationsquellen: Aspen, Colorado.
Sonstiges: Rustikales Flair, das die umgebende Natur widerspiegelt. Felsbrocken, Holz, Schiefer, Kupfer, Blech, Rentier- und andere Tierfelle. Fokus auf Naturmaterialien. Große Möbel und Formen. Feuerstellen und Feuerkörbe.
Vermeiden Sie: Zu schlanke und elegante Möbel, da deren Zierlichkeit durch die markanteren Merkmale des Haustyps noch verstärkt wird und sie deshalb zerbrechlich wirken können.

Bauernhäuser und Höfe in Schwedenrot (Faluröd)

Hauscharakter: Häuser in Schwedenrot mit weißen Ecken, Fensterläden und Giebelgesimsen/Windbrettern mit detailreichen Schnitzereien.
Fassadenfarben: Rot, Weiß, Akzente in Grün und Gelb. Leimfarbe. Leinölfarbe.
Einfriedungen: Holzlattenzaun, Steinmauer, angestrichene Zäune mit schmalen, spitz zulaufenden Latten. Strauchhecken.
Außenräume: Möbel werden oft direkt auf den Rasen oder auf gekieste Außenräume neben dem Haus gestellt. Terrassen und Veranden sind auch bei Einfamilienhäusern zu finden. Pflastersteine und Kies.
Pflanzgefäße und Kübel: Zinkgefäße und Waschschüsseln und Töpfe aus Emaille, ältere Tontöpfe.
Pflanzen: Rosen und Pflanzen aus Großmutters Garten, Pfeifensträucher, Flieder, Obstbäume, Beerensträucher. Blumen in Pastellfarben wie Rosa, Lila, Weiß und Blau.
Möbel: Gartenmöbel aus angestrichenem, astfreiem Kiefernholz in Chromoxidgrün, Gelb, Weiß und Rot.
Beleuchtung: Stalllaternen, Laternenmasten, Lichterketten.
Formensprache/Grundgefühl: Opulente Schnitzereien. Ländliche Idylle. Klassisches schwedisches Bauernhausgefühl.
Ikonen/Inspirationsquellen: Die Kulissen in Astrid Lindgrens Filmen *Wir Kinder aus der Krachmacherstraße* und *Michel aus Lönneberga*.
Sonstiges: Trockengestelle mit Schnitzereien, Sonnenschirme.
Vermeiden Sie: Kunststoff und künstliche Materialien, die vorgeben, etwas anderes zu sein.

Dänische Sommerhäuser

Hauscharakter: Ein- oder anderthalbgeschossige Häuser.
Fassadenfarben: Schwarze Holzfassaden mit weißen Fenstern und Sprossen.
Einfriedungen: Hecken oder Lattenzäune.
Außenräume: Holzterrassen mit Treppenabsätzen.
Pflanzgefäße und Kübel: Körbe aus grauem Weidengeflecht.
Pflanzen: Pfeifensträucher, Flieder, Hortensien, Prunkspieren, Kirschbäume und Kletterrosen.
Möbel: Gartenmöbel aus Bambus und grauem Teakholz. Oft mit Polstern und Kissen in Naturfarben wie Beige, Braun und Weiß.
Beleuchtung: Dezente Leuchten aus schwarzem oder rostfreiem Stahl.
Formensprache/Grundgefühl: Rustikales und patiniertes Holz, Bohemian Chic. Sommerhaus mit schlichter Atmosphäre.
Ikonen/Inspirationsquellen: Tisvildeleje und Skagen in Dänemark.
Sonstiges: Naturnahe Gärten, entspannter Stil.
Vermeiden Sie: Kastenförmige und klobige Möbel aus schwarzem Kunstrattan. Symmetrische und zu sehr ins Detail geplante Beete oder Bepflanzungen. Da die Häuser in ihrem Design oft klar und schlicht sind, passt ein ähnlicher Stil bei Möbeln und Einrichtung oft gut dazu, aber ein üppigerer Garten und eine eher ungewöhnliche Einrichtung heben sich auch gut von der ruhigen Basis ab.

4

Möbel für den Außenbereich

Bei der Einrichtung einer Terrasse, eines Balkons oder eines Gartens gibt es eine gewisse Übereinstimmung mit der Gestaltung von Innenräumen, aber auch viele neue Faktoren, die man im Freien berücksichtigen muss. Beispielsweise passen bestimmte Untergründe überhaupt nicht zu bestimmten Möbeltypen, oder man muss aufgrund der klimatischen Bedingungen rund um den Freisitz auf bestimmte Materialien verzichten. Zudem gibt es etwas andere Richtwerte, Auszugsradien und andere praktische Dinge zu beachten, die die Wahl der Möbel beeinflussen. Erstaunlich, dass es so wenige Orientierungshilfen gibt! Dieses Kapitel habe ich geschrieben, weil es meiner Meinung nach höchste Zeit wird, dass das jemand ändert.

Möbel für den Außenbereich auswählen

Möbel für den Außenbereich sind oft ziemlich teuer. Selbst Möbel für einen kleinen Balkon oder eine kleine Terrasse schlagen oft ganz schön zu Buche. Außerdem sind Outdoor-Möbel ganz anderen Belastungen ausgesetzt als Möbel für Innenräume. Das liegt an dem Untergrund, aber vor allem an Sonne, Wetter und Wind. Dennoch gibt es überraschend wenig Hilfestellung und Ratschläge für diejenigen, die vor dem Kauf neuer Möbel stehen.

Wetterfaktoren, die die Auswahl beeinflussen können

Wind

Wer in einer Gegend lebt, in der es oft windig ist (an der Küste, auf einer Anhöhe, in der Nähe eines Feldes, wo starke Winde entstehen können), sollte schwerere Möbel wählen.

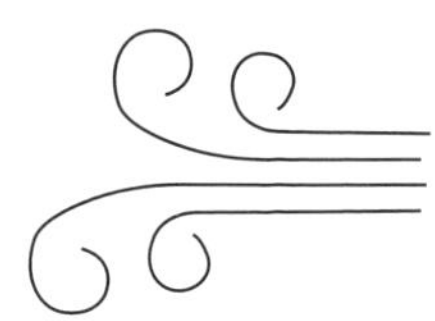

Nicht zu empfehlen: Leichte Möbel aus Kunststoff oder Blech, die weggeweht, durch Wind beschädigt oder nicht verankert werden können.

Empfehlenswert: Robuste Möbel, die stabil stehen oder miteinander verankert werden können. Mit speziellen Gewichten verrutschen die Möbelbezüge nicht.

Regen

Wohnen Sie in Küstennähe oder in einer Region mit hohen Niederschlagsmengen? Achten Sie auf Materialien, die Feuchtigkeit vertragen und nicht rosten.

Nicht zu empfehlen: Materialien, die sich zersetzen oder durch lang anhaltende Feuchtigkeit unansehnliche Flecken bekommen (zum Beispiel natürliches Rattan).

Empfehlenswert: Regenschutz, der die Lebensdauer der Sitzgruppe verlängern kann. Sinnvoll sind zudem Stützpfosten für einen besseren Abfluss von eventuell entstehenden Wasseransammlungen.

Pralle Sonne

Falls die pralle Sonne die größte witterungsbedingte Herausforderung ist, gilt es, Materialien zu wählen, die bei Hitze nicht reißen, und keine Möbel zu verwenden, die sich durch Sonneneinstrahlung stark erhitzen. Auch sollte man darauf achten, Stühle mit belüfteten Sitzflächen zu wählen, damit man beim Sitzen nicht schwitzt.

Nicht zu empfehlen: Möbel mit Sitzflächen aus Blech und Metall sowie nicht UV-beständige Textilien.

Empfehlenswert: Kunststoffmaterialien (umweltfreundlich), atmungsaktive Materialien, feuchtigkeitstransportierende Stoffe und Materialien, die keine Wärme leiten und sich am Körper nicht heiß anfühlen.

Schnee

Vielleicht wohnen Sie ja an einem Ort, an dem es im Winter stark schneit und es zu starken Temperaturschwankungen kommt.

Nicht zu empfehlen: Möbel aus Materialien, die das ganze Jahr über im Freien stehen und sich bei Feuchtigkeit und Temperaturschwankungen (zwischen Kälte und Wärme) stark verändern.

Empfehlenswert: Möbel, die Schnee und Frost standhalten, oder solche, die Sie im Winter drinnen lagern können.

Küstennahe Lage

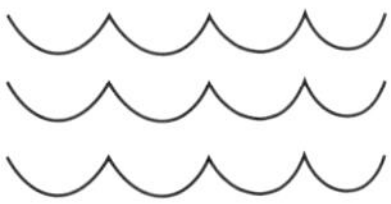

Befindet sich der Außenbereich in Gewässer- oder Meeresnähe, müssen die Möbel starken Winden, möglicherweise sogar Salzwasser, feuchter Luft, Vogelkot und Algenbewuchs trotzen.

Nicht zu empfehlen: Möbel mit Schrauben und Beschlägen von geringer Qualität, die schnell zu korrodieren beginnen, sowie Möbel aus Stahl und Blech, die leicht rosten.

Empfehlenswert: Rostfreier Edelstahl (Klasse 316), der gegenüber Salzwasser eine höhere Beständigkeit aufweist. Wird auch als Marine-Edelstahl oder säurebeständiger/seewasserbeständiger Edelstahl bezeichnet.

In Waldnähe

In der Nähe eines Waldes sind Möbel Pollen, Vogelkot und Moosbewuchs, herabfallenden Nadeln, Blättern und anderem Unrat ausgesetzt. Sehr dunkle oder helle Möbel benötigen daher unter Umständen mehr Pflege und Wartung. Mitteltöne bieten oft einen vorteilhaften Kompromiss. Auf grauem Untergrund sind Pollen nicht so deutlich zu sehen wie auf schwarzem oder weißem.

Nicht zu empfehlen: Dunkle/schwarze oder weiße/helle Holzmöbel, da sich Schmutz darauf schneller festsetzt und sichtbar ist.

Empfehlenswert: Möbel, die sich leicht abwischen oder abspritzen lassen.

WARTUNGSFREI?

Wenn ein Material als wartungsfrei eingestuft wird, bedeutet das in der Regel, dass es nicht repariert werden kann. Klar, es muss nicht geölt, geschliffen oder gepflegt werden, um über lange Zeit gut in Schuss zu bleiben – aber oft geht das auf Kosten der Reparaturfreundlichkeit, wenn es doch einmal beschädigt wird.

Maße im Verhältnis zu verschiedenen Bezugsgrößen

Bei der Anschaffung von Möbeln für den Außenraum gibt es neben rein ästhetischen Aspekten noch einige weitere wichtige Parameter zu berücksichtigen.

Die Abmessungen der Möbel im Verhältnis zum Körper

Bei der Anthropometrie handelt es sich um die Lehre von den Körpermaßen, die qualifizierte Möbeldesigner bei der Gestaltung von Möbeln und der Beurteilung der geeigneten Größe beispielsweise eines Stuhlsitzes, der Höhe der Armlehnen und so weiter berücksichtigen. Leider ist es nicht selbstverständlich, dass alle Unternehmen während des gesamten Entwicklungsprozesses der Outdoor-Möbel mit qualifizierten Designern zusammenarbeiten. Die für das Sortiment verantwortlichen Personen im Produktmanagement und im Einkauf sind nicht immer in diesem Bereich geschult. Dies führt unter Umständen dazu, dass die Maße der Möbel angepasst werden und ganz andere Parameter wie Wirtschaftlichkeit, Trends, Transport und Logistik den Ausschlag für die endgültige Entscheidung geben. Darüber hinaus werden viele Outdoor-Möbel aus anderen Regionen der Welt bezogen, wo die durchschnittlichen Körpermaße anders sind als bei der Bevölkerung, für die die Möbel letztlich bestimmt sind. Deshalb ist es sinnvoll, auch als Verbraucher die grundlegenden Maße zu kennen, um teure Fehlkäufe zu vermeiden. Bei Gartenmöbeln, die oft online verkauft werden und nicht ausprobiert werden können, ist dies natürlich besonders wichtig.

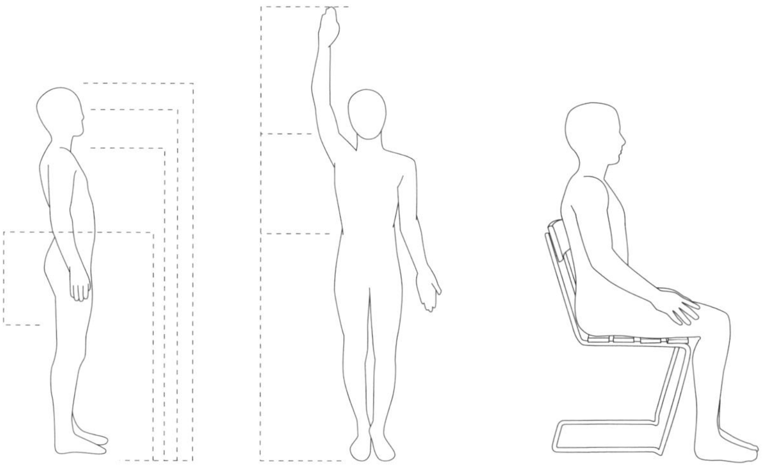

Die Abmessungen der Möbel im Verhältnis zur Umgebung

Abgesehen davon, dass die gekauften Möbel in ihrer Form proportional und ausgewogen wirken sollten, müssen sie auch auf die Größe des Freisitzes abgestimmt sein. Nicht immer ist das Größte auch das Beste. Wenn man zu weit voneinander entfernt sitzt, muss man lauter sprechen, um sich zu verständigen. Bei der Beurteilung von Größe und Abstand ist es wichtig, nicht nur die tatsächlichen Maße der Möbel zu berücksichtigen, sondern auch den sogenannten Bedienbereich. Beispielsweise müssen alle Stühle um einen Tisch über eine ausreichende Auszugsfläche hinter jedem Sitzplatz verfügen, damit man sich bequem hinsetzen kann, ohne sich eingeengt zu fühlen und die Möbel als überdimensioniert zu empfinden. Bei einer niedrigen Sitzgruppe oder einem Sessel ist mehr Platz für die ausgestreckten Beine erforderlich als bei einem höheren Modell, in dem man aufrechter sitzt. Auch die vorgesehenen Bewegungsabläufe sollten bedacht werden, damit genügend Platz für den Weg zum Esstisch oder zur Sitzgruppe bleibt.

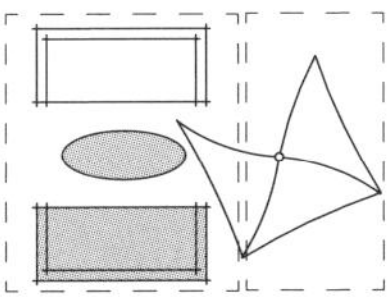

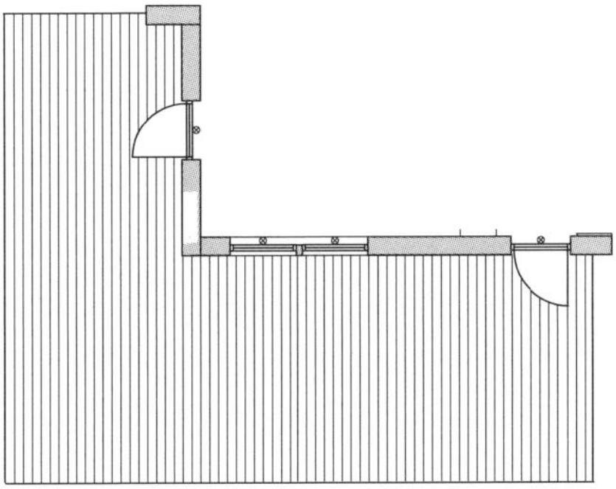

Ermitteln Sie zunächst die Stellfläche der Möbel. Vergessen Sie dabei aber nicht den erforderlichen Raum nach oben zum schattenspendenden Sonnenschirm, wenn dieser nicht in der Mitte der Sitzgruppe aufgestellt werden kann.

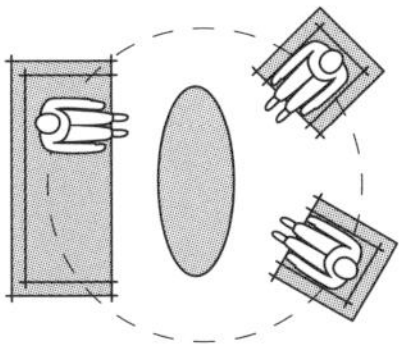

Stellen Sie Sofas und Sessel nicht zu weit voneinander entfernt auf, auch wenn der Platz dafür vielleicht da wäre. Sitzt man weiter als 2,10 bis 2,80 Meter voneinander entfernt, muss man lauter sprechen und hat Schwierigkeiten, Mimik und Gesichtsausdrücke zu erkennen.

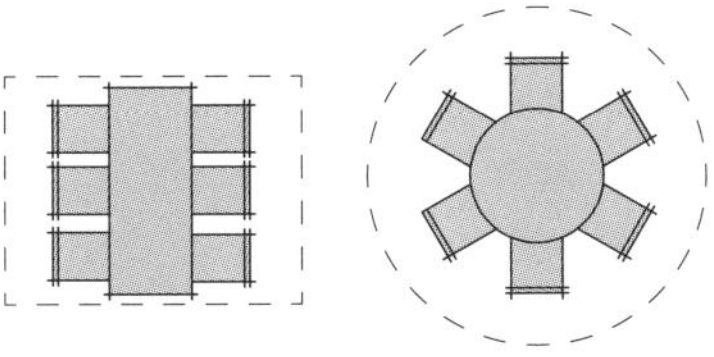

Bei einem runden Tisch ist oft etwas mehr Platz erforderlich, als man glaubt, damit man die Stühle herausziehen kann, ohne dass man beim Platznehmen irgendwo anstößt.

Es gibt Faustregeln für Proportionen, die man sowohl beim Bau einer Terrasse als auch bei der Einrichtung im Hinterkopf behalten sollte.

Das Verhältnis der Möbel zum Untergrund

Während bei der Anschaffung von Möbeln für Innenräume dem Bodenbelag selten eine große Rolle zukommt, da die meisten Fußböden relativ gleichwertig sind, ist im Freien der Untergrund, auf dem die Möbel stehen sollen, oft ein wichtiger, entscheidender Faktor.

Kies bildet einen unebenen Untergrund, der an Möbeln scheuert. Daher passen Möbel mit breiten Füßen, die nicht verkratzen, am besten dazu.

Holzterrassen sind empfindlich gegenüber Möbeln mit »Klackerschuhen«, da diese wie messerscharfe Absätze unschöne Spuren hinterlassen können. Möbel mit dünnen Beinen sollten Sie nicht nehmen und stets Möbelgleiter verwenden, damit keine unschönen Druckstellen entstehen.

Schiefer und bestimmte Natursteine können in sonnigen Lagen sehr heiß werden. Denken Sie daran, dass Holzmöbel auf Temperaturschwankungen besonders empfindlich reagieren und Risse bekommen können, wenn sie auf Oberflächen stehen, die in der prallen Sonne heiß werden.

Beton ist ein sehr fleckenempfindliches Material, beispielsweise gegen Eisen und Cortenstahl, die während des Patinierungsprozesses Rostwasser absondern.

Gras hat seine Nachteile. Direkt auf dem Rasen können nur Möbel aufgestellt werden, die Feuchtigkeit und Kondenswasser durch Tau, Regen und Ähnliches vertragen. Vergessen Sie nicht, dass Sie die Möbel ein- bis zweimal pro Woche wegstellen müssen, um den Rasen zu mähen. Suchen Sie das entsprechende Modell (und Gewicht) also mit Bedacht aus.

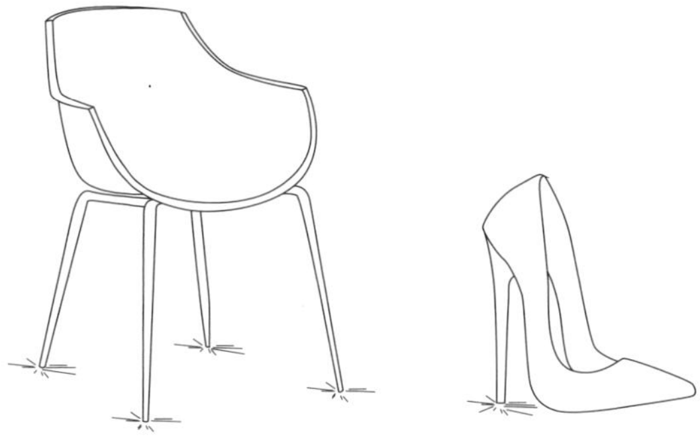

Auf weichem Gras und edlen Holzböden vermeidet man spitze Absätze normalerweise. Aus dem gleichen Grund sollten Sie auch auf die Beine der Gartenstühle achten: Sind sie für den Untergrund geeignet? Oder besteht die Gefahr, dass die Stuhlbeine schnell unansehnlich werden, Spuren hinterlassen oder einsinken?

Das Verhältnis der Möbel zu Architektur und Umgebung

Natürlich sind Form und Stil von Gartenmöbeln Geschmackssache, aber wer sich an der Architektur des Hauses orientieren möchte, damit ein einheitliches Gesamtbild entsteht, sollte nach Gartenmöbeln Ausschau halten, die aus derselben Epoche stammen wie das Haus. Es kann auch interessant sein, mit Kontrasten zu spielen und Materialien zu wählen, die sich gegenseitig ergänzen (Gegensätze). Zu einem weiß verputzten Haus im Funktionalismus-Stil passen oft Holzmöbel gut, und zu einem Backsteinhaus aus den Fünfzigerjahren mit rauer Textur sehen glänzend lackierte Oberflächen oft hübsch aus.

Möbelgleiter für draußen?

Überraschend viele Leute verzichten darauf, ihre Möbel im Freien (und Terrassenböden) mit Möbelgleitern zu schützen.

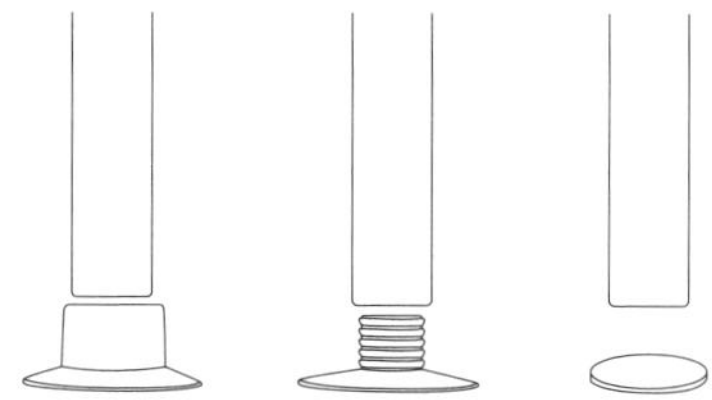

1) Werden außen angebracht wie eine Socke oder ein Schuh.
2) Werden innen eingeschraubt, erfordern vorgebohrte Löcher.
3) Aufgeklebt (oder aufgenagelt).

Dabei kann man damit nicht nur Balkon- und Terrassenböden vor unschönen Kratzern und Druckstellen bewahren. Mit den richtigen Gleitern lassen sich die Möbel auf verschiedenen Untergründen auch leichter verschieben. Außerdem vibrieren die Beine weniger, wenn die Stühle hin und her geschoben werden, was den Verschleiß verringert (und die Lebensdauer somit erhöht). Einige Möbelgleiter sind außerdem höhenverstellbar, was praktisch ist, wenn man die Möbel auf unebenen Untergründen aufstellt oder die Sitz- oder Tischhöhe verändern möchte.

Man denkt bei »Möbelgleiter« oft an die einfachste Variante, nämlich selbstklebende Filzgleiter, aber es gibt drei Hauptkategorien und eine Vielzahl von Untervarianten zur Auswahl.

Bei Outdoor-Möbeln sollten Sie immer darauf achten, dass die Konstruktion ein Stück über dem Boden steht, damit sie nicht durch Regen, Feuchtigkeit und Schmutz beschädigt wird. Loungesofas, Sessel und Couchtische sollten immer auf Beinen oder einem Gestell stehen, damit Luft darunter zirkulieren kann. Ein kleines, aber wichtiges Detail, auf das man achten sollte, weil es die Lebensdauer und Haltbarkeit der Möbel maßgeblich beeinflussen kann.

Kleine Materialkunde

Aluminium

Aluminium wird häufig als das beste Material für Outdoor-Möbel bezeichnet – vorausgesetzt, es ist richtig verarbeitet. Unbehandeltes Aluminium weist mit der Zeit meist Veränderungen und Beläge auf, weshalb die Möbel lackiert oder behandelt werden müssen. Diese Oberflächenbehandlung variiert allerdings erheblich in ihrer Qualität, von dünnem Pulverlack bis hin zu Lacken, die um ein Vielfaches widerstandsfähiger sind als Autolacke. Aufgrund der Qualitätsschwankungen gibt es unter anderem große Preisunterschiede.

Bambus

Bambus ist ein schnell wachsendes, starkes und flexibles Material, das in Asien schon lange für die Herstellung von Gartenmöbeln verwendet wird. Auch hier kann es je nach Preisklasse und Anbieter große Qualitätsunterschiede geben. Da Bambus gegenüber Tau, Feuchtigkeit und Regen empfindlich ist, sollte man ihn abdecken, damit er länger hält. Im Winter sollten die Möbel an einem trockenen und gut belüfteten Ort gelagert werden. Gartenmöbel aus Bambus werden zum Zeitpunkt der Herstellung oft imprägniert, müssen jedoch regelmäßig gepflegt werden und vergrauen mit der Zeit, wenn das Material nicht geölt wird.

Polyrattan

Im Gegensatz zu echtem Rattan ist Polyrattan aus Kunstfasern, die den Strapazen des Wetters standhalten. Je nach Material und Flechttechnik schwankt die Qualität – man sollte also nicht alle Möbel aus synthetischem Rattan über einen Kamm scheren. Die Stränge können flach, rund oder halbrund sein, was zu unterschiedlichen Beschaffenheiten und Glanzgraden der verflochtenen Oberfläche führt. Bei den teureren Möbeln ist das Rattan meist durchgefärbt, bei den billigeren Möbeln hingegen sind die Kunststoffstränge meist nur außen eingefärbt. Deshalb ist einfacheres Polyrattan viel anfälliger für Beschädigungen und kann schnell unschöne Flecken bekommen.

Es lohnt sich auch, die UV- und Temperaturbeständigkeit verschiedener Polyrattanmöbel zu vergleichen. Dies kann sich auf den Preis auswirken, aber eben auch auf die Lebensdauer des Materials. Eine geringe Nutzungsdauer macht die günstigeren Alternativen auf lange Sicht teurer. Alle Polyrattanmöbel werden auf einem Gestell geflochten. Auch das Material des Gestells und seine Stabilität spielen eine Rolle für die Haltbarkeit. In den Online-Bewertungen kommt auch immer wieder zur Sprache, dass einfachere Polyrattanmöbel unangenehme kleine Stromschläge verursachen können, weil sie sich elektrisch aufladen. Eine zwar seltsame, aber dennoch wichtige Information, die Sie im Geschäft erfragen sollten, bevor Sie zugreifen!

WPC (Wood-Plastic-Composites, englisch für Holz-Kunststoff-Verbundwerkstoffe)

Ein Material, das im Aussehen der Maserung und Struktur von echtem Holz ähnelt, aber ein Verbundwerkstoff aus Holzfasern und Kunststoffen ist. Es ist leichter, braucht keine Pflege und ist oft günstiger als Holzmöbel – bekommt aber nicht die schöne Patina wie echtes Holz. Wenn ein Möbelstück aus WPC beschädigt wird, kann es auch nicht so einfach oberflächenbehandelt werden wie eines aus echtem Holz.

Plastik

Plastik ist ein pflegeleichtes Material, das in alle möglichen und unmöglichen Formen gegossen und geformt werden kann. Aber je nachdem, woraus es besteht, ist es nicht ganz unproblematisch, weil die meisten Plastikmöbel immer noch aus fossilen Materialien, sprich aus Erdöl, gefertigt werden. Plastik kann nicht nur auf verschiedene Arten hergestellt werden, sondern hat auch unterschiedliche Eigenschaften. Polypropylen, Polyrattan und Polywood sind nur ein paar Beispiele für Plastikmaterialien mit unterschiedlichen Zusammensetzungen. Plastikmöbel altern in der Regel schneller als viele andere Materialien und können unschöne Risse und Sprünge bekommen, wenn sie lange in der prallen Sonne stehen.

Ein Haushaltstrick, um das Risiko von statischer Elektrizität bei Möbeln aus Kunststoff zu verringern, besteht darin, sie mit ein wenig Weichspüler abzuwischen – einfach auf ein Tuch geben.

Edelstahl

Rostfreier Edelstahl kann über Jahrzehnte korrosionsbeständig bleiben, sofern er nicht beschädigt wird, aber es gibt Unterschiede. Ich habe den Tipp bekommen, beim Kauf von Edelstahlprodukten an die englische Bezeichnung zu denken: »Stainless steel« heißt ja nicht, dass der Stahl gar nicht rostet, sondern nur, dass er *weniger* rostet.
Es gibt verschiedene Arten von Edelstahl:

- Verzinkter Stahl.
- Feuerverzinkter Stahl, der mit einer Zinkbeschichtung versehen wurde.
- Säurebeständiger Stahl (Klasse 316) ist widerstandsfähiger und wird auch als maritimer Edelstahl oder säurebeständiger Edelstahl bezeichnet.

Rattan

Für den Außenbereich würde ich natürliches Rattan nicht empfehlen, da es leicht austrocknen und reißen kann, wenn keine Überdachung vorhanden ist. In einem beheizten Wintergarten hingegen kann man es durchaus verwenden. Damit geflochtenes Naturrattan seine Elastizität behält, muss es von Zeit zu Zeit befeuchtet werden (zum Beispiel mit einer Blumenspritze).

Holz

Nach Ansicht mehrerer Experten, mit denen ich gesprochen habe, ist Teakholz das für den Außenbereich am besten geeignete Holz. Das zu schreiben fällt mir etwas schwer, weil das Material aus dem Regenwald stammt. Viele Tropenwälder wurden abgeholzt, und es dauert lange, bis die Bäume wieder nachwachsen. Außerdem sind für Teakholz oft lange Transportwege erforderlich, da es in Süd- und Südostasien wächst. Andererseits weist diese Holzart im Freien eine nahezu unschlagbare natürliche Widerstandsfähigkeit auf. Ich möchte Ihnen weder zum Kauf von Teakholzmöbeln raten noch davon abraten. Wer jedoch darauf achtet, Möbel aus zertifiziertem Teakholz aus verantwortungsbewusster Forstwirtschaft zu wählen, ist vielleicht besser beraten als mit Möbeln aus weniger widerstandsfähigen Holzarten, die mehrmals ausgetauscht werden müssen, weil sie nicht für draußen geeignet sind.

Die zweitbeste Holzart laut Experten für Gartenmöbel ist Redwood (gängige Handelsnamen sind auch Küstenmammutbaum oder Sequoie) aus nordamerikanischen Wäldern (Westküste USA und British Columbia in Kanada). Allerdings riecht das Holz je nach Herkunftsgebiet unterschiedlich stark. Redwood aus dem Landesinneren verströmt einen intensiveren Geruch (ähnlich wie Mittel gegen Holzwürmer), während Redwood aus der Nähe von Gewässern deutlich weniger stark riecht.

An dritter Stelle wurde mir von den Experten häufig behandeltes Kiefernholz genannt.

Unabhängig von der Holzart sollten Sie sich beim Kauf von Holzmöbeln bewusst sein, dass diese gepflegt werden müssen. Dies gilt insbesondere, wenn Sie sich für eine offenporige Oberflächenbehandlung entscheiden, also beispielsweise für geöltes statt lackiertes Holz. Ohne nähere Informationen lässt sich Holz auch nicht mit Holz vergleichen. Das ist ein bisschen, als würde man unterschiedliche Fleischwaren vergleichen: Auch in der Natur gibt es Filetstücke und Wurst, je nachdem, welche Qualität das Holz aufweist, von welcher Stelle des Baumes es stammt und wie es gesägt wurde. So gilt beispielsweise das Holz im Kern des Stammes von Teakbäumen als das stärkste und öligste und ist am langlebigsten. (Mehr dazu erfahren Sie in meinem »Möbelhandbuch«.)

DER FAKTOR KLEIDUNG

Auch die Kleidung, die Sie normalerweise tragen, wenn Sie auf Ihren Gartenmöbeln sitzen, liefert einen Hinweis darauf, welche Materialien Sie besser meiden sollten. Tragen Sie im Sommer oft kurze Shorts oder Röcke? Daran sollten Sie denken, wenn Sie die Möbel in Jeans oder Hosen ausprobieren. Stahlmöbel neigen dazu, sich bei Sonneneinstrahlung stark aufzuheizen. Wenn Sie also wissen, dass die Essgruppe in der prallen Sonne stehen wird, ist es vielleicht besser, sich für Materialien zu entscheiden, die keine Wärme leiten. Wie sich das Material auf der Haut anfühlt, ob es klebt oder juckt, ist für den Komfort ebenso entscheidend wie Proportionen und Maße. In der Nähe eines Poolbereichs, wo man oft in feuchter Badekleidung sitzt, können Möbel mit offener Oberflächenbehandlung (geölt) leichter Flecken bekommen als lackierte oder gestrichene Sitzflächen.

Die Essgruppe

Im Freien zu essen ist an sich schon toll, aber wenn man dabei auch noch bequem sitzen kann, ist es umso schöner. Sie sollten sich Gedanken darüber machen, wie viele Personen im Essbereich Platz finden sollen und wie lange. Für einen Bistrotisch für einfache Mahlzeiten und einen Essbereich für lange, gemütliche Zusammenkünfte ist in der Regel unterschiedlich viel Platz erforderlich.

- Pro Sitzplatz werden 60 Zentimeter Breite und etwa 60 × 40 Zentimeter Tischfläche veranschlagt.
- Außerdem muss hinter jedem Stuhl ausreichend Freiraum vorhanden sein, damit man ihn herausziehen und sich ungehindert setzen kann.
- Möchten Sie an den kurzen Seiten des Tisches zwei Sitzplätze hinzufügen, müssen Sie jeweils 70 Zentimeter hinzurechnen und einen längeren Tisch wählen, damit an diesen Sitzplätzen genügend Platz für Teller und Gläser ist.

Stühle

Unabhängig vom bevorzugten Stil gibt es bestimmte grundlegende Konstruktionsprinzipien, die allen Stühlen gemeinsam sind. Sie basieren auf erforschten Richtwerten und dem Wissen über Körperformen, unserem Bedürfnis nach Druckentlastung bei längerem Sitzen und der Schaffung von Komfort. Klar, jeder sitzt ein wenig anders, und kurzzeitig kann man sich auf fast allem ausruhen, aber wer eine Möbelgruppe für seine Terrasse kauft, möchte wahrscheinlich sowohl beim Frühstück, Mittagessen und ausgiebigen Mahlzeiten als auch während langer Abende in geselliger Runde bequem sitzen. Hier habe ich einige wichtige Punkte zusammengefasst, auf die Sie achten sollten, wenn Sie in Stühle für Ihren Essbereich investieren möchten.

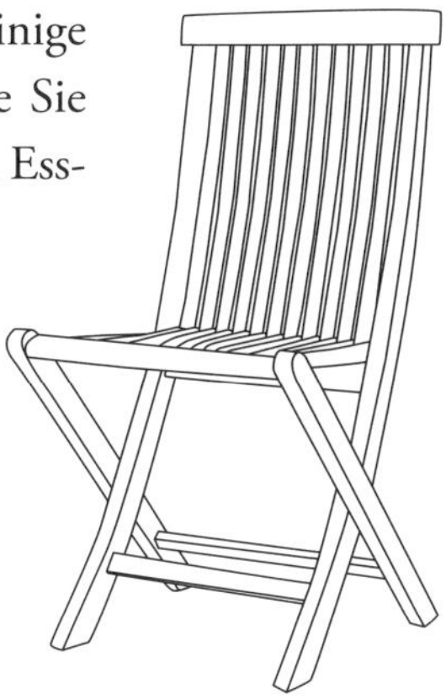

Höhe der Sitzfläche

Aufgrund historisch unterschiedlicher durchschnittlicher Körpermaße (mehr dazu im Abschnitt über Anthropometrie) kann die Standardhöhe von Stuhlsitzen in verschiedenen Teilen der Welt leicht variieren. Das gilt es besonders beim Kauf von Möbeln aus anderen Weltregionen zu beachten, aber auch, wenn man Stühle und Esstische verschiedener Hersteller miteinander kombiniert.

Ein Erwachsener sitzt in der Regel bei einer Sitzhöhe zwischen 42 und 45 Zentimetern bequem. Außerdem müssen die Sitzhöhe des Stuhls und die Höhe des Tisches zueinanderpassen. Der optimale Abstand zwischen Sitzfläche und Tischplatte beträgt etwa 27 bis 30 Zentimeter, damit die Essgruppe insgesamt als bequem empfunden wird.

Breite der Sitzfläche

Die Breite der Sitzfläche muss so bemessen sein, dass das Gesäß im Sitzen bequem Platz findet (ja, die Breite des Gesäßes fällt im Stehen und im Sitzen tatsächlich unterschiedlich aus). Eine Breite zwischen 45 und 55 Zentimetern genügt den meisten Menschen, kann jedoch je nach Verwendungszweck variieren. Ein Café-Stuhl ist in der Regel schmaler als ein Esszimmerstuhl, da er nicht dafür gedacht ist, dass man lange darauf sitzt, und er zudem leicht zu bewegen sein soll. Bei einer ausgedehnten Mahlzeit sollte die Möglichkeit bestehen, die Sitzposition zu wechseln, weshalb Esszimmerstühle in der Regel eine breitere Sitzfläche haben. Ist der Stuhl zu schmal, insbesondere wenn die Armlehnen nicht weit auseinander sind, fühlt man sich möglicherweise eingeengt. Wenn Teile des Gesäßes über die Sitzfläche hinausragen, kann dies nicht nur körperlich, sondern auch psychisch belastend und sogar etwas peinlich sein. Das ist meiner Meinung nach besonders wichtig für diejenigen, die sich mit der Einrichtung öffentlicher Räume beschäftigen, da ein solches Detail darüber entscheiden kann, ob sich alle willkommen und aufgenommen fühlen – oder eben nicht.

Die Tiefe der Sitzfläche

Die optimale Tiefe einer Sitzfläche ist abhängig vom Abstand zwischen Knien und Gesäß. Ist die Sitzfläche im Verhältnis zum Körper zu lang, müssen wir uns entscheiden, ob wir nahe an der Kante sitzen, um die Knie beugen zu können, oder den Oberkörper nach hinten gegen die Rückenlehne schieben (was durchgestreckte Knie zur Folge hat). Wenn man als kleinere Person auf einem Esszimmerstuhl mit zu großer Sitztiefe sitzt, kommt man sich oft vor wie ein Kind.

TIPPS FÜR BEQUEMERE STÜHLE

Menschen mit etwas breiteren Oberschenkeln, Hüften oder Gesäß würde ich Stühle oder Sessel mit gepolsterten Armlehnen oder hohen Seitenteilen eher nicht empfehlen, da man sich dadurch eingeengt fühlen und die Sitzposition schwerer wechseln kann. Besser, Sie wählen ein Modell mit offenen Armlehnen. Diese werden von weitaus mehr Menschen als bequem empfunden. Für Sie selbst mag das keine große Sache sein, etwas, das man leicht übersieht – für jemanden, der oft zu Besuch kommt, ist es aber vielleicht wichtig. Oder für denjenigen, dem Sie helfen, seinen Außenraum einzurichten?

Armlehnen

Von der Höhe der Armlehnen hängt ab, wie Sie diese nutzen können. Eine zu niedrige Armlehne erfüllt ihren Zweck nicht, eine zu hohe dagegen kann dazu führen, dass die Schultern bis zu den Ohren hochgezogen werden, wenn man die Arme darauf ablegen möchte.

Auch die Länge ist wichtig, wenn der Stuhl an einem Esstisch stehen soll, da sie bestimmt, wie nah man an den Tisch heranrücken kann, wenn überhaupt. Im Idealfall sollte die Armlehne nicht bündig mit der Sitzfläche abschließen, sondern etwa 10 Zentimeter davor enden.

Rückenlehne

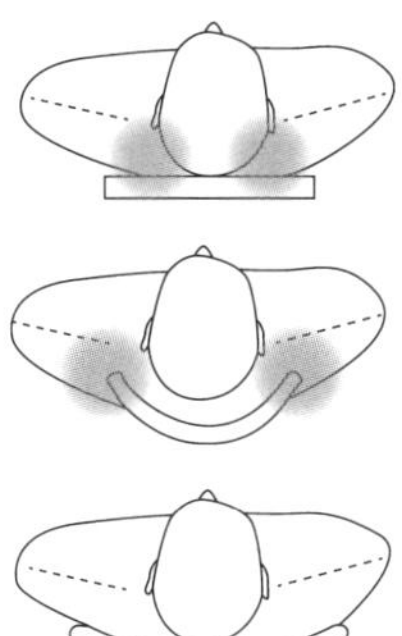

Bei der Auswahl von Stühlen spielt das Design der Rückenlehne oft eine entscheidende Rolle. Das gilt besonders, wenn man stundenlang am Tisch verweilen möchte. Eine gerade Rückenlehne passt sich weder der vertikalen Krümmung des Rückens noch der konvexen Form des Oberkörpers an. Je kürzer eine gerade Rückenlehne ist, desto wahrscheinlicher ist es, dass die Kanten beim Wechseln der Sitzposition scheuern. Eine gebogene Rückenlehne sollte sich an den Oberkörper anschmiegen und nicht zu schmal sein.

BITTE BEACHTEN!

Sie wollen neue Polster für Ihre Stühle kaufen? Denken Sie daran, dass die Dicke und Festigkeit des Polsters die Sitzhöhe des Stuhls verändern und sich darauf auswirken kann, wie komfortabel die gesamte Sitzgruppe empfunden wird. Wählen Sie immer ein Polster mit ähnlichen Eigenschaften wie die vom Hersteller empfohlenen, um Fehlgriffe zu vermeiden.

Freischwinger

Freischwinger (Cantilever Chairs) sind Stuhlmodelle, die statt auf vier Beinen auf einer auf den physikalischen Prinzipien von Dynamik und Gleichgewicht basierenden Stahlkonstruktion stehen. Diese Form der Stuhlkonstruktion stellt hohe Anforderungen an das Material, aus dem das Gestell gefertigt ist. Zum einen muss es stabil sein, zum anderen soll der Stuhl ein angenehmes Schaukeln ermöglichen. Sind diese Parameter erfüllt, vermitteln freischwingende Stühle das Gefühl, in der Luft zu schweben. Leider gibt es auf dem Markt viele billige Imitationen, die nur die Konturen dieser Möbelstücke nachahmen, aber die Federung nicht richtig hinbekommen. Die Billigmodelle sind meist wesentlich steifer und zudem aus einem billigeren Material gefertigt, das sich im Laufe der Zeit schneller abnutzen kann.

Empfohlene Maße für Stühle

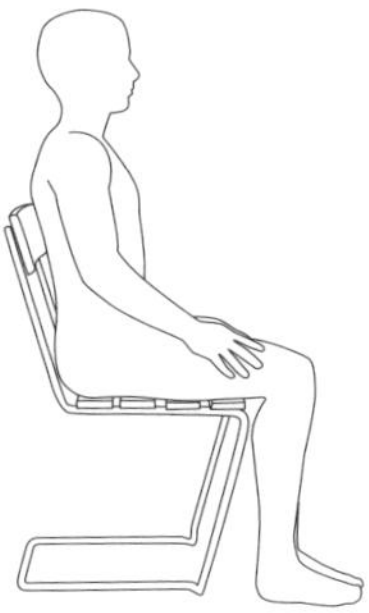

Empfohlene Sitzhöhe: 42–45 Zentimeter.
Empfohlene Sitzbreite: 45–60 Zentimeter.
Empfohlene Sitztiefe: 40–45 Zentimeter.
Empfohlene Armlehnenhöhe: 20–25 Zentimeter über der Sitzfläche.
Armlehnenlänge: 5–10 Zentimeter kürzer als die Sitzfläche.
Breite der Rückenlehne: Hängt von der Breite der Sitzfläche ab, sollte jedoch zwischen 45 und 60 Zentimeter betragen.
Höhe der Rückenlehne: Etwa 50 Zentimeter. Bei zu hohen Rückenlehnen fühlt man sich schnell eingeengt.
Winkel der Rückenlehne: Etwa 100 Grad (Stühle, deren Rückenlehne um 90 Grad geneigt ist, sollte man vermeiden, wenn man längere Zeit bequem sitzen möchte, insbesondere wenn die Rückenlehne hoch ist).

Tische

Ein stabiler, gut verarbeiteter Esstisch hält oft lange. Aber wodurch wird ein Tisch eigentlich bequem, abgesehen davon, dass er nicht wackeln darf? Hier sind einige Gestaltungsprinzipien für Tische im Freien, unabhängig vom Material oder der gewünschten Optik.

Höhe

Die Tischhöhen sind bei den meisten Zulieferfirmen relativ einheitlich und bewegen sich in der Regel zwischen 72 und 75 Zentimeter. Allerdings ist es wichtig, den Tisch, den man zu Hause hat oder kaufen möchte, mit der Sitzhöhe der Stühle zu vergleichen, die man dazu nutzen möchte, weil alle Möbelhersteller geringfügig unterschiedliche Maße verwenden. Schon ein paar Zentimeter mehr oder weniger machen sich nämlich schnell in den Schultern bemerkbar!

Freiraum unter der Tischplatte

Der bloße Vergleich von Tischhöhe und Sitzhöhe genügt nicht, um bequemes Sitzen zu gewährleisten. Unter Umständen wird der Raum für die Oberschenkel durch Tischbeine und Bauweise eingeschränkt, beispielsweise, wenn eine überstehende Leiste unter der Tischplatte Platz wegnimmt. Also heißt es bücken und nachsehen: Wie sieht es unter dem Tisch aus? Wo befinden sich die Beine, und wie verhält es sich mit den Stühlen, wenn man diese ein Stück darunterschiebt? Beachten Sie, dass es an verschiedenen Stellen unterschiedlich viel Freiraum geben kann. Damit ein Erwachsener an einem Esstisch bequem sitzen kann, muss man etwa 63 Zentimeter Freiraum in der Höhe unter der Tischplatte und etwa 40 Zentimeter Freiraum vor der Vorderkante des Stuhls veranschlagen. Dann reicht der Platz auch für Knie, Unterschenkel und Füße.

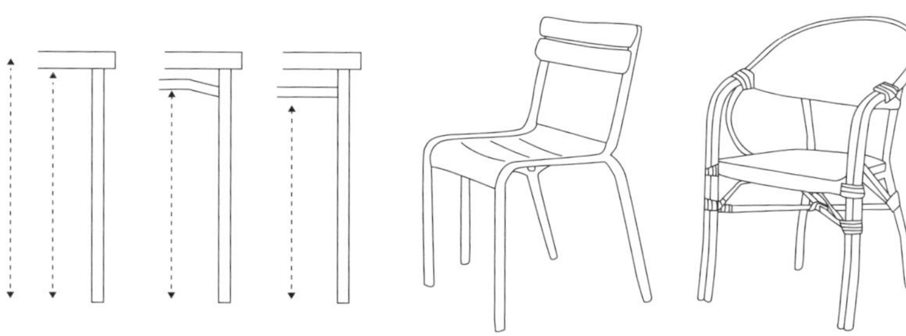

Breite und Tiefe

Wer an jeder kurzen Seite einen zusätzlichen Sitzplatz unterbringen möchte, sollte einen breiteren Tisch wählen. In der Gastronomie werden Tische mit einer Breite von mehr als einem Meter jedoch kaum verwendet, weil dadurch die Unterhaltung zwischen den Tischgästen erschwert wird.

Länge

Wie viele Personen um den Tisch Platz finden, hängt von der Länge der Tischplatte und der Position der Tischbeine ab. Rechnen Sie mit etwa 60 × 35–40 Zentimeter pro Person und Gedeckgröße. (Die Gedeckgröße entspricht der Fläche eines handelsüblichen Tischsets.) Die Maße basieren auf dem durchschnittlichen Abstand zwischen den Ellbogen plus Bewegungsfreiheit eines Erwachsenen in der Breite und dem durchschnittlichen Platzbedarf für Teller und Gläser pro Person. Die Standardbreite von Tischen liegt in der Regel zwischen 80 und 90 Zentimeter, es gibt jedoch auch breitere Modelle. Falls Sie im Freien etwas größere Teller verwenden – und vielleicht auch Platz für Servierplatten in der Mitte des Tisches benötigen –, ist eine Tischbreite von 100 Zentimeter möglicherweise die bessere Wahl.

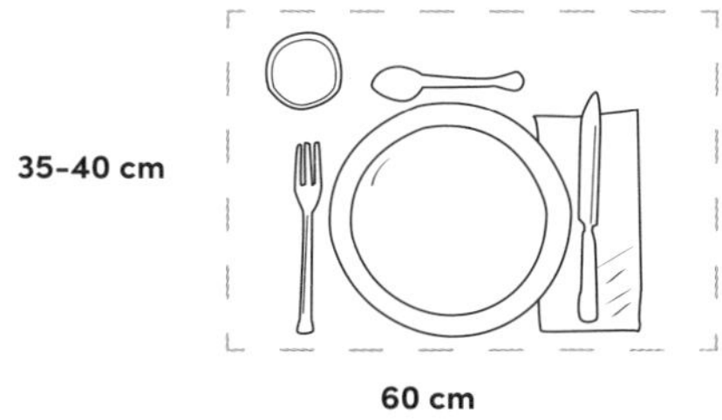

Wasserablauf

Da Tische, die im Freien stehen, zeitweise Regen, Schnee und so weiter ausgesetzt sind, sollte die Tischplatte wasserdurchlässig sein, d. h. entweder perforierte Löcher, einen größeren Abstand zwischen den Holzlatten oder eine andere Form des Wasserablaufs haben. Andernfalls können mit der Zeit Feuchtigkeitsschäden entstehen, die Farbe kann abblättern, der Tisch kann sich verziehen und Risse und unschöne Flecken bekommen.

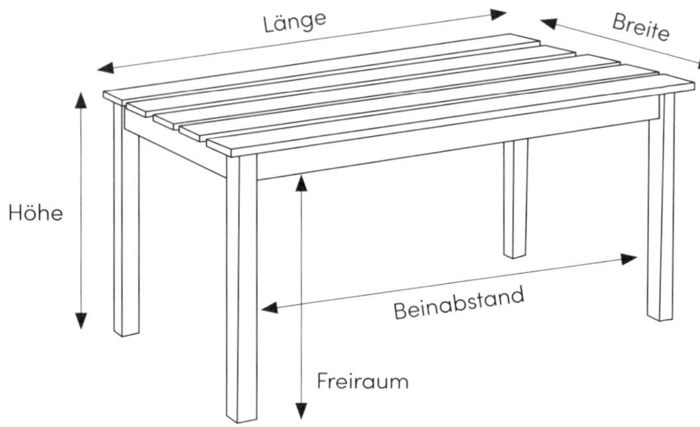

Empfohlene Maße für Tische

Empfohlene Höhe: 72–75 Zentimeter.
Empfohlene Breite: 70–100 Zentimeter. Bei einem rechteckigen Esstisch sind mindestens 80 Zentimeter Breite/Tiefe nötig, damit Teller und Servierplatten Platz haben.
Empfohlene Länge: Normalerweise rechnet man mit etwa 60 Zentimeter Breite pro Person an einem Esstisch, aber weil die Stühle für draußen oft breiter sind, ist es eventuell ratsam, diesen Abstand zu vergrößern. Achten Sie außerdem auf genügend Platz zwischen den einzelnen Stühlen. Schauen Sie auch nach, wo sich die Tischbeine unter der Tischplatte befinden und wie das Verhältnis zu den Stühlen ist, damit Sie wirklich die gewünschte Anzahl an Sitzplätzen erhalten.
Freiraum unter dem Tisch: mindestens 63 Zentimeter.
Abstand zwischen den Beinen: Damit man nicht mit einem Tischbein zwischen (oder noch schlimmer an) den Knien sitzen muss, sind mindestens 60 Zentimeter Freiraum pro Sitzplatz und etwas Bewegungsfreiheit zwischen den Beinpaaren nötig.

Loungemöbel

Eine Sitzgruppe für den Außenbereich kann aus einer Mischung aus Sofas oder Sesseln bestehen. Solche Möbel haben normalerweise eine etwas niedrigere Sitzhöhe, als es bei einem Esstisch üblich ist. Das liegt daran, dass sie oft tiefer und weiter nach hinten geneigt sind, damit man bequemer sitzen kann. Will man Sofas und Sessel von verschiedenen Anbietern mischen, sind nicht nur ästhetische Fragen wichtig, sondern auch folgende drei Punkte:

1. Die Sitzhöhe vergleichen

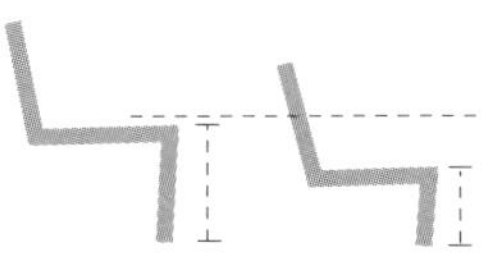

Haben das Sofa und die Sessel, die Sie kombinieren möchten, eine ähnliche Sitzhöhe? Neben einem Möbelstück mit deutlich höherer oder niedrigerer Sitzhöhe zu sitzen, ist nicht schön. Zumindest nicht, wenn man entspannt miteinander plaudern möchte.

2. Die Neigung der Rückenlehne vergleichen

In einer gemütlichen Runde ist es von Vorteil, wenn die Rückenlehnen der Möbel eine ähnliche Neigung aufweisen, damit nicht manche Leute halb liegend sitzen, während andere eine aufrechtere Sitzposition haben.

3. Die Sitztiefe vergleichen

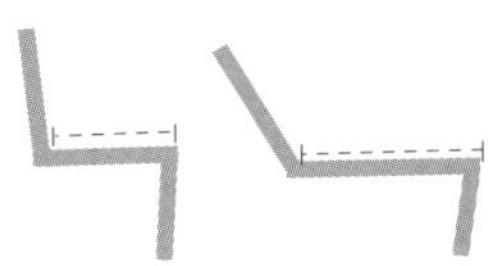

Die Tiefe von Sitzmöbeln (und die Festigkeit der Polsterung) beeinflusst maßgeblich, welche Sitzposition man einnimmt oder ohne Anstrengung beibehalten kann. Dabei ist nicht eine Variante besser als die andere – es kann aber unangenehm sein, wenn manche fast in ihren Sesseln versinken, während andere eher angespannt und aufrecht dasitzen.

DEN KOMMUNIKATIONSRADIUS IM BLICK?

Innenarchitekten arbeiten oft mit dem sogenannten Kommunikationsradius um den Mittelpunkt einer Sitzgruppe. Diesem Konzept zufolge sollten für soziale Interaktion gedachte Möbel so platziert werden, dass der maximale Abstand diagonal 2,1 bis 2,8 Meter beträgt. Man möchte sich nicht zu dicht gegenübersitzen (das kann als aufdringlich empfunden werden), aber auch nicht so weit voneinander entfernt, dass man die Stimme erheben muss, um sich unterhalten zu können.

Schutzhüllen

Da Loungemöbel in der Regel sperrig und oft ziemlich schwer sind, damit sie nicht weggeweht werden, kann man sie bei Regen nicht mal eben schnell wegstellen. Deshalb sollten Sie unbedingt einen passenden Schutz kaufen, den Sie bei schlechtem Wetter darüberziehen können. Da Möbelschutzhüllen wegen der Atmungsaktivität selten zu hundert Prozent wasserdicht sind, achten Sie darauf, keine zu große Hülle zu kaufen, die ganz bis zum Boden reicht. Sonst verhindert das die Luftzirkulation, und das Kondenswasser, das sich eventuell unter der Hülle sammelt, kann nicht verdunsten. Außerdem sollte das Material der Schutzhülle nicht direkt auf Holztischplatten aufliegen. Denken Sie auch daran, dass sich in Falten und auf schrägen Flächen leichter Wasser ansammeln kann, das nicht abfließen kann.

Wenn die Loungemöbel regenfest sind, die Kissen und Rückenpolster jedoch nicht, empfiehlt es sich, eine oder mehrere große (wasserdichte) Kissenboxen in der Nähe der Loungemöbel hinzustellen. So lassen sich die Kissen bei einem Regenschauer schnell wegräumen.

Berücksichtigen Sie beim Kauf von Abdeckungen oder Regenschutz für die Gartenmöbel den Kontrasteffekt zur Hausfassade. Bei einem hellen Haus wirkt eine dunkle Abdeckung wie ein großer, schwerer Klotz auf der Terrasse. Umgekehrt wirkt bei einem dunklen Haus eine helle Abdeckung an bewölkten und regnerischen Tagen wie ein Raumschiff, das auf der Terrasse gelandet ist.

Sofas

Es gibt erhebliche Unterschiede zwischen Sofas für den Außen- und Innenbereich. Da Outdoor-Möbel Temperaturschwankungen, Feuchtigkeit und starker Sonneneinstrahlung ausgesetzt sind, müssen hier ganz andere technische Eigenschaften berücksichtigt werden.

Polsterung

Wie reagiert die Polsterung auf Feuchtigkeit? Es gibt schnell trocknenden Schaumstoff (auch Allwetterschaumstoff genannt), der Regenschauern standhält, da er das Wasser abfließen lässt, ohne es aufzunehmen.

Bezug

Wie reagiert der Bezug auf Sonnenlicht und Feuchtigkeit? Neben UV-behandelten Textilien gibt es auch UV-beständige Fasern. Manche sind zudem schmutzabweisend und trocknen schnell. Die Sonneneinstrahlung ist oft gnadenlos und schädigt den Bezug des Sofas, indem sie die Farbe ausbleicht und das Material porös macht. Die Strapazierfähigkeit von Sofabezügen wird in Martindale gemessen, und die Pilling-Beständigkeit des Stoffes in Pilling-Klassen, aber in den Spezifikationslisten für Gartenmöbel sind diese Angaben nicht immer aufgeführt. Erkundigen Sie sich im Fachhandel nach weiteren Informationen.

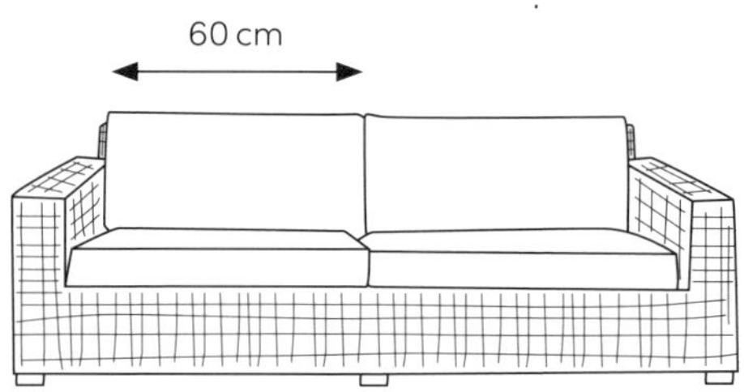

Wie viele Personen finden auf dem Sofa Platz? Veranschlagen Sie pro Person 60 cm Breite.

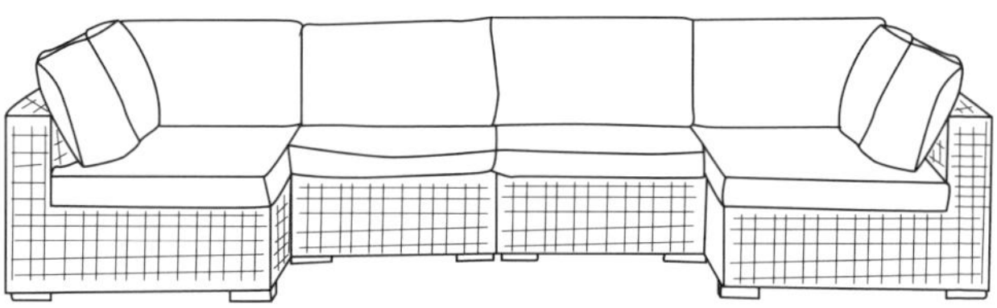

Bei U-förmigen Sofas entsteht häufig der Eindruck, dass sie für mehr Personen Platz bieten, als dies tatsächlich der Fall ist. Die Seitensitze gleichen oft eher einer verlängerten Ottomane, da man leicht mit den Beinen aneinanderstößt, wenn mehrere Personen darauf sitzen.

Einrichtungstipps für Sofas im Freien

- Wird das Sofa vor eine Wand gestellt, sollte es nicht so groß sein, dass es bündig damit abschließt. Es wirkt ausgewogener, wenn an den Seiten etwas Platz bleibt, sodass die Möbelgruppe lediglich etwa zwei Drittel der Fläche einnimmt. Weitere Informationen zu visuellen Proportionen finden Sie im Abschnitt über die Drittelregel.
- Falls das Sofa in der Nähe einer Terrassentür gestellt werden soll, berücksichtigen Sie unbedingt den Schwenkradius (lichtes Maß)

des Türflügels bei vollständig geöffneter Tür. Denken Sie auch daran, dass Platz vorhanden sein muss, um an die Klinke zu gelangen und die Tür öffnen und schließen zu können, ohne sich über die Möbelgruppe beugen zu müssen.

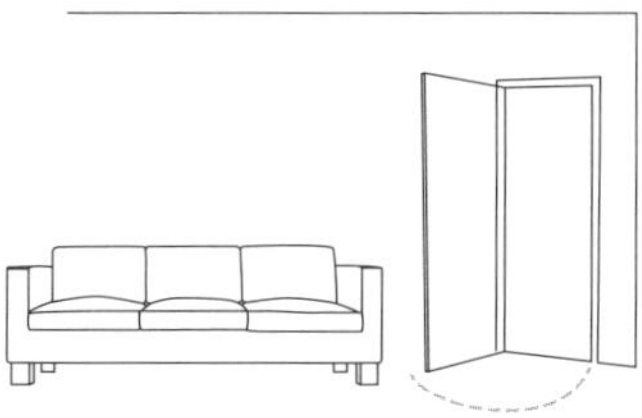

- Wenn Sie wenig Platz haben, ist es vielleicht besser, sich für mehrere kleinere Sessel zu entscheiden, die leichter zu verschieben sind als ein großes und schweres Sofa.
- Lassen Sie immer ein wenig Platz zwischen der Rückenlehne des Sofas und der Fassade. Zum einen besteht die Gefahr, dass das Mobiliar zusammengepfercht wirkt, wenn Sie das Sofa direkt an die Hauswand stellen, zum anderen können sowohl das Möbelstück als auch die Fassade durch Feuchtigkeit und Kondenswasser Schaden nehmen, wenn sie ohne Luftspalt zu dicht beieinanderstehen. Weil die Sonne nicht hinkommt, dauert es dort länger, bis Niederschlag und Tau getrocknet sind, deshalb ist es wichtig, dass die Luft zirkulieren kann, um Schimmelbildung zu vermeiden. Ohne Abstand dazwischen ist es außerdem viel schwieriger, die Hülle überzuziehen und zu befestigen.

Empfohlene Maße für Outdoor-Sofas

Empfohlene Sitzhöhe: unter 40 Zentimeter = niedrig, 42–45 Zentimeter = eher aufrechte Sitzposition.
Empfohlene Sitzbreite: 60 Zentimeter pro Person.
Empfohlene Sitztiefe: 50–60 Zentimeter.
Empfohlene Höhe der Armlehnen: Auf Ellbogenhöhe, wenn man sitzt.

Sessel

Sessel können einzeln im Garten oder Gewächshaus stehen oder für ein geselliges Beisammensein zu mehreren um einen Tisch, einen Kamin oder auf einer Terrasse mit schöner Aussicht gruppiert werden. Das hängt davon ab, wie Sie sitzen möchten: lieber etwas aufrechter in größerer Runde oder eher zurückgelehnt, um die Sonne zu genießen, ein gutes Buch zu lesen oder ein Nickerchen zu machen.

Die Formel für bequeme Sessel

Die optimale Sitzhöhe eines Sessels ergibt sich aus dem Neigungswinkel der Rückenlehne. Je stärker ein Sessel nach hinten geneigt ist, desto niedriger sollte die Sitzfläche sein, da man die Beine ausstreckt, wenn man sich nach hinten lehnt. Sie sitzen doch bestimmt gerade – probieren Sie es einfach selbst einmal aus! Sie werden feststellen, dass Sie Ihre Beine unwillkürlich nach vorne ausstrecken, um bequem zu sitzen. Je mehr die Rückenlehne nach hinten geneigt ist,

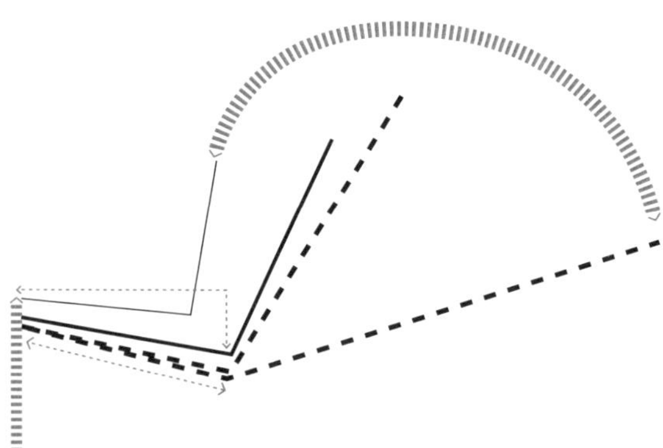

Anhand der Linien wird deutlich, wie sich die Höhe und Tiefe der Sitzfläche sowie der Winkel und die Höhe der Rückenlehne verändern sollten, je weiter ein Sessel nach hinten geneigt ist. Das Beispiel stammt aus dem Buch »Bostadsplanering« (Wohnraumplanung) von Björn Klarqvist.

desto höher muss auch der Rückenbereich sein, um den Oberkörper und schließlich auch Kopf und Nacken aufzufangen, wenn man sich sehr weit nach hinten lehnt. Denkt man einmal genauer darüber nach, fällt einem schnell auf, wie unproportional viele Sessel für den Außenraum gestaltet sind. Nicht selten ist die Sitzfläche sehr tief, kombiniert mit einer kurzen und rechtwinkligen Rückenlehne. Darüber hinaus gibt es viele Sessel mit tief nach hinten geneigten Rückenlehnen, die Kopf und Nacken keinerlei Halt bieten. Das sieht vielleicht schick aus, ist aber auf Dauer ausgesprochen ungemütlich.

Die Neigung der Armlehnen

Wussten Sie, dass gelernte Möbeldesigner immer darauf achten, dass die Armlehnen eines Sessels oder Sofas leicht zur Rückenlehne hin geneigt (oder alternativ gerade) sind? Warum? Weil sonst die Schwerkraft dafür sorgt, dass Ihre Arme permanent Richtung Boden rutschen. Bei leicht nach vorne geneigten Armlehnen werden Sie feststellen, dass Sie sich mit den Händen daran festhalten, um nicht abzurutschen. Das führt dazu, dass Sie den Oberkörper anspannen. Eigentlich logisch. Dennoch gibt es ab und zu auch Modelle mit nach vorne geneigten Armlehnen. An so etwas denkt man normalerweise nicht unbedingt, wenn man nach einem »schicken Sessel« sucht, aber nach längerem Sitzen wird man sich dessen bewusst. Deshalb: Je mehr die Rückenlehne nach hinten geneigt ist, desto niedriger sollten auch die Armlehnen sein.

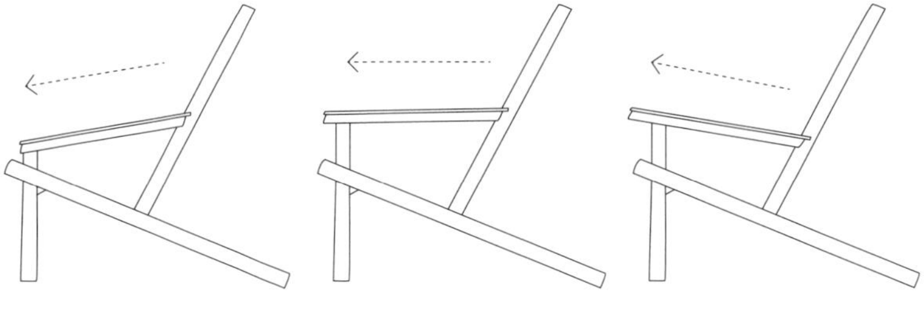

Empfohlene Maße für Sessel

Empfohlene Sitzhöhe: Etwa 30–40 ±5 Zentimeter für einen Ruhesessel bis hin zu einem Lesesessel. 42–45 Zentimeter = aufrechteres Sitzen.
Empfohlene Sitzbreite: 50–60 Zentimeter.
Empfohlene Sitztiefe: Hängt vom Neigungswinkel der Rückenlehne ab.
Empfohlene Höhe der Armlehnen: Auf Ellbogenhöhe, wenn man sitzt.

Couch- und Beistelltische

Couchtische, Satztische, Beistelltische, Lounge-Tische … geliebtes Kind trägt viele Namen! Es ist aber auch einfach schön, einen niedrigen Tisch zu haben, auf den man seine Kaffeetasse oder sein Trinkglas abstellen, eine Zeitung legen oder einfach als Lückenfüller in einer Sitzgruppe nutzen kann.

Form und Proportionen

Welche Form der Couchtisch haben sollte, richtet sich nach der Art der Sitzgruppe. In einem ersten Schritt sollte sichergestellt werden, dass die Tischfläche von allen Sitzplätzen aus erreichbar ist. Deshalb sind rechteckige Tische in der Regel besser geeignet als quadratische Modelle. Damit nicht der Eindruck entsteht, hier hätte jemand Möbel-Tetris gespielt, kann ein ellipsenförmiger Tisch mehr Weichheit vermitteln. Eine andere Lösung sind runde Satztische in verschiedenen Höhen, mit denen sich ebenfalls ein einseitiger Effekt durch quadratische Formen in einer Sitzgruppe aufbrechen lässt.

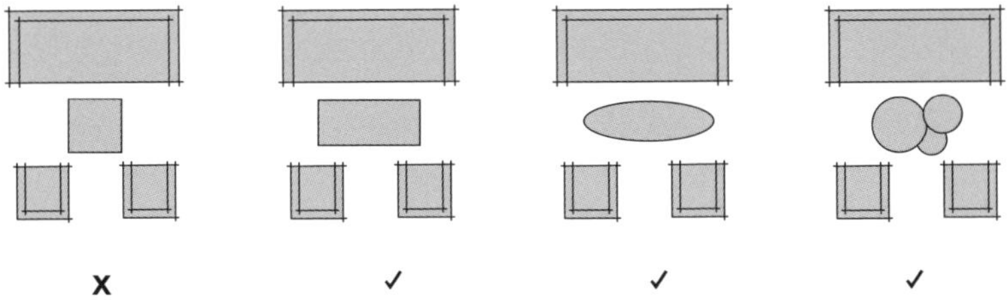

Wasserablauf
Bei Couchtischen, die im Freien aufgestellt werden sollen, muss das Wasser abfließen können, damit es sich nicht auf der Tischplatte sammelt. Dies kann beispielsweise bei Holztischen durch Spalten zwischen den Brettern, bei lackierten Metalltischen durch eine perforierte Oberfläche, durch Gitter oder durch andere Lösungen erreicht werden, die verhindern, dass sich Regen und Niederschlag auf der Tischplatte stauen. Auch wenn ein Material feuchtigkeitsbeständig ist, kann es zu unschönen Kalkablagerungen oder Flecken durch Pollen, Schmutz und Algen kommen.

BITTE BEACHTEN!

Die optimale Höhe des Couchtischs richtet sich nach der Sitzhöhe des Sofas oder der Sessel. Gehen Sie von der Sitzhöhe Ihrer Sitzgruppe aus und addieren oder subtrahieren Sie 10 Zentimeter. Daraus ergibt sich die optimale Tischhöhe für Ihre Einrichtung. Zu einem höheren Sofa passt also am besten ein höherer Couchtisch und umgekehrt. Wenn Sie auf der Sitzgruppe bequem Kaffee trinken möchten, ist ein höherer Tisch empfehlenswert.

Beistelltische

Haben Sie eine große Terrasse, auf der es etwas ungemütlich ist? Dann verwenden Sie reichlich Beistelltische neben Ihrer Sitzgruppe. Sie sind eine perfekte Ergänzung und ein optischer Blickfang, der zwei Sofas zu einer L-förmigen Ecke verbinden oder zwei benachbarte Sessel wie ein perfektes Paar wirken lassen kann. Möchten Sie eine Terrasse, auf der bereits ein Essbereich und eine Loungegarnitur vorhanden sind, um weitere, lauschigere Sitzgelegenheiten ergänzen? Stellt man einen Beistelltisch zu einem frei stehenden Sessel oder einer Terrassenliege, wirkt das Ganze sofort viel vollständiger. Und schon haben Sie eine Leseecke auf Ihrer Terrasse geschaffen!

Beistelltische sind kleiner als Couchtische, erfüllen aber ähnliche Funktionen. Einige dienen als Ablagefläche für Gläser und Bücher und bleiben zwischendurch ungenutzt, andere haben einen dauerhaften Zweck, beispielsweise als Platz für Lampen und Pflanzen. Ich habe eine Bekannte, die ihre Sitzecken vorbildlich mit vielen Beistelltischen ausgestattet hat – allerdings neigt sie dazu, diese bis zum Anschlag mit Dekoartikeln vollzustellen, sodass man sie als Gast unmöglich nutzen kann. Ich weiß nicht, wie viele Kaffeetassen dort schon verschüttet wurden, weil sie auf wackeligen Bücherstapeln standen oder zwischen diversen Dekoartikeln eingeklemmt waren.

Empfohlene Maße für Couch- und Beistelltische

Empfohlene Höhe: ± 10 Zentimeter, abhängig von der Höhe der Sitzmöbel.
Empfohlene Länge und Breite: Kann variieren, sollte jedoch nicht größer sein als das danebenstehende Sitzmöbel und in einem angemessenen Verhältnis zur Sitzgruppe als Ganzes stehen.

Bänke

Garten- und Parkbänke

Wenn Sie mehr Sitzgelegenheiten in Ihrem Außenraum haben möchten, eignet sich eine klassische Park- oder Gartenbank dafür sehr gut.

Sie können sie unter einen Baum, an einen sonnigen Platz neben dem Trampolin oder Sandkasten Ihrer Kinder, an einen Ort mit einer natürlich schönen Aussicht oder an eine Stelle stellen, die Sie geschaffen haben, um Ihrem Blick einen Moment der Ruhe zu gönnen. Das kann beispielsweise ein Beet für Bestäuber oder ein plätschernder Springbrunnen sein. Weitere Tipps finden Sie im Abschnitt über Blickpunkte!

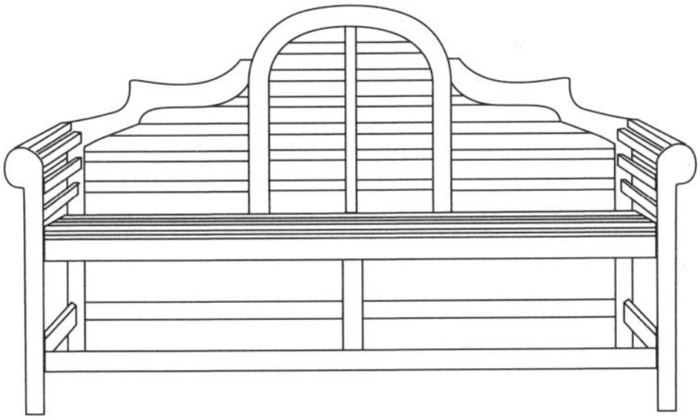

Bänke mit Winteraspekt

Da viele Parkbänke aus Materialien hergestellt sind, dank denen sie das ganze Jahr über im Freien stehen können, werten sie den Garten auch im Winter auf, wenn sie an einem Ort stehen, der bei Schnee zugänglich ist. Manche Modelle sind stapelbar, was nützlich sein kann, wenn man mehrere Bänke drinnen lagern möchte.

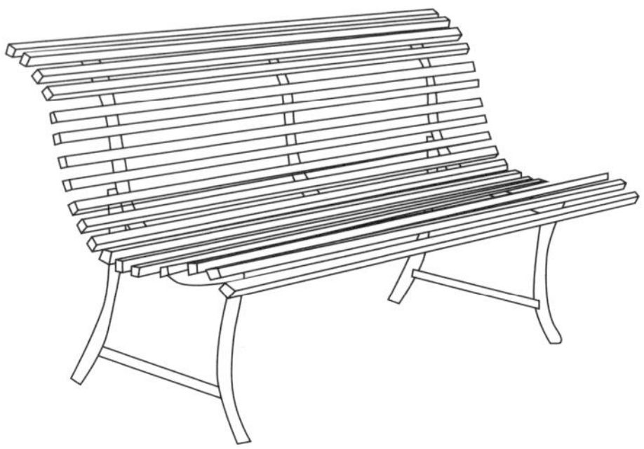

Wenn Sie eine Sitzbank auf einer gekiesten Terrasse aufstellen möchten, können Sie ein wenig mogeln: Um den Untergrund zu stabilisieren, legen Sie unmittelbar unter den tragenden Beinen der Bank Platten aus und schütten Sie dann eine Schicht Kies darum herum, damit man sie nicht auf den ersten Blick sieht.

Baumbänke

Ebenfalls sehr beliebt sind Bänke, die um einen Baum herum gebaut werden. Je nach Größe des Baumstamms und Tiefe der Bank sind sie in der Regel sechs- oder achteckig. Sie haben wahlweise eine Rückenlehne oder sind eher wie eine Bank gestaltet. Man kann sie als Module kaufen, die man zu einem Kreis zusammenstellt, oder an Ort und Stelle schreinern (lassen).

Egal, für welches Modell man sich entscheidet: Es ist eine schöne und clevere Möglichkeit, Sitzgelegenheiten mit mehreren Sichtachsen und Ausblicken in verschiedene Richtungen zu schaffen. Wenn man daneben blendfreie Uplights anbringt, wird die ganze Bank abends beleuchtet und wirft hübsche Schatten um den Baumstamm.

Ein Eigenbau hat den Vorteil, dass die Beinlänge der Bank an eventuelle Unebenheiten und Wurzeln angepasst werden kann, wenn der Boden uneben ist. Die Sitzhöhe sollte nicht höher als die Standardmaße einer Parkbank (42 bis 45 Zentimeter) sein, damit man einen guten Bodenkontakt hat, darf aber stellenweise auch niedriger oder höher sein. Ein bequemer Winkel zwischen Oberschenkel und Rumpf beträgt in der Regel 105–120 Grad.

Empfohlene Maße für Bänke

Empfohlene Sitzhöhe: 42–45 Zentimeter.
Empfohlene Sitztiefe: ca. 50 Zentimeter.
Übliche Länge: 180–210 Zentimeter.
Übliche Möbeltiefe: ca. 65–80 Zentimeter.

Ruhesessel

Genauso wie ein Wohnzimmer im Haus oft mit mindestens einem Sessel ausgestattet ist, brauchen wir auch im Außenbereich einen eigenen Ort zum Entspannen. Ein oder zwei Liegestühle machen einen Außenraum sofort angenehmer.

Liegestühle

Diese auf Englisch auch als »Deckchair« bezeichneten Möbelstücke wurden ursprünglich für Reedereien entwickelt, die Atlantiküberquerungen und Kreuzfahrten in warmen Gewässern anboten. Klassische Liegestühle sind klappbar und lassen sich bei Bedarf leicht verstauen, bieten aber dennoch einen sehr guten Sitzkomfort.

Liegestühle gibt es in vielen verschiedenen Ausführungen und Preisklassen. Vor dem Kauf lohnt es sich zu prüfen, ob die Rückenlehne in verschiedene Positionen verstellbar ist (und wenn ja, in wie viele?) und ob die Fußstütze in der Sitzposition heruntergeklappt werden kann. Ansonsten muss man ständig die Füße hochlegen. Gerade wenn man sich mit anderen unterhält, ist dies nicht immer optimal, da man eher weiter voneinander entfernt sitzt, wenn alle die Beine ausstrecken und etwas Abstand zwischen den Stühlen besteht.

Empfohlene Maße für Liegestühle

Empfohlene Sitzhöhe: ca. 35–40 Zentimeter.
Empfohlene Sitzbreite: ca. 55 Zentimeter.
Empfohlene Sitztiefe: hängt vom Rückenwinkel ab.

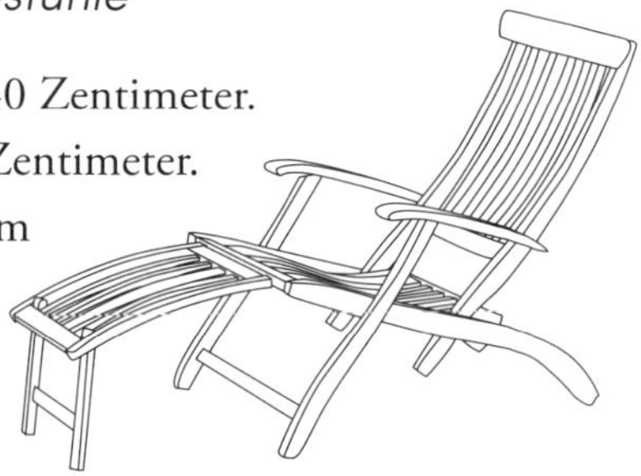

Adirondack-Stühle

Um den klassischen Adirondack-Stuhl ranken sich viele Mythen: Er soll nach einem Sanatorium für Tuberkulosepatienten benannt worden sein, das in den Adirondack Mountains im Bundesstaat New York lag. Es heißt, man habe ein Möbelstück gebraucht, das auch auf unebenem Untergrund stabil stehe. In anderen Teilen der USA ist das gleiche Modell unter dem Namen »Westport Plank Chair« bekannt, und in Kanada wird es nach einer Region in Quebec als »Muskoka Chair« oder »Laurentian Chair« (»Chaise des Laurentides«) bezeichnet.

Das Besondere an diesem Lehnstuhl ist, dass die Hinterbeine eine Verlängerung der Sitzfläche sind und eine leichte Neigung nach hinten mit einer guten Stütze für den Kopf bieten. Die breiten Armlehnen (es gibt verschiedene Modelle) eignen sich auch als Abstellfläche für Kaffeetassen und Gläser, sofern sie gerade sind. Leicht nach hinten geneigte Armlehnen hingegen sind bequemer. Die Maße dürfen variieren, solange sie mit den Winkeln und Proportionen des Möbelstücks harmonieren.

Empfohlene Maße für Adirondack-Stühle

Empfohlene Sitzhöhe: Variiert je nach Hersteller, meist sind etwa 30–40 Zentimeter angenehm.
Empfohlene Sitzbreite: Etwa 60 Zentimeter.
Empfohlene Sitztiefe: Etwa 50 Zentimeter.
Empfohlene Höhe der Armlehnen:
Etwa 25 Zentimeter über der Sitzfläche.
Maße Fußhocker: 50 × 50 Zentimeter, Höhe 35 Zentimeter.

Positionsstühle

Dieser Stuhltyp wird manchmal als Sonnenstuhl bezeichnet, findet jedoch in vielen verschiedenen Situationen Verwendung. Nach einem langen Abendessen die Rückenlehne zu verstellen oder die Sitzposition zu ändern und sich zur Entspannung etwas bequemer hinzusetzen, ist manchmal einfach herrlich. Deshalb wird dieses Modell vor allem unter dem Begriff Positionsstühle geführt. Es ist eines der meistverkauften Modelle in Schweden, auch wenn die Meinungen über sein Aussehen auseinandergehen. Bei einem Positionsstuhl lässt sich die Neigung der Rückenlehne ganz einfach verstellen, um die Sitzposition anzupassen, egal, ob man aufrechter am Kaffeetisch sitzen oder sich zurücklehnen und entspannen möchte. Da man auf einem solchen Stuhl oft längere Zeit sitzt, ist es wichtig, dass die Sitzfläche gut belüftet ist. Außerdem sind zusätzliche Polster empfehlenswert.

Sitzhöhe und Rückenhöhe

Je tiefer die Rückenlehne geneigt werden kann, desto höher muss sie auch sein, um den Nacken beim Zurücklehnen zu stützen. Je weiter man sich zurücklehnt, desto niedriger muss auch die Sitzhöhe sein, damit man bequem sitzen und die Füße auf den Boden stellen kann. Unter anderem aus diesem Grund ist die Sitzhöhe vieler Positionsstühle etwas niedriger als bei herkömmlichen Stühlen, weshalb sie an einem Tisch in Standardhöhe weniger komfortabel sind. Vergleichen Sie diese Maße daher also unbedingt genau, ehe Sie einen solchen Stuhl mit einem Esstisch kombinieren oder eine Gruppe kaufen, bei der Tisch und Stühle scheinbar zusammengehören. Selbst wenige Zentimeter Unterschied machen sich bei längerem Sitzen in den Schultern bemerkbar.

Wegen dieses schwierigen Zusammenspiels von Sitzhöhe, Lehnenneigung und dem Bedürfnis des Unterkörpers, sich beim Zurücklehnen auszustrecken, gibt es auch Positionsstühle mit einem regulierbaren Untergestell, das sich beim Kippvorgang verschiebt. Wenn man einen Stuhl umstellt oder ihn vom Tisch wegzieht, um sich zu setzen, fasst man ihn oft an der Rückenlehne an. Positionsstühle aus Stoff haben daher oft eine griffähnliche Stütze an der Oberseite. Dies erleichtert auch das Transportieren des zusammengeklappten Stuhls und sorgt dafür, dass das Möbelstück länger schön bleibt, da der Stoff weniger beansprucht wird.

Sitzbreite

Die empfohlene Breite der Sitzfläche für einen Positionsstuhl liegt zwischen der eines Stuhls und der eines Sessels, damit man die Position verändern kann und der gesamte Rücken- und Schulterbereich Platz findet, wenn man sich stark nach hinten lehnt.

Verstellbare Rückenlehne

Es gibt oft einen Qualitäts- und damit einen großen Preisunterschied, was die individuelle Verstellbarkeit der Rückenlehne betrifft. Schauen Sie sich genau an, mit welchen Handgriffen sich der Stuhl verstellen lässt. Bei vielen Modellen hebt man die Armlehnen an und drückt mit dem Körpergewicht gegen die Rückenlehne, sodass der Stuhl in eine neue Position einrastet. Wenn das zu leicht geht, ist es oft schwierig, den Stuhl anzuheben oder seitlich zu verschieben, weil die Rückenlehne beim Hochheben an den Armlehnen nach vorne klappt. Außerdem besteht die Gefahr, dass der Positionsstuhl zusammenklappt, wenn man versucht, im Sitzen nach hinten zu rutschen. Mit der Zeit werden diese Verstellmechanismen je nach Bauweise mitunter auch schwergängiger. Es lohnt sich also, dies vor dem Kauf zu prüfen.

Armlehnen

Leicht gewölbte Armlehnen oder solche mit weichen Formen ohne scharfe Kanten sind oft bequemer. Bei Positionsstühlen ist es auch wichtig, dass man sie gut zu fassen bekommt, wenn man die Rückenlehne verstellen will. Je nachdem, wie groß Ihre Hände sind, ist eine zu schmale oder zu breite Armlehne eventuell schwerer zu verstellen. Bei einigen Modellen sind Sitzfläche und Armlehnen aus unterschiedlichen Materialien. Das ist nicht nur ein dekoratives Detail, denn oft sind Armlehnen aus Holz bequemer für die Unterarme als solche aus Metall, vor allem an sehr sonnigen und warmen Tagen, an denen Metall heiß werden kann.

BITTE BEACHTEN!

- Positionsstühle sind oft zusammenklappbar. Dadurch lassen sie sich im Winter supereinfach verstauen, weil sie so wenig Platz brauchen.
- Wie viel wiegt der Stuhl? Manche Positionsstühle aus Massivholz sind ziemlich schwer zu bewegen, wenn man sie mit einer Hand herausziehen will, um sich an einen Tisch zu setzen.
- Wie sind die Beine beschaffen? Darauf müssen Sie besonders achten, wenn Sie den Stuhl über die Fugen der Terrasse ziehen müssen, damit Sie sich an einen Tisch setzen können. Bei Stühlen mit eher dünnen Beinen bleibt man leicht hängen.
- Wo befindet sich die Strebe oder Stützstange, die die Beine zusammenhält? Ist sie zu weit unten angebracht, können die Füße nicht unter den Stuhlsitz geschoben werden, wenn man aufstehen oder nach hinten rutschen möchte. Außerdem riskiert man, sich dauernd die Achillesferse aufzuschürfen.

Die Höhe der Armlehnen beeinflusst den Sitzkomfort. Eine zu niedrige Armlehne erfüllt ihre Funktion nicht, und bei einer zu hohen zieht man die Schultern bis zu den Ohren hoch, wenn man die Arme darauf ablegen möchte. Will man solche Stühle an einem Esstisch aufstellen, ist auch die Länge der Armlehnen relevant, da es darauf ankommt, wie nah man an den Tisch heranrücken kann, wenn überhaupt. Die Armlehnen sollten daher möglichst nicht bündig mit der Sitzfläche abschließen, sondern etwa 10 Zentimeter davor enden.

Empfohlene Maße für Positionsstühle

Empfohlene Sitzhöhe: Ungefähr 43–45 Zentimeter. Falls der Stuhl an einem Esstisch stehen soll, kein zu niedriges Modell wählen.
Empfohlene Höhe der Rückenlehne: 100–110 Zentimeter, damit man sich bequem zurücklehnen kann.
Empfohlene Sitzbreite: ca. 45–50 Zentimeter.
Empfohlene Sitztiefe: 50–70 Zentimeter.
Gesamttiefe: Nicht vergessen, dass eine nach hinten geneigte Rückenlehne die Gesamttiefe des Stuhls vergrößert.
Empfohlene Höhe der Armlehnen: ca. 20–25 Zentimeter über der Sitzfläche.

Sonnenliegen

Sonnenliegen haben einen etwas irreführenden Namen, weil man sie nicht nur zum Sonnenbaden nutzen kann. Wer genug Platz hat, kann mit diesem Möbelstück einen Ort zum Chillen, Lesen, Ausruhen oder Beisammensein schaffen.

Da man sich selten als Erstes eine Sonnenliege anschafft, sind die Erfahrungen damit im Vergleich zu anderen Möbeln oft begrenzt. Deshalb sollten Sie sich den nächsten Abschnitt durchlesen, bevor Sie zuschlagen. Es lohnt sich!

Designprinzipien

Die Maße von Sonnenliegen basieren auf den Maßen eines Erwachsenen in liegender oder halb liegender Position. Deshalb sollten Sie als Vergleichsgröße eben nicht Ihre eigenen Körpermaße in stehender Position heranziehen – und denken Sie daran, dass bestimmte Körperteile etwas in die Breite gehen, wenn man sich hinlegt!

Höhe

Die Höhe einer Sonnenliege beeinflusst zum einen, wie komfortabel man sich aus der liegenden Position aufrichten und wieder hinlegen kann – zum anderen aber auch, wie bequem es ist, auf der Kante zu sitzen, während man sich in Stellung bringt. Ein zu niedriges Modell ist daher nicht zu empfehlen.

Breite

Die Breite von Sonnenliegen ist nicht wie die Länge standardisiert. Hier gibt es viele Varianten, von schmal bis breit (Familiengröße). Übliche Maße sind 70, 80 und 105 Zentimeter. Das kann sich auf den Komfort auswirken, ist aber vor allem wichtig für die Auswahl der Polster. Jemand, der etwas breitere Hüften und ein breiteres Gesäß hat, sollte bedenken, dass diese Körpermaße im Liegen sich noch etwas vergrößern. Also lieber keine zu schmale Sonnenliege kaufen, vor allem nicht, wenn man sich für ein Modell mit Armlehnen entscheidet.

Länge

Bei Möbeln dieser Kategorie ist die Länge wie bei Betten standardisiert, aber es lohnt sich, darauf zu achten. Besonders bei einem Billigimporteur, der andere durchschnittliche Körpermaße oder Richtlinien zugrunde legt.

Verstellbare Positionen

Viele Sonnenliegen lassen sich von liegend auf halb sitzend verstellen, aber die Anzahl der möglichen Positionen variiert. Einfachere Sonnenliegen verfügen vielleicht nur über zwei Optionen, während flexible Modelle mehrere verstellbare Positionen bieten.

Nicht alle Liegen lassen sich komplett flach stellen, sondern haben oft eine kleine Knickstelle, wo der obere Teil hochgeklappt werden kann. Diese Stelle ist sowohl für den Komfort als auch für die Anzahl der Polster relevant, die Sie im nächsten Schritt auswählen können. Wenn Sie gerne auf dem Bauch liegen, ist es wichtig, dass man den Rückenbereich absenken kann, was Sie beim Vergleich verschiedener Modelle berücksichtigen sollten.

Armlehnen

Mit Armlehnen lässt sich die Sonnenliege auch in einer aufrechteren Position bequem nutzen, zum Beispiel, wenn man die Kinder am Pool im Auge behalten oder sich halb aufsetzen möchte, um sich mit jemandem nebendran zu unterhalten, denn dann kann man sich auf den Armlehnen abstützen und eine Kaffeetasse oder ein Glas darauf abstellen.

Die Seitenteile der Sonnenliegen dienen aber nicht immer nur als Armlehnen, sondern sollen vielmehr das Verschieben erleichtern. Achten Sie also darauf, dass die Höhe und die Form der Armlehnen Ihren Bedürfnissen entsprechen.

Räder

Sonnenliegen mit Rädern lassen sich leichter bewegen, weil Sonne und Schatten über den Tag hinweg wandern. Bevorzugen Sie gummierte Räder, insbesondere, wenn die Liege auf einem Untergrund steht, der leicht zerkratzt oder beschädigt werden kann. Je größer die Räder, desto leichter lässt sich die Liege rollen, aber desto schwieriger ist es auch, sie zu drehen und zu manövrieren.

Polster

Damit Liegen mit Holz- oder Metallgestell so richtig bequem sind, ist oft ein Polster nötig, aber durch nasse Badekleidung, Schmutz und Essensflecken können diese schon nach einer Saison unansehnlich werden. Es ist daher ein enormer Vorteil, wenn der Stoffbezug des Polsters abnehmbar ist und in der Maschine gewaschen werden kann oder das Gewebe beschichtet ist und sich abwischen lässt. Da die Auflagen oft schneller verschleißen als das Gestell selbst, empfiehlt es sich, eine Ausführung zu wählen, die jedes Jahr wieder erhältlich ist oder zu den anderen passt, damit man sie nach einer Weile ersetzen kann. Außerdem sollte sich der Bezug am Möbelstück befestigen lassen, da sonst die Gefahr besteht, dass er bei Wind wegfliegt oder nach unten rutscht, wenn man mit hochgeklappter Rückenlehne halb sitzt, halb liegt.

Häufig wird überdies leicht vergessen, dass diese Polster recht groß sind und selten in eine normale Polsterbox passen. Überlegen Sie sich deshalb vor dem Kauf, wie Sie sie aufbewahren möchten.

Empfohlene Maße für Sonnenliegen

Empfohlene Höhe der Liegefläche: ca. 30–45 Zentimeter.
Empfohlene Länge: ca. 200 Zentimeter.
Empfohlene Breite: 60–105 Zentimeter (einfach). 120 Zentimeter und mehr (doppelt).
Empfohlene Höhe der Armlehnen: ca. 20–25 Zentimeter über der Liegefläche.

BITTE BEACHTEN!

- Sonnenliegen, die anstelle von Lattenrosten mit einer Polsterung eine kunststoffähnliche Bespannung haben, bieten den Vorteil, dass sie atmungsaktiv sind und sowohl Luft als auch Feuchtigkeit durchlassen, wenn man schwitzt oder sich mit nasser Badebekleidung darauf legt. Der Nachteil ist, dass solche Ausführungen schnell durchhängen und unförmig werden oder sogar Risse im Stoff aufweisen können. Suchen Sie sich also eine Sonnenliege aus, für die der Hersteller eine Garantie gibt oder bei der ein Austausch der Bespannung möglich ist.
- Wenn Sie auf einem Möbelstück mit Bespannung halb aufrecht sitzen möchten, empfiehlt es sich außerdem, zu überprüfen, ob sich direkt unter der Sitzfläche tragende Teile befinden, da man bei stärkerem punktuellem Druck die Rahmenkonstruktion durch den Stoff spürt.
- Sonnenliegen, die sich zusammenklappen lassen, erleichtern die Lagerung im Winter erheblich, da sie weniger Platz beanspruchen.
- Stapelbare Sonnenliegen sparen ebenfalls Platz und können bei Sturm miteinander verankert werden.

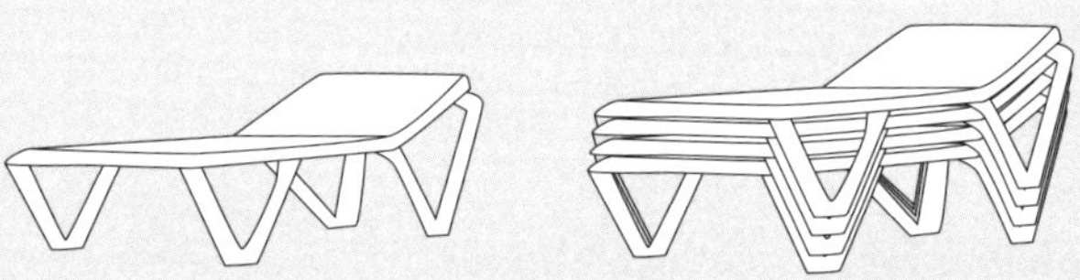

- Ein kleiner Tisch neben der Sonnenliege ist oft praktisch. Da Sonnenliegen deutlich niedriger sind als andere Sitzmöbel im Freien, lohnt es sich, einen Tisch aus derselben Serie zu nehmen, damit er perfekt passt.

Strandstühle

Strandstühle sind echt vielseitig und eignen sich für weit mehr als nur als Sitzgelegenheiten bei Ausflügen. Sie sind das optimale Reservemöbelstück für den Abstellraum, da sie einfach ausgeklappt werden können, wenn man bei spontanen Besuchen mehr Sitzplätze braucht. Auch für einen kleinen Balkon sind sie sehr gut geeignet.

Bei solchen Stühlen ist die Sitzhöhe oft niedriger, sowohl bei tragbaren Strandmöbeln als auch bei klappbaren Liegestühlen für den Freisitz. Deshalb ist es wichtig, sie vor dem Kauf auszuprobieren. Befindet sich die Hüfte beim Sitzen zu weit unterhalb der Knie, wird es schnell unbequem, insbesondere wenn die Rückenlehne nicht stabil genug ist, um sich daran anzulehnen.

Günstige, in anderen Teilen der Welt hergestellte Modelle sind unter Umständen an andere Körpermaße als unsere angepasst und werden oftmals als zu klein und eng empfunden. Je nach Rahmenbreite und Gewebestraffheit schränkt mitunter auch der Holz- oder Stahlrahmen den Komfort ein. Ist das Gestell schmal und gibt der Stoff beim Hinsetzen stark nach, stößt man womöglich mit den Ellbogen und Kniescheiben an den Rahmen und hat das Gefühl, im Stuhl zu versinken. Achten Sie daher auf die Gewebequalität. Qualitativ minderwertige Stoffe leiern schnell aus, sodass der Stuhl seine Form und Stabilität verliert. Es ist außerdem praktisch, wenn sich der Stoff leicht abnehmen lässt, um ihn bei Bedarf zu waschen oder auszubessern.

Empfohlene Maße für Strandstühle

Empfohlene Höhe der Sitzfläche: ca. 35–45 Zentimeter.
Empfohlene Höhe der Rückenlehne: ca. 65 Zentimeter.
Empfohlene Breite der Sitzfläche: ca. 60 Zentimeter.
Empfohlene Tiefe der Sitzfläche: hängt vom Winkel und der Neigung der Rückenlehne ab.

Hängematten und Hängesessel

Gibt es etwas, das man mehr mit Müßiggang an Sommertagen verbindet, als in der Hängematte zu chillen? Momentan ist genau das sogar mein erklärtes Ziel: Sobald ich mein Buchmanuskript fertig habe, will ich mich da hineinlegen und ein bisschen dösen, während ich mir die diesjährigen Sommersondersendungen im Radio anhöre.

Aber worauf muss man eigentlich achten, wenn man eine Hängematte kauft – außer dass sie schön ist?

Designprinzipien für Hängematten

Geht es bei der Konstruktion einer Hängematte wirklich um so viel mehr, als nur ein Stück Stoff zwischen zwei Befestigungspunkten aufzuhängen? Wie sich herausstellt, steckt da doch tatsächlich eine ganze Wissenschaft dahinter. Es ist ein weitverbreiteter Irrglaube, dass es nur eine Art von Hängematte gibt.

Wer sich näher damit beschäftigt und sich informiert, wird schnell feststellen, dass es eine Reihe verschiedener Varianten aus verschiedenen Teilen der Welt mit unterschiedlichen Eigenschaften gibt. Hier einige der gängigsten Modelle.

Brasilianische Tuchhängematte

Dicht gewebt mit ringförmiger Aufhängeschlaufe. Stoff und Aufhängeschnur sind mit einem Makramee-Netz befestigt, wodurch die Last auf alle Aufhängeschnüre verteilt wird. Teurere Modelle sind oft mit Verzierungen an den Längsseiten versehen, die traditionell von Hand gehäkelt werden. Diese sind nicht für Kinder und Haustiere geeignet, da sie sich leicht darin verheddern können.

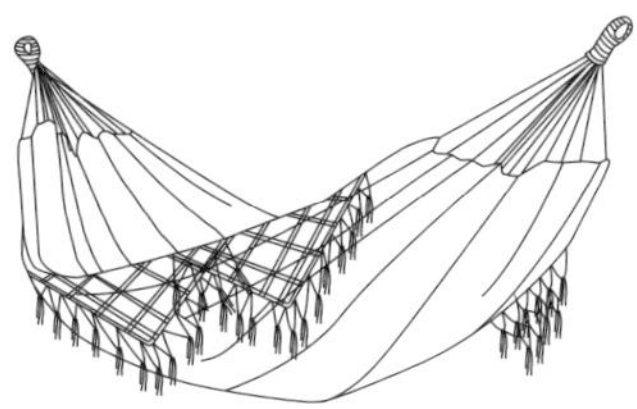

Mexikanische Netzhängematte

Sogenannte mexikanische Hängematten (auch wenn sie nicht dort hergestellt werden) bestehen aus einem Netz oder einem netzähnlichen Material. Sie sind an mexikanischen Stränden weit verbreitet und haben den Vorteil, dass sie von Sand, Schmutz und Regenwasser oder Feuchtigkeit von Badebekleidung nicht beeinträchtigt werden und länger sauber bleiben. Besonders gut geeignet für warme und feuchte Umgebungen.

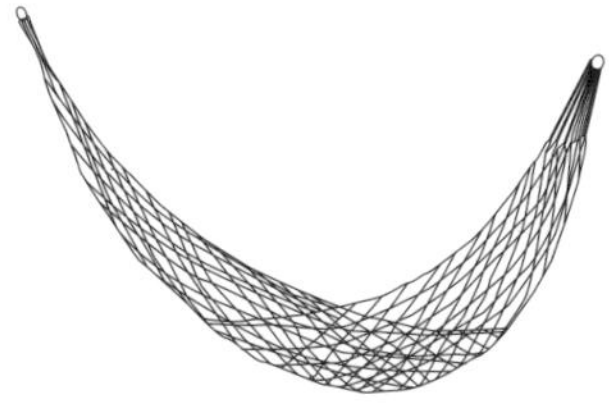

Kolumbianische Hängematte

In Kolumbien hat die Hängemattenherstellung seit Jahrhunderten Tradition. Das Besondere an den traditionellen kolumbianischen Hängematten ist, dass sie normalerweise ohne Spreizstäbe gefertigt werden. Die Aufhängung wird nicht an der Hängematte an sich befestigt, sondern besteht aus den Fäden des Stoffes, die zu sogenannten »Cadejos« geflochten werden. Diese münden dann in eine Schlaufe, über die das Gewicht gleichmäßiger auf die Hängematte verteilt wird. Weil die Aufhängungsseile in den Stoff eingearbeitet und nicht aufgenäht sind, ist auch das Risiko geringer, dass sie sich mit der Zeit lösen. Kolumbianische Hängematten haben meistens eine offene Aufhängungsschlaufe (nicht ringförmig).

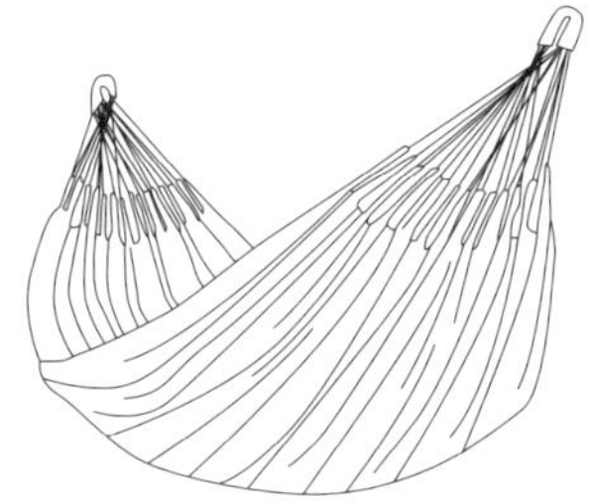

Amerikanische Hängematte

Die amerikanischen Hängematten sind etwas größer und meistens aus wattiertem Stoff. Weil sie mit Spreizstäben ausgestattet sind, sind sie flacher und werfen keine Schatten auf die Person, die in der Hängematte liegt, wie das zum Beispiel bei den brasilianischen Modellen der Fall ist. So kann man sie auch zum Sonnenbaden nutzen.

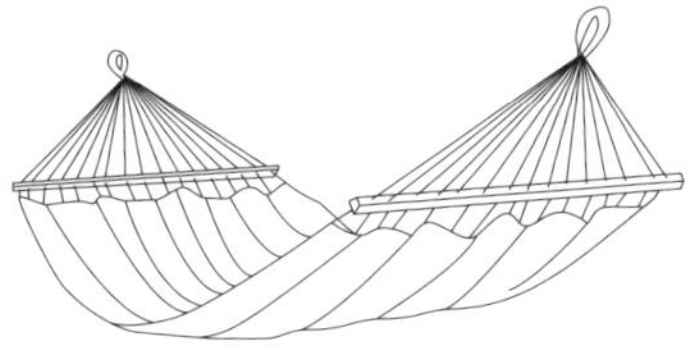

Das Maya-Modell

Das farbenprächtigste Modell von allen ist das nach dem Volk der Maya benannte. Das Erste, was einem beim Anblick dieser Hängematten auffällt, ist wohl ihre Farbenpracht (obwohl sie auch in cremefarbener, ungebleichter Baumwolle hergestellt werden). Bei genauerem Hinsehen erkennt man, dass diese Hängematten in einem rautenförmigen Muster gewebt sind, wodurch der Stoff flexibler wird und sich besser an den Körper anschmiegt.

Liegen Sie richtig?

Ist eine Hängematte mit einem Spreizstab versehen, also einer Stange, die die Aufhängeschnüre der Hängematte spreizt, kann man sich in Längsrichtung hineinlegen. Aber wussten Sie, dass man in einer traditionellen Hängematte eigentlich diagonal liegen sollte? Denn dann fungiert der Körper selbst und nicht ein Stab als Spreizvorrichtung für die Aufhängeschnüre.

Qualitätsmerkmale von Hängematten

Was macht die Qualität einer Hängematte aus? Hier sind einige Dinge, auf die Sie achten sollten.

Anzahl der Schnüre

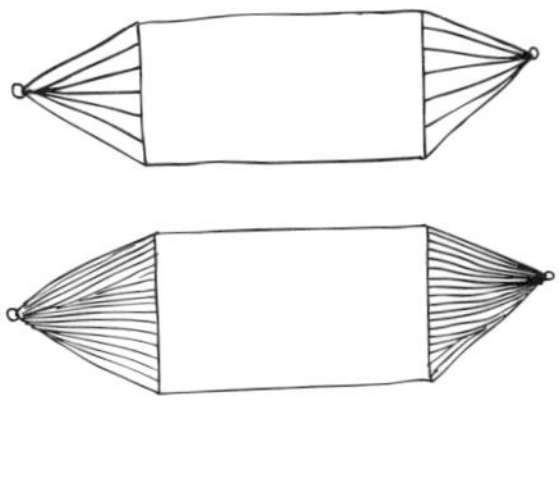

Je mehr Aufhängungsschnüre, desto bequemer die Hängematte, weil sich die Liegefläche durch viele Schnüre verbreitert. Bei nur wenigen Aufhängungsschnüren verwandelt sich die Hängematte schnell in einen geschlossenen Kokon, vor allem wenn sie keinen Spreizstab hat.

Spreizstab (Spreader Bar)

Die Stange, die die Aufhängungsschnüre der Hängematte in der Breite verteilt, wird als Spreizstab bezeichnet. Im Allgemeinen gibt es zwei verschiedene Modelle von Hängematten mit Spreizstäben: eine Variante, bei der die Hängematte genauso breit ist wie der Spreizstab, und eine, bei der der Stoff breiter ist.

Material

Baumwolle: Weich und angenehm auf der Haut, kann bei Feuchtigkeit schimmeln, Farben verblassen schneller.
Polyester: Stark und strapazierfähig, verträgt Feuchtigkeit besser als natürliche Materialien, verblasst nicht. Wird oft aus fossilen Materialien wie Öl hergestellt.
Nylon: Das Material ist leicht und widersteht Wetter und Wind. Eine gute Wahl für transportable Hängematten.

Maße für die Aufhängung

Der empfohlene Abstand für eine Hängematte richtet sich danach, ob sie einen Spreizstab hat oder nicht.

Ohne Spreizstab sind 90 Prozent der Länge der Hängematte normalerweise sinnvoll. Angenommen, die Hängematte ist drei Meter lang, dann suchen Sie sich einen Platz, an dem zwischen den Befestigungspunkten ein Abstand von 0,9 × 3 Meter = 2,7 Meter besteht. Die empfohlene Aufhängehöhe beträgt 50 Prozent dieses Abstands, also 270 Zentimeter: 2 = 135 Zentimeter.

Mit Spreizstab gilt die Empfehlung, dass die Aufhängung etwas straffer sein sollte, daher fügt man in der Regel etwa 30 Zentimeter zur Länge der Hängematte hinzu. Bei einer Länge von drei Meter sollten Sie also einen Platz finden, an dem zwischen den Befestigungspunkten mindestens 3,3 Meter Abstand ist. Die Aufhängungshöhe kann variieren, ist aber in der Regel geringer als bei Hängematten ohne Spreizstab, da sie weniger nachgeben.

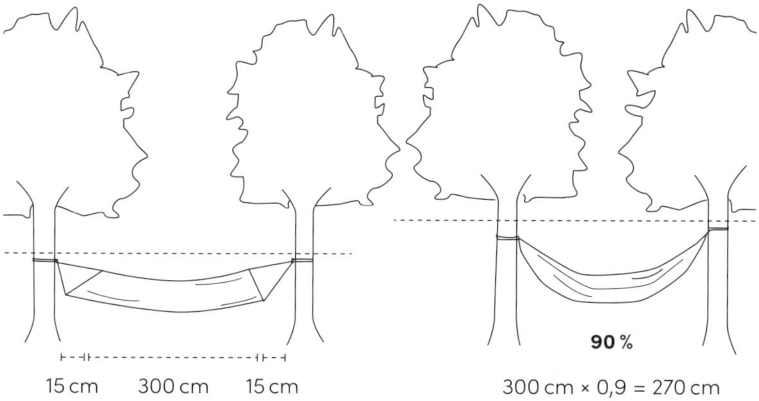

Empfohlene Maße für Hängematten

Empfohlene Länge: Da ein Erwachsener selten größer als 2 Meter ist, reicht es in der Regel, wenn das Hängemattengewebe 3-3,5 Meter lang ist.
Empfohlene Breite: Mindestens 150 Zentimeter (mit Nahtzugabe). Je breiter, desto bequemer.
Höchstlast: Jede Hängematte weist eine maximale Belastbarkeit auf. Dabei handelt es sich um das Gewicht, das Gewebe, Seilbefestigungen und Seile laut Herstellerangaben garantiert aushalten, ohne zu reißen.

Hängesessel

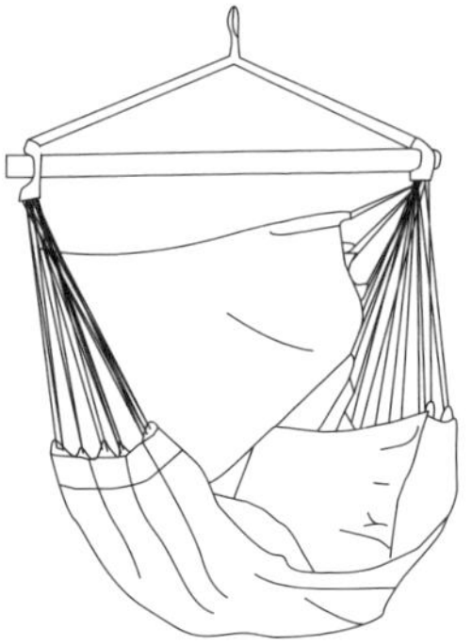

Hängesessel gibt es in vielen verschiedenen Varianten, von Modellen, die wie Hängematten aussehen, bis hin zu eher skulpturalen Formen und Designklassikern. Gemeinsam ist den meisten, dass sie sowohl zum Entspannen einladen als auch einen gestalterischen Blickfang auf der Terrasse, dem Balkon oder vielleicht sogar auf der Veranda bilden (vorausgesetzt, man kann einen Deckenhaken verwenden).

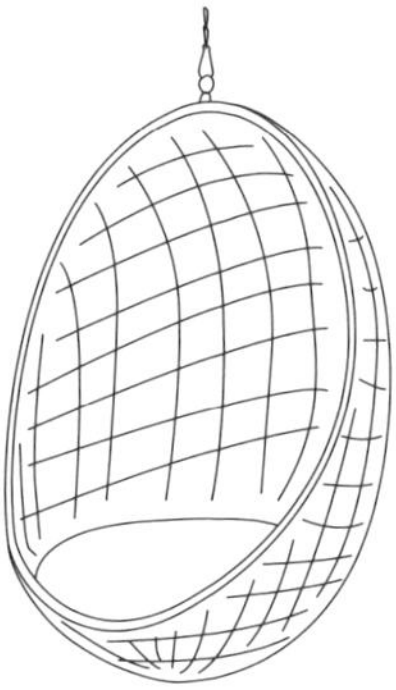

Breite

Bei den Herstellerangaben zur Breite des Stuhls muss man darauf achten, ob damit die Breite des Stoffes oder die Spannweite des Spreizstabs gemeint ist, damit man sich nicht verrechnet. Außerdem ist bei einem schwingenden Sessel ein Schwenkradius in beide Richtungen erforderlich, der mindestens so groß ist wie das Möbelstück selbst.

Höhe

Die Höhe des Möbelstücks oder des Stoffes entspricht nicht dem Platzbedarf, also der Fläche, die benötigt wird, damit der Hängesessel passt. Bedenken Sie, dass sich der Stoff oft noch dehnt und etwas länger wird, wenn man darin sitzt, und dass man Platz für die baumelnden Beine braucht.

Maximales Gewicht

Überprüfen Sie das vom Hersteller angegebene maximale Gewicht, also die maximale Belastung, der das Gewebe oder der Sitzkorb, die Seilbefestigungen und Seile laut Herstellergarantie standhalten. Dabei sollte man auch an den Deckenhaken denken: Selbst wenn ein Stuhl eine bestimmte Belastung aushält, heißt das noch lange nicht, dass das auch für den Haken oder die Befestigung gilt.

Vergessen Sie also nicht, das noch einmal genau zu überprüfen!

Hollywoodschaukeln

Eine Hollywoodschaukel ist im Grunde so etwas wie eine hängende Gartenbank, die hin und her schwingt. Im Englischen heißt sie folgerichtig auch einfach »garden swing« oder »porch swing«. Den im Deutschen etwas glamouröseren Namen verdankt sie dem Umstand, dass sie besonders in der Wirtschaftswunderzeit häufig in Spielfilmen aus der Traumfabrik Hollywood zu sehen war.

Eine Hollywoodschaukel lässt sich leicht im Garten aufstellen und steht dank ihres Gewichts stabil. Bitte vergessen Sie nicht, die Maße und den Abstand zu ermitteln, denn eine Hollywoodschaukel benötigt beim Schaukeln etwas Platz für den Schwenkradius.

Fragen, die man vor dem Kauf stellen sollte:

- Sind der Sitzwinkel und die Höhe der Hollywoodschaukel sowie der Neigungswinkel des Daches verstellbar?
- Mit oder ohne Dach? Wenn die Hollywoodschaukel in der prallen Sonne steht, kann ein Sonnendach sehr praktisch sein, aber in einer windigen Gegend verschleißt das Dach möglicherweise schnell. Außerdem empfiehlt es sich zu prüfen, ob der Stoff zum Waschen abgenommen werden kann.
- Gibt es Ersatzteile? Da eine Hollywoodschaukel Bewegungen ausgesetzt ist, verschleißen bestimmte Teile schneller als andere. Für hochwertige Möbel gibt es oft Ersatzteile zu kaufen, sodass sie länger halten. Wenn eine billige Hollywoodschaukel nicht repariert werden kann, ist sie auf lange Sicht vielleicht doch nicht so preiswert.

Empfohlene Maße für Hollywoodschaukeln

Empfohlene Sitzhöhe: 43–45 Zentimeter.
Empfohlene Sitzbreite: 60 Zentimeter pro Person.
Empfohlene Sitztiefe: ca. 50 Zentimeter. Wer in seiner Hollywoodschaukel liegen möchte, sollte sich für ein etwas tieferes Modell entscheiden.
Empfohlene Höhe der Rückenlehne: ca. 75 Zentimeter.

Sonnenschutz

Sonnenschirme

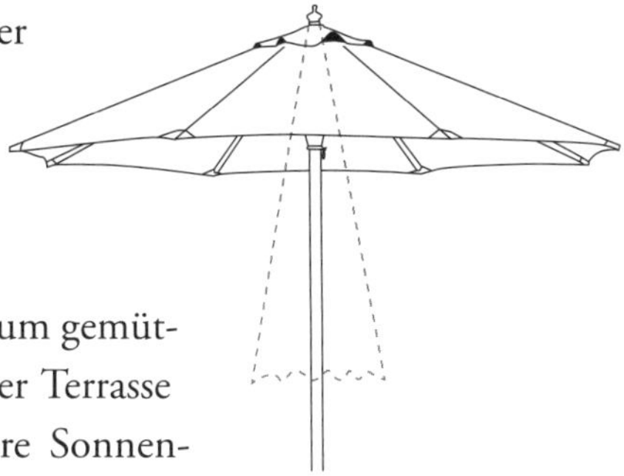

Als Sonnenschutz und um auf der Terrasse kühlen Schatten zu haben, sind Sonnenschirme unschlagbar. Außerdem vermitteln sie ein Gefühl von Geborgenheit und machen einen Raum gemütlicher. Wer eine große Fläche oder Terrasse einrichten möchte, kann mehrere Sonnenschirme verwenden, um verschiedene Zonen (Räume im Raum) zu schaffen.

Höhe

Es gibt viele verschiedene Größen und Modelle von Sonnenschirmen. Gängige Standardhöhen liegen zwischen 210 und 270 Zentimetern. Balkon- und Strandsonnenschirme sind normalerweise etwas niedriger, weil sie am Balkongeländer befestigt, in den Boden gesteckt oder über einer Picknickdecke angebracht werden sollen. Falls der Sonnenschirm neben einem Tisch oder einer Sitzgruppe stehen soll, achten Sie darauf, dass er zusammengeklappt werden kann, ohne dass er gegen die Möbel stößt.

Belüftungsöffnungen

Ein entscheidendes Detail für die Langlebigkeit eines Sonnenschirms sind Belüftungsöffnungen. Kann die Luft nicht zirkulieren, wird der Sonnenschirm unter Umständen vom Wind erfasst und mit der Zeit beschädigt. Diese Öffnungen befinden sich oft an der Oberseite oder an den Seiten und werden durch überlappenden Schirmstoff verdeckt.

Hinweise zum Durchmesser

Der Durchmesser des Sonnenschirms wird durch die Größe der Fläche, die Sie beschatten möchten, und den Platz auf Ihrem Balkon oder Ihrer Terrasse bestimmt.

Sonnenschirm bis zu 2 Meter Durchmesser:
Geeignet für einen kleinen Balkon oder eine kleine Terrasse.
Sonnenschirm 2–3 Meter Durchmesser:
Geeignet für eine Terrasse von 20–30 Quadratmetern.
Sonnenschirm 3–4 Meter Durchmesser:
Passt zu einer Terrasse von über 30 Quadratmetern.
Sonnenschirme mit 4 Meter Durchmesser:
Werden meistens in Restaurants und Cafés verwendet.

Verschiedene Sonnenschirmtypen

Klassisch

Bei einem klassischen Sonnenschirm befindet sich die Stange in der Mitte des Schirmdachs. Er wird auch als Mittelstockschirm bezeichnet. Diese Modelle werden oft für Tische mit einer Öffnung in der Mitte verwendet, können aber auch neben einer Essecke aufgestellt werden.

Ampelschirme

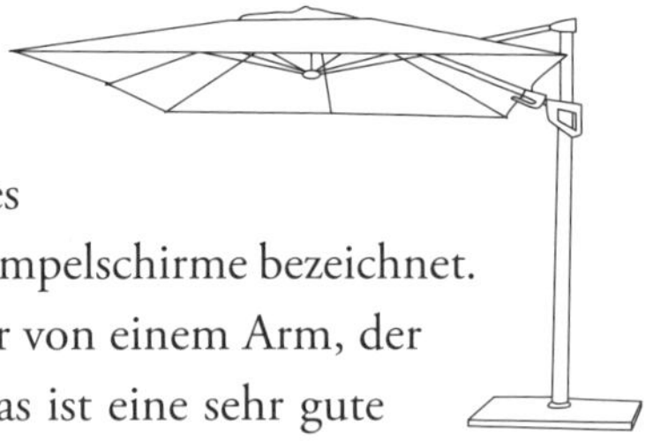

Sonnenschirme, bei denen der Ständer sich nicht in der Mitte des Schirmdachs befindet, werden als Ampelschirme bezeichnet. Getragen wird das Schirmdach hier von einem Arm, der entweder starr oder drehbar ist. Das ist eine sehr gute Lösung für eine Essgruppe, bei der der Tisch keine Aussparung für einen Sonnenschirm in der Mitte aufweist.

SONNENSCHIRMSTÄNDER

Welchen Sonnenschirmständer Sie wählen, ist vor allem eine Frage der Sicherheit. Damit Sonnenschirme stabil stehen und nicht vom Wind weggeweht werden, ist es wichtig, die Empfehlungen und Sicherheitsvorschriften des Herstellers zu befolgen. Gibt es keine klaren Anweisungen, möchte ich Ihnen Folgendes als Orientierung an die Hand geben:

Schirmdach Durchmesser	Gewicht Sonnenschirmständer
bis zu 2 Metern	15–20 Kilogramm.
2–3 Metern	etwa 30–40 Kilogramm.
3–4 Metern	etwa 50–70 Kilogramm.
4 Metern	etwa 70 Kilogramm.

Beachten Sie, dass sich das Gewicht des Sonnenschirmständers nicht nur nach dem Durchmesser des Sonnenschirmstoffs richtet, sondern auch nach dem Gewicht des Gestells. Besteht der Sonnenschirm aus massivem Holz oder Stahl, benötigen Sie möglicherweise einen schwereren Sockel als bei einem Gestell aus leichterem Carbon oder Kunststoff. Vergewissern Sie sich außerdem, dass die Abmessungen der Rohre von Schirm und Schirmständer übereinstimmen.

Einige Schirmständer werden mit Steinen oder Sandsäcken beschwert. Manche Schirmständer sind mit Rollen ausgestattet, was besonders dann von Vorteil ist, wenn man den Schirm häufig verschieben möchte.

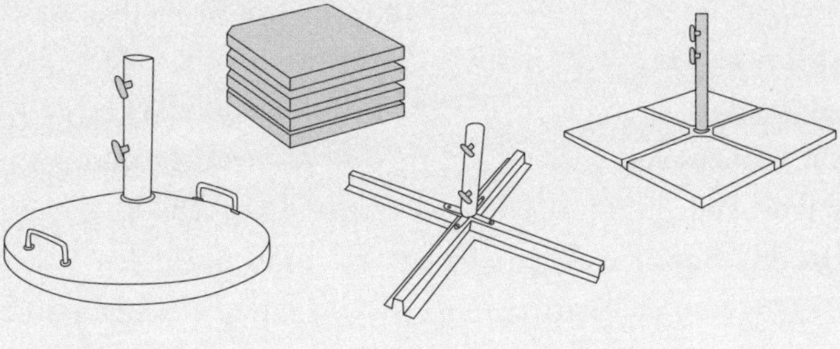

Außerdem kann man dann den Sonnenschirm drehen und ihn abwechselnd für den Essbereich und die Loungegarnitur nutzen. Ampelschirme sind etwas windempfindlicher und sollten daher bei Wind geschlossen werden, da sonst die Gefahr besteht, dass der Arm bricht.

Neigefunktion
Frei stehende Sonnenschirme lassen sich oft nicht nur drehen, sondern verfügen zum Teil auch über eine Neigefunktion. So kann man das Schirmdach neigen, um sich beispielsweise am Abend vor der tief stehenden Sonne zu schützen. Bei starkem Wind sollte man diese Funktion aber nicht benutzen, weil sich der Sonnenschirm sonst schnell in ein Segel verwandelt. Wer in einer windigen Gegend oder in Gewässernähe wohnt, sollte beim Kauf dieses Sonnenschirmmodells umso mehr auf hohe Qualität achten.

Strandschirm
Es gibt auch einen mobilen Sonnenschutz, zum Beispiel für einen Strandausflug, ein Picknick im Park oder wenn Sie mit den Kindern auf den Spielplatz gehen. Diese Modelle lassen sich einfach zusammenklappen und transportieren. Achten Sie darauf, dass eine Aufbewahrungstasche dabei ist, damit er nicht kaputtgeht.

Die richtige Sonnenschirmfarbe

Helle Sonnenschirme reflektieren das Sonnenlicht, spenden Schatten und Kühle und sind vor dem Himmel nicht so deutlich zu sehen, da sie oft genauso hell sind wie das Licht von oben. Der Nachteil dabei ist, dass sie manchmal etwas fleckenempfindlicher sind. Auf hellen Sonnenschirmen sind zudem Verschmutzungen und Schmutz, Vogelkot, Pollen und Algen deutlicher zu erkennen.

Dunkle Sonnenschirme halten das Sonnenlicht am besten ab und spenden mehr Schatten. Sie sind weniger fleckenempfindlich.

Allerdings nehmen sie mehr Wärme auf, sodass es unter dem Schirm nicht so kühl ist wie bei einem helleren Modell. Auch bleichen dunkle Stoffe mit der Zeit eher aus.

Farbige Sonnenschirme setzen einen schönen Farbakzent im Außenbereich. Beachten Sie jedoch, dass sie auch das Licht unter dem Sonnenschirm filtern, was ihm einen anderen Farbton verleiht. Ein roter Sonnenschirm wirft orange-rote Schatten, ein blauer Sonnenschirm sorgt für kühleres Licht und so weiter. Damit lässt sich ganz gezielt die Lichttemperatur steuern, etwa auf einem nach Norden ausgerichteten Sitzplatz, wo das Licht oft kühler ist, oder das Abendlicht auf einem nach Süden ausgerichteten Sitzplatz, wo es oft sehr warm ist.

Gestreifte oder gemusterte Sonnenschirme sind ein echter Hingucker und ein toller Blickfang im Freien, aber Achtung: Die verschiedenfarbigen Teile lassen unterschiedlich viel Licht durch, wodurch es unter dem Schirm ungleichmäßig hell ist.

UV-Schutz? Vergessen Sie nicht, den UPF-Faktor des Sonnenschirmstoffs zu überprüfen, also wie viel Schutz der Sonnenschirm vor den UV-Strahlen der Sonne bietet (Ultraviolet Protection Factor).

!

Benutzen Sie die Sonnenschirmhülle nicht nur bei Regen. Lässt man einen Sonnenschirm bei starker Sonneneinstrahlung zusammengeklappt stehen, bleicht er ungleichmäßig aus. Dadurch wirkt er beim erneuten Aufstellen wie gestreift.

Der Kontrasteffekt

Ein Sonnenschirm, der im Verhältnis zur Fassade eine kontrastierende Farbe aufweist oder heller/dunkler ist, fällt stärker ins Auge und umgekehrt. Ein weiterer Effekt ist, dass ein heller Sonnenschirm, genau wie ein heller Bodenbelag auf einer Terrasse, diese etwas größer wirken lassen und mehr Helligkeit in schattige und dunkle Bereiche bringen kann.

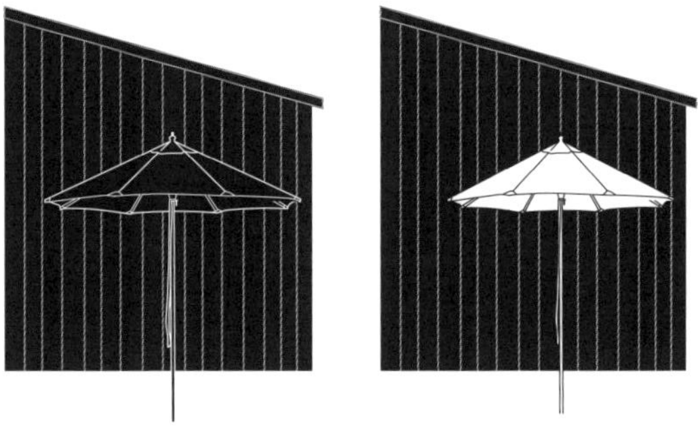

SONNENSCHIRM-WORTSCHÄTZCHEN

Die skandinavischen Länder sind auf vielen Gebieten richtig super, aber im Vergleich zum Rest der Welt haben wir dann doch relativ wenige Sonnenstunden pro Jahr. Um sich inspirieren zu lassen, lohnt es sich daher, auch in sonnigeren Ländern nach Bildern oder Hashtags in deren Sprachen zu suchen.

Australien: outdoor umbrella, beach brolly (Strandschirm).
Brasilien: ombrelone, guarda-sol.
Frankreich: parasol de jardin.
Italien: ombrellone, ombrellone da giardino.
Mexiko: sombrilla, parasol de jardín.
Portugal: guarda-sol.
Spanien: sombrilla, parasol.
Großbritannien: garden parasol, outdoor parasol.
USA: patio umbrella, garden umbrella.

WOHER KOMMT DER PREISUNTERSCHIED?

Wenn zwei fast identisch aussehende Gartenmöbel oder Sonnenschirme sehr unterschiedliche Preise haben, fragt man sich manchmal, wieso. Es gibt ein paar Dinge, die ein günstiges Produkt für den Außenraum auf lange Sicht teuer machen können!

- **Materialqualität:** Sind die Holzmöbel aus astfreien Teilen des Baumes gefertigt oder ist das Holz von minderer Qualität, sodass es sich mit der Zeit verzieht oder verdreht? Somit steigt das Risiko von Rissen und Beschädigungen. Sind die Stahlmöbel verzinkt, um den Schutz vor Rost und Korrosion zu erhöhen, oder bestehen sie aus einfacheren Materialien? Ein niedriger Preis bedeutet oft (aber nicht immer) geringere Qualität.
- **Qualität der Verbindungen:** Wie gut sind die Schweißnähte und Verbindungen der Möbel ausgeführt? Robuste Verbindungen erhöhen die Widerstandsfähigkeit von Holzmöbeln gegen Abnutzung durch Witterungseinflüsse sowie Gewicht und Belastung bei langem Gebrauch. Entsprechend ist eine sauber ausgeführte Schweißnaht entscheidend für die Lebensdauer von Stahlmöbeln.
- **UV-Beständigkeit:** Womit ist das Möbelstück gestrichen oder lackiert? Davon hängt ab, wie lange die Farbe hält und wann sie aufgefrischt werden muss. Das gilt nicht nur für bunte Möbel, auch schwarze und graue Stühle können mit der Zeit stumpf werden oder einen violetten Stich bekommen, und weiß lackierte Stühle vergilben unter Umständen. Für ein UV-beständiges Möbelstück muss man oft mehr hinblättern, sowohl bei den Bezügen als auch bei den Polstern, doch das zahlt sich auf lange Sicht aus.
- **Dicke oder Widerstandsfähigkeit der Oberflächenbeschichtung:** Damit steht und fällt das Risiko für Kratzer und Abnutzung im Laufe der Zeit. So verwenden beispielsweise Anbieter hochwertiger Aluminium-Gartenmöbel eine Pulverbeschichtung, die um Längen besser ist als Autolack, sodass die Möbel viele Jahre halten. Die großen Ketten lackieren die Möbel dagegen oft mit einer dünneren und billigeren Farbe.
- **Ersatzteile:** Kann man auch in ein paar Jahren noch Ersatzteile wie lose Latten, neue Polster, Metallschrauben und dergleichen kaufen? Denn nur dann kann man die Möbel über einen längeren Zeitraum in Schuss halten.

5

Beleuchtung

Mit einer gut durchdachten Beleuchtung können wir nicht nur Flächen aufwerten und größer wirken lassen, sondern auch für mehr Sicherheit nach Einbruch der Dunkelheit sorgen. Gleichzeitig gilt aber auch, vorsichtig vorzugehen, um keine Lichtverschmutzung zu verursachen, die Tiere oder Nachbarn stört. In diesem Kapitel erfahren Sie mehr über wichtige Grundsätze für die Beleuchtung im Außenbereich.

Licht und Schatten im Außenbereich

Beleuchtung und Licht spielen eine wichtige Rolle bei der Gestaltung, weil wir dadurch sowohl den Aufenthaltswert als auch die Verweildauer auf unseren Terrassen und Balkonen steigern können. Außerdem gibt es einen großen Unterschied zwischen dem tatsächlichen und dem wahrgenommenen Raum, wenn es draußen dunkel ist. Mithilfe der richtigen Beleuchtung lassen sich die Sichtlinien vom Inneren des Hauses aus verlängern und die Außenräume einladender und ansprechender gestalten. Durch die Beleuchtung verschiedener Bereiche des Grundstücks erleichtern Sie Ihren Gästen die Orientierung und erschweren es Einbrechern, ungestört ihr Unwesen zu treiben.

BITTE BEACHTEN!

Einer der gängigsten Fehler in Sachen Außenbeleuchtung (abgesehen davon, gar keine zu haben) ist, dass man einfach zu viel Licht einsetzt. Gartenarchitekten nennen das oft scherzhaft »Zirkusbeleuchtung« oder »Jahrmarktsatmosphäre«, wenn grelle, zu verspielte oder zu starke Lampen sich so eng beieinander befinden, dass ein Bereich schon von Weitem sehr hell wirkt. Das sorgt nicht nur für ein visuelles Ungleichgewicht, sondern verursacht auch unnötige Lichtverschmutzung, die die natürlichen Zyklen des Ökosystems stört. Außerdem besteht die Gefahr, dass die Beleuchtung Nachbarn oder Passanten blendet und irritiert. Arbeiten Sie stattdessen lieber mit dem Wechselspiel von Licht und Schatten und lassen Sie ausgewählte Bereiche des Grundstücks im Dunkeln. Überlegen Sie auch, wohin Sie das Licht richten, damit niemand im Freien oder im Innenbereich von grellem Licht geblendet wird. Installieren Sie Bewegungsmelder, anstatt die Beleuchtung nachts ständig eingeschaltet zu lassen.

Dieselben prächtigen Büsche, an denen wir tagsüber so viel Freude haben, können abends plötzlich dunkel und bedrohlich wirken. Doch mit einem dezenten Lichtstreifen erscheinen die Silhouetten schnell wieder schön. Bei Dämmerung erkennt man zudem Unebenheiten und Details auf gepflasterten Wegen und im Gras nicht mehr so gut, insbesondere wenn wir älter werden. Mit einer zusätzlichen Beleuchtung lassen sich jedoch viele Probleme lösen.

Lichtbedarf

Beim Analysieren der vorhandenen Beleuchtung im Garten oder auf der Terrasse ist es hilfreich, wie ein Garten- oder Innenarchitekt zu denken, um nichts Wichtiges zu übersehen. Diese teilen den Beleuchtungsbedarf in der Regel in verschiedene Kategorien ein.

Informations- und Orientierungsbeleuchtung:
Zum Beispiel Licht an Hausnummern, Briefkästen und Markierungsleuchten, Dämmerungsrelais, Beleuchtung an der Haustür/im Eingangsbereich, Gehwegen und im Poolbereich.

Dekorative Beleuchtung/Spotbeleuchtung:
Hebt Pflanzen, Steingärten, Details im Garten oder gemütliche Beleuchtung rund um den Poolbereich hervor. Mit dieser Beleuchtungsform sollen Stimmung und Atmosphäre geschaffen werden.

Sicherheits- und Schutzbeleuchtung:
Erhellt dunkle, waldige Ecken oder macht nach Einbruch der Dunkelheit auf Aktivitäten (mit Bewegungsmelder) außerhalb des Hauses aufmerksam.

Fassadenbeleuchtung:
Beleuchtet das Haus. Beispiele hierzu finden Sie auf Seite 187.

Allgemeine Beleuchtung:
Beleuchtet größere Flächen wie Terrassen, Garageneinfahrten und Poolbereiche.

Saisonale Beleuchtung:
Zum Beispiel Lichterketten und Weihnachtsbeleuchtung, die nur vor und während der Weihnachtsfeiertage angebracht werden. Saisonale und thematische Beleuchtung an Halloween und zu anderen Anlässen.

Lichtarten

Wichtig bei der Auswahl der Lampen ist, nicht nur darüber nachzudenken, welchen Lampentyp man benötigt, sondern auch, wie das Licht eingesetzt werden soll.

Direktes Licht
Gerichtetes/abgeschirmtes Licht erzeugt einen ausgeprägten Lichtkegel. Eine gute Wahl, wenn man steuern will, wo das Licht hinfällt, wenn die Beleuchtung an einer Stelle angebracht werden muss, an der Blendgefahr besteht (zum Beispiel in Augenhöhe), oder wenn die Lampe eine störende Lichtverschmutzung für das Grundstück/die Sichtlinie der Nachbarn darstellen könnte.

Diffuses Licht
Leuchten, die ein gleichmäßiges Licht in alle Richtungen mit großer Streuung abgeben, eignen sich gut für die allgemeine Beleuchtung, wenn keine Straßenlaternen in der Nähe sind. Opalglas und Klarglas

sorgen für eine große Leuchtweite – je nach Konstruktion und Position der Leuchte wird man bei Klarglas allerdings eher geblendet.

Reflektiertes Licht/indirektes Licht

Indirektes Licht wird von Lampen erzeugt, die so beschaffen oder auf Oberflächen gerichtet sind, dass sie den Lichtstrahl reflektieren und verstärken. Dies kann entweder im Lampenkörper selbst geschehen oder indem das Licht auf eine Wand oder eine andere Oberfläche gerichtet wird, die seine Wirkung verstärkt. Eine gängige Technik für die Beleuchtung von Fassaden, Zäunen oder anderen Gebäudeteilen.

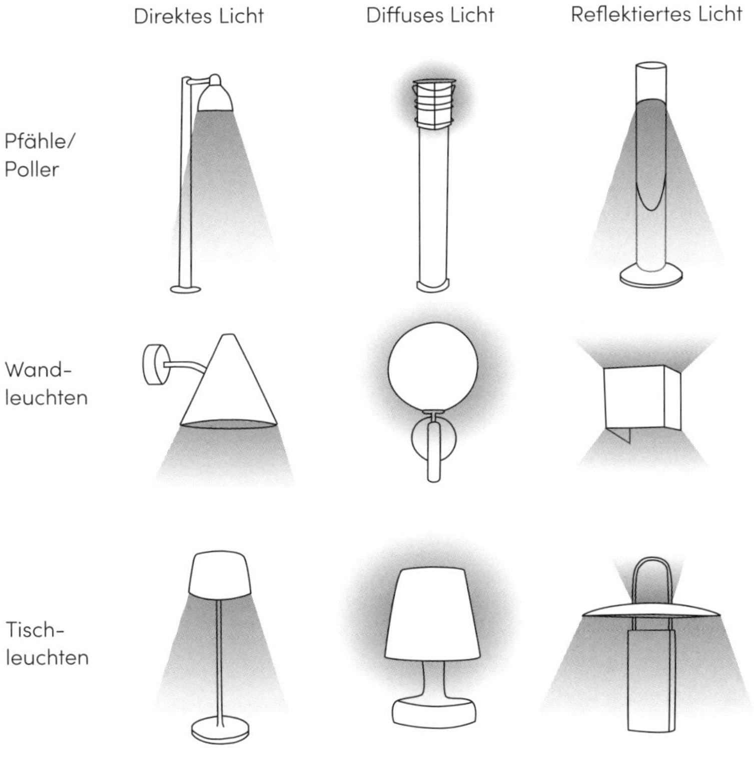

LIEBER MISCHEN ALS BLENDEN

Anstatt auf eine einzige sehr helle Außenlampe zu setzen, sollten Sie lieber mehrere schwächere Lichtkegel verwenden, die ein gedämpftes und breiteres Lichtbild erzeugen. Außerdem sollten Sie sich Gedanken darüber machen, wo Sie die Lampen in Bezug auf Sichtlinien und Augenhöhe platzieren, damit Sie weder Nachbarn noch Besucher blenden.

Lichtfarbe

Die Lichtfarbe wird in Kelvin gemessen. Tageslicht hat 6000 Kelvin. Für die Beleuchtung von Pflanzen sind 3000 Kelvin meistens am besten, weil sie eine neutrale Farbwiedergabe bieten, ohne die wahrgenommene Farbe von Blumen und Blättern zu verändern. Für eine gemütliche Beleuchtung in der Nähe des Sitzbereichs ist ein etwas wärmeres Licht, etwa 2300–2800 Kelvin, oft angenehmer.

Die Vorlieben für die Lichtfarbe variieren anscheinend ein wenig zwischen verschiedenen Ländern und Kulturen. In den skandinavischen Ländern bevorzugen wir ein wärmeres Licht (zwischen 2300 und 3000 Kelvin), während in südeuropäischen Ländern häufiger ein kühleres Licht (zwischen 3000 und 4000 Kelvin) verwendet wird.

Lichtstärke

Die Lichtstärke einer Lampe wird in Lumen gemessen. Je höher die Lumenanzahl, desto kräftiger scheint das Licht auf das zu beleuchtende Objekt. Für die Beleuchtung von Bäumen und Pflanzen in einem normalen Vorgarten sind oft 350–1000 Lumen nötig. Um einen Freisitz herum ist eher ein weicheres Licht mit etwa 150–300 Lumen wünschenswert.

2700 K – 3000 K:
Warmes, goldenes Licht.

3100 K – 4500 K:
Neutralweißes Licht.

4600 K – 6500 K:
Kaltes, bläuliches Licht.

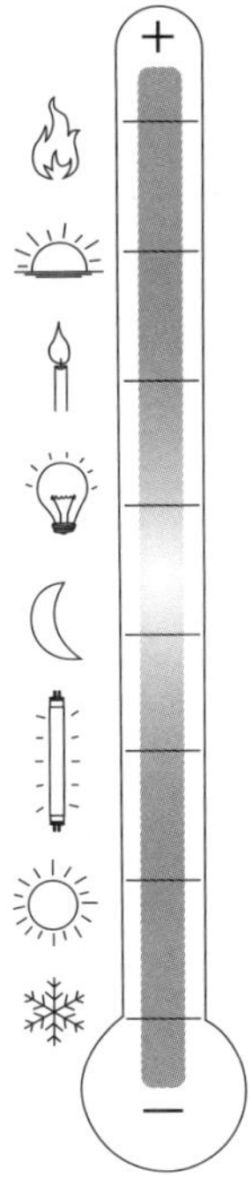

Lumen = Lichtstärke
Kelvin = Farbtemperatur
Abstrahlwinkel = Breite und Winkel der Lichtstreuung

Lichtstreuung

Die Lichtstärke in Verbindung mit dem Abstrahlwinkel der Leuchte entscheidet über die Wirkung und Effizienz der Beleuchtung. Außerdem ist die Position der Lampe im Verhältnis zum zu beleuchtenden Objekt wichtig. Je weiter entfernt, desto schwächer das Licht und umgekehrt.

Schmaler Abstrahlwinkel (ca. 15°): Erzeugt einen klar gerichteten Lichtstrahl, der hinauf in hohe Bäume reicht.

Mittlerer Abstrahlwinkel (ca. 30–40°): Das gängigste Modell, das sich für viele verschiedene Zwecke eignet.

Breiter Abstrahlwinkel (ca. 60°): Malt den Lichtstrahl in breiteren Pinselstrichen, perfekt für größere Pflanzengruppen wie Hecken und Gebüsche.

Heutzutage gibt es smarte Lichtquellen, bei denen man sowohl die Helligkeit als auch die Lichtfarbe über eine Fernbedienung oder eine App auf dem Handy einstellen kann. Eine tolle Lösung für alle, die sich eine flexible Beleuchtung wünschen, die sich einfach an unterschiedliche Bedürfnisse oder Tageszeiten anpassen lässt.

Leuchtentypen

Genau wie es gängige Kategorien für die Platzierung im Innenbereich gibt (Boden, Wand, Decke, Tisch), gibt es auch für den Außenraum verschiedene Leuchtentypen.

Wandleuchten

Wie der Name schon sagt, werden diese Leuchten an der Fassade angebracht. Die Bandbreite reicht von Laternen und Eingangsbeleuchtung bis hin zu Uplights und Downlights, die die Fassade beleuchten.

Laternenpfähle

Es ist nicht ungewöhnlich, dass in Gärten und Parks Licht in einer höheren Position gewünscht wird. Wenn keine Wände vorhanden sind, an denen die Lampen angebracht werden können, eignen sich Laternenpfähle. Mit einem Laternenpfahl kann man den Lichtkegel etwas anheben, sodass er einen größeren Lichtpool erzeugt – genau wie bei einer Straßenlaterne.

Poller

Die Entsprechung einer Stehleuchte im Außenraum könnte man als Poller bezeichnen. Das sind niedrigere Pfosten (oft bis zu gut einem Meter hoch), die den Außenraum mit einem rundum strahlenden oder gerichteten Licht in geringerer Höhe beleuchten. Poller werden häufig um Sitzplätze und Terrassen aufgestellt.

Strahler

Das Tolle an Strahlern ist, dass man sie an so vielen verschiedenen Orten aufstellen kann, um Licht in ganz unterschiedlichen Positionen zu erzeugen: ob oben (unter Dachvorsprüngen), unten (auf Terrassen oder an Haussockeln, gerichtet auf Fassaden oder Bäume) oder irgendwo dazwischen (zum Beispiel eingebaut in Mauern und Zäunen). Oft beleuchten Strahler Bäume und Sträucher sowie Pools, Springbrunnen und Statuen. Hier ist es wichtig, auf die Abschirmung zu achten, damit man niemanden mit dem Licht blendet, aber auch auf die beleuchtete Fläche. Licht in den leeren Raum zu werfen, bringt nichts. Es muss auf etwas fallen oder beleuchten, um wahrgenommen zu werden.

Leuchten mit Erdspieß

Eine simplere Form der Außenbeleuchtung sind Leuchten mit Erdspieß, die in den Boden gesteckt werden. Diese gibt es als zusammenhängendes System oder als solarbetriebene Leuchten.

Spots/Einbauleuchten

Eingebaute Spots in Holzterrassen und -dielen, bei denen die Lichtquelle bündig mit der Konstruktion abschließt.

Solarleuchten

In diese Kategorie fallen alle Leuchten, die mit Sonnenenergie statt mit Strom aus der Steckdose betrieben werden. Es gibt sie in verschiedenen Preisklassen und Qualitäten. Vergleichen Sie nicht nur den Preis, sondern auch die Batterielebensdauer, und achten Sie darauf, dass sie über einen sogenannten Dämmerungsschalter verfügen.

Lichterketten

Eine funkelnde Lichterkette über der Terrasse ist nicht nur schön, wenn man darunter sitzt, sondern auch, wenn man sie von drinnen betrachtet. Achten Sie vor dem Kauf darauf, dass die Leuchtmittel austauschbar sind, damit Sie defekte ersetzen können und nicht gleich die ganze Kette entsorgen müssen. Vergleichen Sie auch den Abstand zwischen den Lämpchen. Je nach Preisklasse variiert ihre Anzahl stark. Ist die Lichterkette dimmbar? Kann man sie verlängern? Wenn ja, wie viele zusätzliche Ketten kann der Transformator miteinander verbinden? Welche Farbe haben die Leuchtmittel, und wie lang ist das Anschlusskabel?

WUSSTEN SIE, DASS …

… ein häufiger Fehler bei der Außenbeleuchtung darin besteht, zu viele verschiedene Leuchtentypen zu mischen? So entsteht kein einheitliches Gesamtbild. Leuchten sind Teamplayer, und im Außenraum wird das besonders deutlich. Nicht nur, weil eine Leuchte allein selten ausreicht, um eine ganze Fläche zu beleuchten, sondern auch, weil sie optisch miteinander harmonieren müssen. Stellen Sie sich vor, sie gehören zur selben Leuchtenfamilie! Falls es keine komplette Serie gibt, kann man die ausgewählten Lampen durch ein gemeinsames Material oder eine gemeinsame Farbe miteinander verbinden, damit sie dennoch als zusammengehörig wahrgenommen werden.

Effekte und Platzierung

Abhängig von den gewählten Leuchten und ihrer Platzierung lassen sich verschiedene Licht- und Schatteneffekte erzielen.

Downlight

Crosslight

Uplight

Washing

ACHTUNG, INSEKTENFALLE

Mit einer Fassadenbeleuchtung kann man Insekten aus mehreren hundert Meter Entfernung anlocken, und es besteht die Gefahr, dass sie an der Lichtquelle hängen bleiben und verbrennen. Deshalb ist es ratsam, die Anzahl der Lampen zu reduzieren und sie mit einer Zeitschaltuhr zu versehen.

Downlight: Das Licht fällt von oben nach unten. Gut geeignet für die Beleuchtung von Fassaden, Terrassen, Eingangsbereichen und Beeten. Anhand des Abstrahlwinkels der Lampe und ihrer Höhe/Platzierung errechnet man, wie viele Lichtquellen erforderlich sind, um die gewünschte Fläche auszuleuchten.

Crosslight: Eine Kombination aus nach oben und nach unten gerichtetem Licht, wodurch beispielsweise an einer Fassade, einem Zaun oder einer Steinmauer ein kreuzförmiger Lichtkegel entsteht. Gut geeignet, wenn sich am unteren Rand ein Beet oder ein Gebüsch befindet. Sollte mit Vorsicht und vorzugsweise gedämpftes Licht verwendet werden, damit das Haus im Dunkeln aufgrund des Lichtstreifens in der Mitte nicht gestreift wirkt.

Uplight: Ein von unten nach oben gerichtetes Licht. Eignet sich gut für Fassaden, Bäume und Sträucher, Statuen, Steingärten und Zäune. Achten Sie darauf, keine starken Uplights zu verwenden, die blenden könnten, zum Beispiel an Wegen oder in der Nähe von Sitzgelegenheiten auf Terrassen.

Washing: Eine versteckte Lichtquelle mit breitem Abstrahlwinkel oder eine Lichterkette, die ein weiches Licht entlang einer ganzen Fassadenwand, eines Zauns oder einer Steinmauer wirft. Kann je nach Konstruktion sowohl nach oben als auch nach unten gerichtet werden. Verstärkt Unebenheiten und lässt Strukturen deutlicher hervortreten. Sehr gut geeignet für Ziegelwände und Steingärten, aber möglicherweise nicht ganz so schick, wenn die Fassade Risse aufweist oder die Farbe abgeplatzt ist.

Farben im Garten und an der Fassade zur Geltung bringen

Mit der richtigen Beleuchtung und Lichtfarbe kann man im wahrsten Sinne des Wortes mit Licht malen. Man kann die Farben im Garten und an der Fassade hervorheben und verstärken. Mit der »falschen« Lichtfarbe bewirkt man genau das Gegenteil. Eine Fassade mit einer schwachen Eigenfarbe (beispielsweise Weiß und Grau) wird durch farbiges Licht leichter verfälscht.

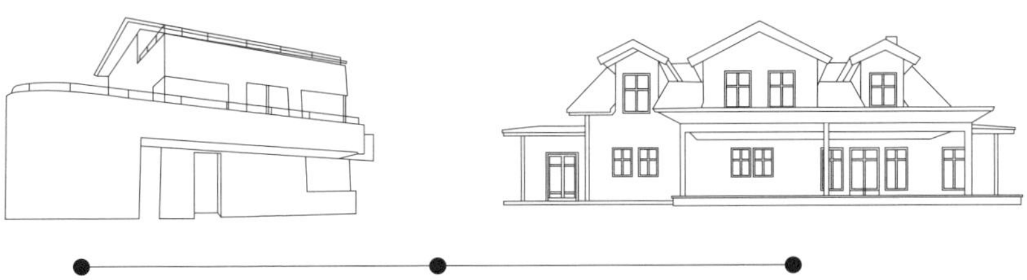

3000 Kelvin

Modern und klar. Spendet oft ein kühleres weißes Licht, das gut passt zu:

- moderner, minimalistischer und strenger Architektur.
- verputzten Fassaden.
- weißen Fassaden, die nicht gelblich wirken sollen.

2600–2800 Kelvin

Neutral warmweiß. Eine vielseitige Lichttemperatur, die sich nicht nur für moderne, sondern auch für eher klassische Häuser eignet. Passt oft zu:

- Neubauten.
- älteren Haustypen.
- Holzvertäfelungen.
- Backstein / Klinker.

2300–2500 Kelvin

Sorgt für ein wärmeres Licht, das eine gemütliche und einladende Atmosphäre schafft. Passt oft zu:

- älteren Haustypen.
- Holzverkleidungen.
- Backstein / Klinker.
- Naturmaterialien.

Für die Beleuchtung von Pflanzen wird im Allgemeinen 3000 Kelvin empfohlen, da dies in der Regel eine natürlichere Farbwiedergabe ergibt. Das ist allerdings nicht immer der Fall. Es ist viel schöner, auf eine knorrige Kiefer oder einen kupferfarbenen Ahorn, deren Stämme eine natürliche Wärme ausstrahlen, ein leicht orangefarbenes als ein kaltes Licht zu richten. Außerdem ändern Pflanzen im Laufe der Jahreszeiten ihre Farbe; setzen Sie also auf eine adaptive Lichtquelle, bei der Sie mit verschiedenen Lichtfarben experimentieren können.

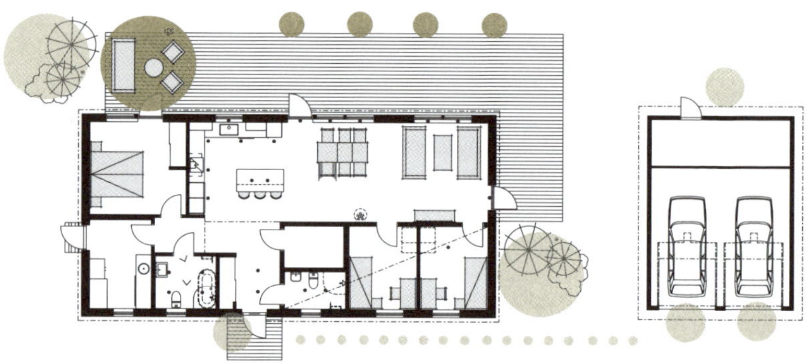

2300–2800 Kelvin
Für Loungegarnituren und als gemütliche Beleuchtung rund um die Terrasse.

3000 Kelvin
Für Pflanzen, Sträucher, Beete und die meisten Bäume. Auch geeignet, wenn man eine gute Sicht braucht, etwa an Wegen, Garagen, Haustüren, Holzschuppen und so weiter.

DIE SCHNEEHÖHE BERÜCKSICHTIGEN

Leben Sie in einer Gegend, in der es im Winter viel schneit? Dann lohnt es sich, über die Höhe der Lampen im Außenraum etwas ausführlicher nachzudenken, damit sie auch bei Schneeverwehungen rund um das Haus ein schönes Licht spenden. Andernfalls vermindert sich der Winteraspekt des Beleuchtungskonzepts.

Dem Licht eine Fläche bieten

Damit Licht im Freien sichtbar ist, muss es auf einer Fläche »landen«. Stellen Sie sich das Licht vor wie eine Farbe: Es entfaltet seine Wirkung erst in Kombination mit etwas anderem, zum Beispiel der Fassade, Bäumen oder Sträuchern, einer Hecke, einem Windschutz, Gebüsch, Beeten oder mit einem schönen Stein. Das Licht einfach ins Leere zu schicken, ist unwirtschaftlich, weil es nicht den gleichen Effekt erzielt, wie wenn es auf eine Fläche trifft. Achten Sie daher bei der Anschaffung von Leuchten auf den richtigen Abstrahlwinkel für die verschiedenen Details, die Sie in Ihrem Garten beleuchten möchten. In einem schmalen Kegel strahlt das Licht weiter aus, was für hohe Baumkronen gut geeignet ist. Ein kleinerer Abstrahlwinkel ist daher für einen hohen Baum besser. Bei einem kleineren Busch wiederum erzeugt dieselbe Leuchte ein hartes Punktlicht, weshalb man hier einen breiteren Lichtstrahl zur Ausleuchtung des gesamten Busches verwenden sollte.

Spotlight/Punktlicht: Wird die Lichtquelle etwas entfernt vom Objekt platziert, erzeugt man einen gerichteten Lichtstrahl, beispielsweise auf einen Baumstamm oder eine Baumkrone.

Schattenwurf/Silhouette: Wird die Lichtquelle hinter dem Objekt platziert, entstehen Schattenwürfe und dramatische Silhouetten.

**»Ohne Schatten-
wirkung gibt es
keine Schönheit.«**

Tanizaki Jun'ichirō,
japanischer Schriftsteller
(1886–1964)

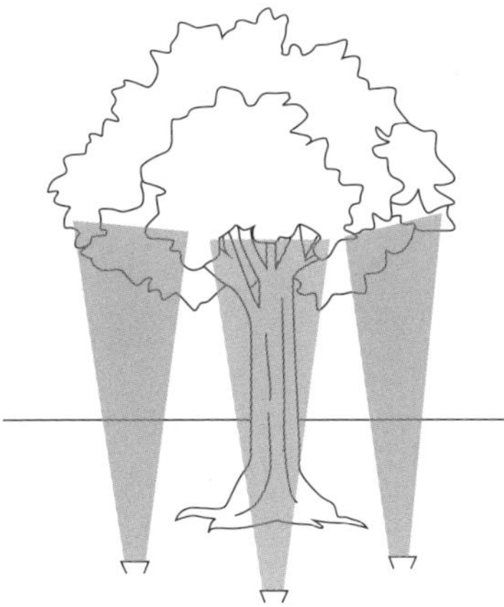

Spotlight / Punktlicht

Schattenwurf / Silhouette

Beleuchtung an der Eingangstür

Bei der Auswahl und Platzierung der Beleuchtung neben der Eingangstür gilt es, einige Aspekte zu beachten.

- Wählen Sie keine Leuchtenmodelle aus, die jemanden blenden könnten, der durch die Tür tritt oder auf der Straße vorbeigeht, und achten Sie auch beim Anbringen darauf, dass man nicht direkt in die Lichtquelle sehen kann.
- Wenn Sie nur eine Lampe verwenden, dann platzieren Sie diese dort in der Nähe des Türgriffs und des Schlüssellochs.
- Platzieren Sie die Lampe nicht so, dass sie beim Öffnen vom Türblatt verdeckt wird. Denn dann kann es unter Umständen unangenehm sein, bei Dunkelheit einem unerwarteten Besucher die Tür zu öffnen.

– Brauchen Sie Inspiration in Sachen Dos and Don'ts? Machen Sie in der Herbstdämmerung einen Abendspaziergang und sehen Sie sich die Beleuchtung der Türen Ihrer Nachbarn an.

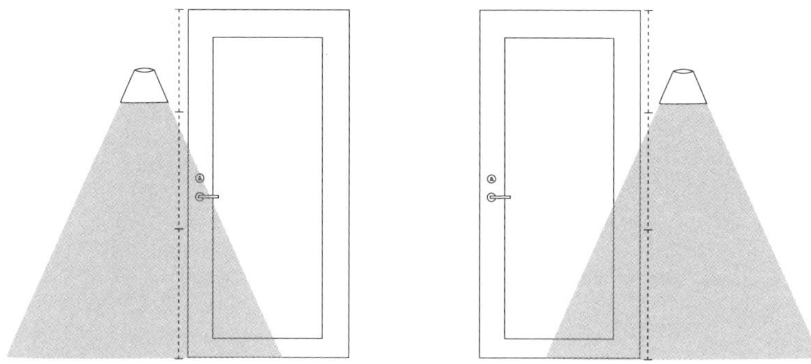

Richtig Falsch

Wichtig!
Im Freien installierte Lampen müssen immer geerdet sein und die richtige IP-Schutzklasse haben, um Feuchtigkeit, Regen und anderen Niederschlägen standhalten zu können. Im Zweifel sollten Sie immer professionelle Hilfe in Anspruch nehmen!

TIPP!

Hier finden Sie Vorschläge für Details, die sich im Freien besonders schön beleuchten lassen:

- Steinobjekte kommen besser zur Geltung, wenn sie von unten angeleuchtet werden.
- Baumstämme mit rauer Oberfläche lassen sich gut illuminieren. In unserer Nachbarschaft steht eine alte, knorrige und gekrümmte Kiefer mit wunderschöner rauer Rinde, die abends noch besser zur Geltung kommt, wenn sie von unten beleuchtet wird.
- Bäume mit hellen Stämmen entfalten ihre Pracht bei Beleuchtung noch einmal ganz anders. Stellen Sie sich vor, wie die weiße Rinde einer Birke leuchtet, wenn ein Lichtstrahl auf sie gerichtet ist!
- Graugrüne und silbergrüne Pflanzen und Sträucher fangen das Licht ebenso ein wie weiße Blüten. Letztere erscheinen fast wie schwach leuchtende Sterne im Garten oder rund um die Terrasse, wenn sie ein wenig Licht abbekommen und um sie herum alles dunkel ist.
- Durch die Installation einer Beleuchtung kann man den Poolbereich am Abend zu einem schönen Blickfang machen. Um Blendeffekte zu vermeiden, empfiehlt es sich, die Leuchten nur an der dem Haus am nächsten gelegenen Poolkante anzubringen. So sieht man das Licht im Wasser, nicht aber die Leuchten, und wird nicht geblendet. Eine dunkle Auskleidung erfordert in der Regel mehr Lampen und stärkeres Licht als eine hellere. Alle Installationen müssen von einem qualifizierten Elektriker durchgeführt werden.
- Beleuchten Sie Ihren weißen Sonnenschirm mit einem Scheinwerfer oder einer Lichterkette, damit er abends als großer Lampenschirm fungiert.

6

Einrichtung und Dekoration

Kann man den Begriff »Einrichtung« für draußen überhaupt verwenden? Per Definition spreche ich in diesem Buch ja nicht von Innen-, sondern von Außenelementen. Aber von einer Ausrichtung kann man auch nicht wirklich sprechen, das ist ja wieder etwas anderes, oder? Vielleicht ist es vor allem eine Frage der sprachlichen Möglichkeiten, aber mir fehlt ein klarerer Sammelbegriff für all die Details, die nötig sind, um einen Bereich im Freien so in sich stimmig zu gestalten, dass er zu einem Außenraum wird. Ähnlich, wie wenn man sagt, dass die Einrichtung ein Haus in ein Heim verwandelt und die Pflanzen ein Grundstück zu einem Garten machen, so ist es die Ausstattung, die einen Außenbereich erst interessant aussehen lässt.

Töpfe und Kübel

Unabhängig davon, ob man Gärten und Gartenarbeit nun mag oder nicht, wage ich zu behaupten, dass alle Außenräume mit Pflanzgefäßen ausgestattet sein sollten, damit es rund wirkt. In den meisten Artikeln zu diesem Thema geht es darum, welche Pflanzen man verwenden oder wie groß die Gefäße sein sollten – weniger darum, wie man sie auswählt, damit sie farblich und vom Material her am besten zur Fassade passen, oder wie man verschiedene Töpfe, Kästen und Kübel zu einem harmonischen Ganzen kombiniert. Ich hoffe, dieses Kapitel ist eine Hilfe für alle, die sich angesichts der riesigen Auswahl genauso ratlos fühlen wie ich.

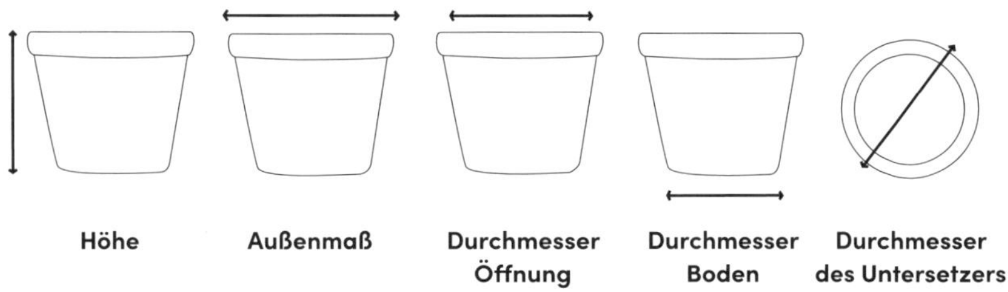

Achten Sie auf die Maßangaben der Gefäße, insbesondere, wenn Sie online bestellen. Aufgrund der unterschiedlichen Formen stimmen die Maße der Öffnung und die Außenmaße/breiteste Stelle nicht immer überein.

DIE BLUMEN ENTSCHEIDEN

Bei der Auswahl der Größe eines Gefäßes muss man immer in erster Linie die Bedürfnisse der Pflanze berücksichtigen. In einem zu kleinen Topf trocknet die Erde schneller aus, außerdem wird die Pflanze eingeengt und das Wurzelsystem gehemmt. Bei schlechter Drainage überlebt nichts. Erkundigen Sie sich in dem Geschäft, in dem Sie Ihre Pflanzen kaufen, nach der geeigneten Größe des Topfes, um den Pflanzen die besten Voraussetzungen zu bieten.

Ausgangspunkt Haus – welchen Stil und welche Atmosphäre möchten Sie schaffen?

Bevor Sie etwas kaufen, sollten Sie sich überlegen, wie die Rahmenbedingungen aussehen. Welche Stimmung möchten Sie erzielen? Welchen Unterton und welche Farbe hat die Fassade auf der Seite des zu gestaltenden Außenraums? Für welchen Stil und welche Formensprache haben Sie sich entschieden? Sollen die Pflanzgefäße mit dem Hintergrund harmonieren oder einen Kontrast dazu bilden?

Star oder Hintergrundchor

Selbstverständlich sollte die Auswahl der Töpfe für einen Außenbereich immer nach den Bedürfnissen der Pflanzen erfolgen, damit diese die besten Überlebenschancen haben. Wenn Sie die praktischen Aspekte aber bereits berücksichtigt haben und nur noch ästhetische Entscheidungen zu treffen sind, empfiehlt es sich, sich Gedanken über die Steuerung der Wahrnehmung zu machen. Was soll am meisten ins Auge fallen?

Eine hilfreiche Faustregel ist stets die Frage, was betont werden soll. Die Pflanzen? Oder sollen die Form, Farbe oder das Muster des Topfes ihnen die Show stehlen? Oder ist die Kübelbepflanzung nur ein Hintergrundchor für das Haus, das weiterhin die Hauptrolle spielen soll? Gibt man allen Elementen gleich viel Raum, führt dies meist dazu, dass keines von ihnen deutlich genug zur Geltung kommt.

Drei Möglichkeiten bei der Auswahl der Pflanzgefäße:

Fokus auf die Pflanzen: Wer den Blick auf die Bepflanzung lenken möchte, wählt am besten eher neutrale Töpfe und Kübel. Verzierte oder farbenfrohe Exemplare, die die Aufmerksamkeit auf sich ziehen, sind deshalb weniger empfehlenswert.

Fokus auf die Gefäße: Bei eher schlichten Bepflanzungen, beispielsweise verschiedenen grünen Blattpflanzen ohne eindeutigen Blickpunkt, bietet es sich an, die Aufmerksamkeit auf formstarke Gefäße zu lenken. Mit imposanten Gefäßen lässt sich auch das Erscheinungsbild eines eher tristen Eingangsbereichs aufwerten oder ein Blickfang auf der Terrasse schaffen.

Fokus auf die Fassade: Bei der Auswahl der Töpfe gilt es, darauf zu achten, dass sie nicht zu stark mit dem Haus kontrastieren. Vielmehr sollten sie einen ähnlichen oder dunkleren Farbton wie die Fassade oder das Fundament haben. Setzen Sie auf Pflanzen, die sich harmonisch einfügen, anstatt die Aufmerksamkeit auf sich zu ziehen.

Pflanzgefäß-Familien und Muster

Ein weitverbreiteter Fehler besteht darin, in aller Eile Töpfe und Pflanzen für einen bestimmten Ort (beispielsweise den Eingangsbereich) zu kaufen, ohne das Gesamtbild zu berücksichtigen. Zwar heißt Harmonie nicht unbedingt, dass alle Gefäße rund um ein Haus oder auf einem Balkon identisch sein müssen. Wenn man ein stimmiges Gesamtbild erzielen möchte, sollte man aber stets eine gewisse Zusammengehörigkeit anstreben. Stellen Sie sich Ihre Pflanzgefäße daher wie eine Familie vor.

Auch wenn es an verschiedenen Stellen rund um das Haus unterschiedliche Bedürfnisse und Formen gibt, können Sie einen roten Faden schaffen, indem Sie Gefäße auswählen, die den Eindruck erwecken, als gehörten sie zusammen. Es wirkt harmonischer, wenn ein Material, eine Farbe oder eine Form in verschiedenen Zusammenstellungen wiederkehrt.

Mehr vom Gleichen ist meist angenehmer für das Auge.

Ausgangspunkt Untergrund

Ein weiterer wichtiger Faktor bei der Auswahl des Materials für die Kübel und Töpfe ist der Untergrund, auf dem sie stehen sollen. Sollen die Kübel auf einer Terrasse oder einer Holzterrasse stehen, empfiehlt es sich, Gefäße zu wählen, die einen gewissen Kontrast bilden, damit sie sich nicht allzu sehr einfügen und untergehen. So heben sich beispielsweise Töpfe aus Beton, Aluminium oder glasierte Gefäße deutlicher von Holz ab als Rattan- und Terrakottatöpfe. Stehen die Gefäße hingegen auf einer gepflasterten Fläche, verschmelzen Betongefäße mit dem Untergrund, Tontöpfe in erdigen Farbtönen oder Rattankörbe hingegen heben sich eher von den kühleren Farbtönen ab. Denken Sie in Gegensätzen, wenn Sie einen Kontrasteffekt erzielen möchten.

Holz und Terrassendielen

Entscheiden Sie sich für: Gefäße aus Beton, Aluminium, Stahl, glasierte und gefärbte Tontöpfe oder Kunststoffgefäße.

Stein und Beton:

Entscheiden Sie sich für: Rattankörbe, Töpfe aus Terrakotta, Aluminium, Gusseisen oder Holz.

Kies und Asphalt:

Entscheiden Sie sich für: Gefäße aus Gusseisen, Terrakotta, Aluminium, Cortenstahl, Stahl oder Blech.

Ausgangspunkt Hintergrund

Wenn Sie eine matte Fassade haben (etwa mit Kalkfarbe gestrichen) – nehmen Sie am besten glänzende Gefäße.
Wenn Sie eine raue Fassade haben (etwa Spritzputz) – nehmen Sie am besten Gefäße mit glatter Oberfläche.

Wenn Sie ein Balkongeländer aus Blech haben – wählen Sie Töpfe aus porösen Materialien wie Ton und Terrakotta.
Wenn Sie ein geradliniges und eckiges Haus haben – wählen Sie Töpfe und Gefäße mit runden und weichen Formen.

WUSSTEN SIE, DASS …

… das rotbraune Material, das man als CORTEN® kennt, eine Bezeichnung für den patentierten Stahl ist, den US Steel in den Dreißigerjahren entwickelt hat? Heute wird Cortenstahl von mehreren Herstellern weltweit in Lizenz produziert. Die Oberfläche sieht zunächst wie gewöhnlicher Stahl aus, nimmt aber mit der Zeit eine schöne rostbraune Färbung an. Während des Patinierungsprozesses (der einige Jahre dauern kann) scheidet das Material Rostwasser aus, das unter anderem auf Beton und Putz, Holzterrassen und Stein Verfärbungen verursachen kann. Daher ist es wichtig, Töpfe und Pflanzgefäße aus Cortenstahl nicht auf Untergründen zu platzieren, die dadurch verunstaltet werden könnten.

Pflanzpokale heißen so, weil sie mit ihrem höheren Fuß wie ein Pokal aussehen. Sie sind oft aus Eisen und können meist auch während kälterer Perioden draußen stehen, ohne Risse zu bekommen. Ihre Form passt besonders gut zu Hängepflanzen.

Vor- und Nachteile verschiedener Pflanzgefäße

Helle Pflanzgefäße:
Absorbieren weniger Wärme, wodurch die Pflanzen und die Erde kühler bleiben. Gut geeignet für warme Gegenden, in denen man eine Verbrennung der Wurzeln verhindern möchte. Helle Pflanzgefäße bekommen leichter Flecken durch Erde, Algen und Schmutz. Wirken leichter, haben ein geringeres visuelles Gewicht.

Dunkle Pflanzgefäße:
Neigen dazu, Wärme zu speichern, wodurch die Erde und die Pflanzen insbesondere an sonnigen Standorten schnell austrocknen können, sind jedoch eine gute Alternative in kühleren Gegenden. Dunkle Töpfe sind unempfindlicher gegen Erdflecken und Schmutz als helle, bekommen dafür aber unter Umständen Kalk- und Pollenflecken. Dies ist besonders bei stark kalkhaltigem Wasser oder in der Nähe von Wäldern zu beachten. Dunkle Töpfe wirken schwerer, was zur Ausgewogenheit und Akzentuierung einer Außenumgebung genutzt werden kann. Dunkle Farben haben ein höheres visuelles Gewicht.

Matte Pflanzgefäße:
Bilden einen schönen Kontrast zu Pflanzen mit glänzenden Blättern. Reflektieren das Licht nicht und verursachen keine Glanzlichter. Lassen die Farbe der Glasur matter wirken. Oft schwieriger sauber zu halten als glasierte Töpfe.

Glänzende Pflanzgefäße:
Durch die glänzende Oberfläche wirkt die Farbe der Glasur tiefer und lebendiger. Einfach sauber zu halten und abzuwischen.

GIESSKANNEN

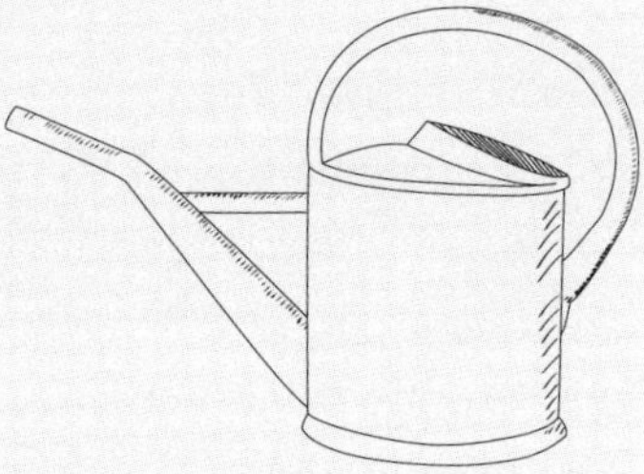

Sechs Tipps für den Kauf einer Gießkanne für den Garten (zudem sollte sie so schön sein, dass sie auch als Deko-Element dienen kann).

1. Der Griff – Kannen mit einem Griff über die gesamte Länge sind leichter zu handhaben, da man sie mit beiden Händen halten kann. Mit jedem Liter Wasser wird die Kanne schwerer. Ist die Gießkanne nicht aus einem Stück gefertigt, überprüfen Sie, ob der Griff das Gewicht aushält, wenn die Kanne voll ist.
2. Die Form des Griffs – Ein weicher, runder oder gewölbter Griff ist meist zu bevorzugen, da er angenehmer in der Hand liegt als ein flacher oder eckiger.
3. Gießen oder Kleckern? – Die Öffnung zum Befüllen der Kanne sollte sich am hinteren Teil des Gefäßes befinden und möglichst eine leichte Neigung oder einen Tropfschutz haben. Andernfalls spritzt das Wasser beim Gießen sowohl schneller aus dem Ausguss als auch aus der Kanne.
4. Die Tülle – Eine lange Tülle erleichtert das Gießen von größeren Pflanzgefäßen. Ein abnehmbares Brausemundstück ist ebenfalls ein wichtiges Zubehör, wenn kein gleichmäßiger Strahl erzeugt, sondern das Wasser über eine größere Fläche verteilt werden soll.
5. Volumen – Die Kanne sollte nicht zu klein sein, damit man nicht ständig Wasser nachfüllen muss, aber auch nicht so groß, dass die Armmuskulatur schlappmacht. Nutzt man ein Regenfass (ohne Auslaufhahn), sollte die Kanne nicht zu groß sein, damit man sie problemlos eintauchen und füllen kann.
6. Gewicht – Das Material hat ebenfalls Einfluss auf das Gesamtgewicht. Eine Gießkanne aus Kunststoff wiegt in der Regel weniger als eine identische Kanne aus Blech.

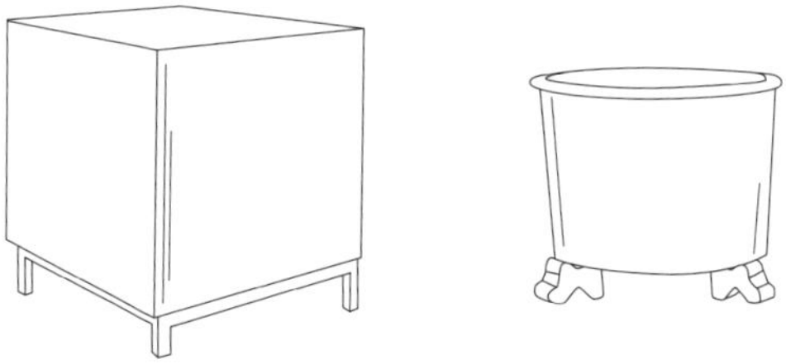

Unabhängig vom Material ist es wichtig, dass unter dem Topf noch Luft ist, damit keine hässlichen Flecken auf der Terrasse zurückbleiben. Abhilfe schaffen sogenannte Topffüße/-füßchen oder Topfträger. Um schwere Gefäße bequem verschieben zu können, ist eventuell sogar ein Rollbrett/Pflanzenroller erforderlich.

Grundrezept für Kübelbepflanzungen

Im Kapitel über Farbe und Form beschreibe ich, wie man bei der Auswahl einer Farb- und Formpalette für den Außenbereich vorgeht.

Wenn es dann an der Zeit ist, saisonale Blumen für Urnen und Töpfe oder Stauden für die Beete auszuwählen, lohnt es sich, noch einmal einen Blick darauf zu werfen und zu überlegen, welche Farben zu Ihrer Planung passen. Mit der richtigen Farbgestaltung im Kopf fällt es nämlich erheblich leichter und macht mehr Spaß, schöne Pflanzenkombinationen zu kreieren, an denen Sie lange Freude haben werden. Betrachten Sie Blumen als den Malerpinsel der Natur. Einjährige Pflanzen haben den Vorteil, dass Sie im nächsten Jahr eine zweite Chance bekommen, wenn Sie mit Ihrer bisherigen Auswahl nicht zufrieden waren.

Die Bausteine für schöne Blumenkästen

Der Trick für wunderschöne Kombinationen in Töpfen und Blumenkästen besteht darin, Pflanzen auszuwählen, die in verschiedene Richtungen wachsen. Englischsprachige Gartenarchitekten und Floristikgeschäfte beziehen sich oft auf folgenden, leicht zu merkenden Leitsatz, der sich auch noch reimt:

Ein Rezept für Topfpflanzen: Thriller + Filler + Spiller.

Somit sollte jede Bepflanzung aus Folgendem bestehen:

Thriller – Aufrecht wachsende Pflanzen, die ihre Pracht in der Höhe entfalten. Sie lenken den Blick nach oben und verleihen der Bepflanzung Dynamik, daher auch ihr Name.

Filler – Üppige Pflanzen, die die Bepflanzung ausfüllen und ihr Masse verleihen. Am schönsten wirken mittelgroße Pflanzen mit leicht gezackten Blättern, die die nächste Kategorie überlagern, ohne sie vollständig zu verdecken.

Spiller – Hängende Pflanzen, die über den Rand hinausragen und den Blick nach unten lenken. Sie dürfen gerne luftig sein, da es schön ist, wenn an den Rändern des Topfes ein Flor entsteht, sodass man das Material dazwischen sehen kann.

TIPP!

Eine wichtige Grundvoraussetzung, dass die Pflanzen im Kübel gut gedeihen und überleben, ist die bedürfnisgerechte Wahl des künftigen Standorts (Sonne, Halbschatten, Schatten) und der optimale pH-Wert der Pflanzerde.

Das Konzept, aufrecht wachsende Pflanzen (Thriller) mit solchen zu kombinieren, die nach unten wachsen (Spiller), und mit solchen, die die Mitte ausfüllen (Filler), funktioniert unabhängig von der Art der Pflanzgefäße. Das Ergebnis ist in Balkonkästen genauso schön wie in einzelnen Töpfen, wenn Sie ein Stillleben aus mehreren Gefäßen zusammenstellen oder einen großen Blumenkasten oder Raumteiler bepflanzen möchten.

Textilien

Leider ist es nicht einfach so, dass man draußen dieselben Stoffe verwenden kann wie drinnen. Textilien, die im Freien genutzt werden, müssen höheren technischen Anforderungen genügen, um dem Klima und den Witterungsbedingungen standzuhalten, denen sie ausgesetzt sind – auch wenn man sie bei Regen hereinholt. Es gibt viele Qualitätsunterschiede, die mit bloßem Auge nicht unbedingt wahrnehmbar sind. So sind zum Beispiel vollständig durchgefärbte Stoffe wesentlich farbbeständiger als bedruckte, bei denen sich die Farbe nur auf der Oberfläche befindet.

Wichtige Details, die es zu beachten gilt:

- Wie UV-beständig ist das Material?
- Ist es gegen Schimmel geschützt (wenn ja, womit wurde es behandelt)?
- Ist es wasserabweisend? Wasserabweisende Materialien stoßen Flüssigkeiten nur ab, wasserdichte dagegen lassen überhaupt keine Flüssigkeiten durch.
- Ist es schmutzabweisend oder wurde es so ausgerüstet, dass es Schmutz und Niederschlag besser standhält?
- Auch die Nähtechnik und die Platzierung der Nähte auf Kissen und Polstern beeinflussen, wie sich Flüssigkeit und Feuchtigkeit auf dem Material und der Füllung absetzen oder in diese eindringen.

Polster und Auflagen

Polster für den Innen- und Außenbereich unterscheiden sich in einigen Punkten. Für Innenräume bevorzugen wir oft möglichst natürliche Materialien, aber im Freien ist das weniger sinnvoll, da Kissen und Polster dort oft einer höheren Beanspruchung, großen

Temperaturschwankungen und Feuchtigkeit ausgesetzt sind (auch wenn wir sie bei Regen schnell hereinholen oder in die Kissenbox legen). Die Sonneneinstrahlung kann minderwertigen Kissen schnell den Garaus machen – achten Sie also darauf, was sich hinter dem Bezug verbirgt. Es gibt einen patentierten schnell trocknenden Schaumstoff, der Flüssigkeit durchlässt, anstatt sie aufzusaugen, und der bei vielen hochwertigen Möbeln verwendet wird. Da die Kissen aller Wahrscheinlichkeit nach schneller verschleißen als die Möbel (vorausgesetzt, Sie haben qualitativ solide Möbel erworben), sollten Sie sich für einen etablierten Anbieter entscheiden, damit die Kissen auch dann noch erhältlich sind, wenn Sie sie einmal nachkaufen möchten. Alternativ empfiehlt es sich, Möbel mit Kissen in Standardmaßen zu wählen, die sich später problemlos austauschen lassen. Wenn Sie bei einer großen Kette Saisonware oder ein Trendprodukt kaufen, werden Sie wahrscheinlich in ein paar Jahren kaum ähnliche Polster bekommen.

Wenn möglich, kaufen Sie die Polster, die der Möbelhersteller selbst empfiehlt. Andernfalls ist die Gefahr groß, dass sowohl die Sitzhöhe als auch der Komfort beeinträchtigt werden. Ein Unterschied von nur wenigen Zentimetern reicht unter Umständen schon aus, dass man am Esstisch mit verkrampften Schultern sitzt. Falls dies nicht möglich ist, weil das Modell vielleicht nicht mehr produziert wird oder ausverkauft ist, ist es wichtig, sorgfältig nachzumessen, um ein zu Ihren Möbeln passendes Polstermodell zu finden, das dem Original so nahe wie möglich kommt.

Kissen

Wenn Sie auf Ihrem Loungesofa auf der Terrasse Kissen benötigen oder ein paar zusätzliche Kissen in die Hängematte legen möchten, machen Sie nicht denselben Fehler wie ich: Verwenden Sie keine Zierkissen, die Sie für den Innenbereich gekauft haben. Ich musste selbst teuer Lehrgeld bezahlen, als meine bedruckten Leinenkissen von einem hochpreisigen Anbieter bereits nach einem Sommer in unserem Wintergarten bis zur Unkenntlichkeit ausgeblichen waren. Kissen, die nicht sonnenbeständig sind, bleichen viel zu schnell aus. Achten Sie außerdem auf das Material, mit dem die Zierkissen gefüllt sind, da natürliche Materialien wie Daunen schimmeln und unangenehm müffeln können.

!

Helle Textilien und weiße Blüten wirken abends fast wie Lampen und Laternen und beleben einen Außenbereich in einer dunklen Umgebung.

Tischtücher

Mit einem frischen Tuch auf dem Tisch ist es wie mit dem Wechseln der Bettwäsche: Es kann das Gesamtbild enorm verändern. Auf diese Weise lässt sich die Atmosphäre auf einer Terrasse schnell, einfach und kostengünstig verbessern.

Wer etwas haben möchte, das länger hält oder widerstandsfähig gegen Wasserspritzer neben einem Pool oder Steg ist, für den sind Tischtücher mit gewachster, glänzender Oberfläche empfehlenswert. Es gibt Modelle aus Vinyl oder acrylbeschichtetem Baumwollstoff, die wasserabweisend und schmutzunempfindlich sind, aber kein PVC enthalten. Wie groß das Tischtuch für den Freisitz sein soll, ist reine Geschmackssache, aber normalerweise reicht es, wenn es beim Sitzen knapp über dem Knie endet. Dann sollten Sie für jede Tischseite 20 bis 30 Zentimeter zusätzlich zur Breite hinzurechnen. Ein zu kurzes Tischtuch ist wie ein zu kurzer Pony – selten schön.

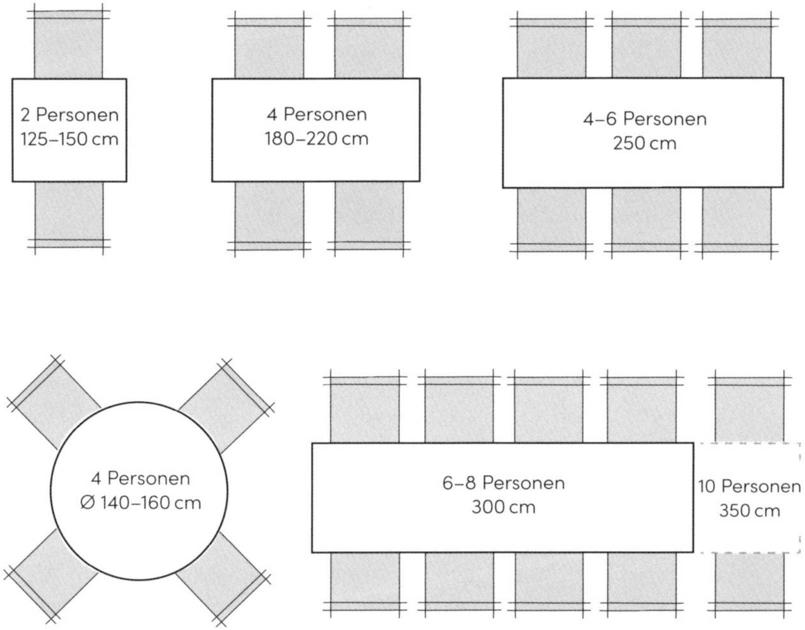

Wie breit soll das Tuch sein?
Bei einer Tischbreite von 80–90 cm, ungefähr 140 cm.
Bei einer Tischbreite von 90–110 cm, ungefähr 160 cm.
Bei runden Tischen geht man normalerweise vom Durchmesser des Tisches plus 20–30 cm Überhang aus.

Teppiche

In der richtigen Umgebung kann ein Outdoor-Teppich das Ambiente wirklich aufwerten. Das Kunststück dabei ist, keine zu grellen oder auffälligen Muster zu wählen, da diese das Orientierungsvermögen beeinträchtigen und sogar Schwindelgefühle hervorrufen können. Versuchen Sie stattdessen, ein Gefühl der Bodenständigkeit zu vermitteln, damit der Teppich mit der Möbelgruppe harmoniert und diese umrahmt, ihr aber dennoch Textur und Wärme verleiht. Auf überdachten Terrassen und Veranden sowie in verglasten Poolhäusern und Wintergärten sind Teppiche zweifellos ein wichtiger »Weichmacher«, den man nicht außer Acht lassen sollte und der sofort zu einer gemütlicheren Atmosphäre beiträgt.

Teppiche für den Außenbereich sollten Folgendes aushalten:

- **Regen und Feuchtigkeit**. Der Teppich muss die Flüssigkeit durchlassen und darf sie nicht aufsaugen.
- **UV-Strahlen**. Ist der Teppich entsprechend behandelt, bleibt nicht nur die Farbe länger erhalten, sondern die Fasern sind auch widerstandsfähiger und werden von der Sonneneinstrahlung nicht so schnell beeinträchtigt.
- **Starker Verkehr.** Im Freien tragen wir häufiger Schuhe, und Gartenmöbel beanspruchen Teppiche oft stärker als Stühle und Sitzgruppen im Innenbereich.

Wurde der Teppich für den Außenbereich getestet, ist zu beachten, dass sich die Prüfpunkte je nach Klima unterscheiden können. Wählen Sie daher ein Modell, das den Bedingungen in Ihrer Umgebung gewachsen ist.

TEPPICHE UND MATERIALIEN

Was man in Bezug auf Materialien und Strukturen von Teppichen beachten sollte:

- Maschinenwaschbare Kunststoffteppiche sind am einfachsten sauber zu halten und eignen sich perfekt für den kleinen Balkon. Hat man ein größeres Modell, das nicht in die Waschmaschine passt, kann man es stattdessen mit dem Gartenschlauch abspritzen.
- Wendbare Teppiche haben oft eine etwas längere Lebensdauer, da man sie einfach umdrehen kann, wenn sie auf einer Seite verblasst oder verschmutzt sind.
- Naturfasern vertragen sich nicht gut mit Regen und Feuchtigkeit. Sie eignen sich daher am besten für Außenbereiche mit Dach oder in Wintergärten.

Markisen

Mit der Wahl der richtigen Markise für ein Haus ist es wie mit der Wahl der richtigen Lidschattenfarbe: Soll sie dezent sein und die Fassade unterstreichen oder auffällig und die Blicke auf sich ziehen? Vor dem Kauf einer Markise sollten Sie sich daher die folgenden Fragen stellen:

Helle oder dunkle Markise?

Dunkler Stoff blockt das Tageslicht oft besser ab, sorgt aber auch dafür, dass die Räume innen etwas dunkler wirken. Ein hellerer Stoff beeinflusst die Lichtwahrnehmung im Innenraum nicht in gleicher Weise, dafür aber möglicherweise die Farbwahrnehmung. Das gilt insbesondere, wenn Sie weiße Wände und helle Möbel haben, die leichter von »visuellem Abfärben« betroffen sind. Beispiel: Eine hellgelbe Markise sorgt für ein wärmeres Licht, eine hellgraue Markise hingegen führt möglicherweise dazu, dass das Licht drinnen plötzlich kälter wirkt.

Kontrastierend oder harmonisch?

Sollen sich die Markisen unauffällig in die Fassade einfügen? Dann wählen Sie einen Helligkeitsgrad oder eine Farbe, die mit der Fassade harmoniert. Oder sollen die Markisen auffallen? Dann wählen Sie eine Variante, die einen Kontrast zur Fassade bildet.

Beispiel: Wenn Sie an einem weißen Haus eine Markise anbringen möchten, die kaum auffällt, wählen Sie einen weißen oder hellen Stoff. Möchten Sie hingegen, dass die Markise auffällt, wählen Sie einen dunklen Stoff.

Welchen Verschmutzungen ist die Markise ausgesetzt?
Markisen müssen je nach Standort des Hauses und Umgebung unterschiedlichen Belastungen standhalten.

Beispiel: In Meeresnähe sind Markisen Salzwasser ausgesetzt, in Waldnähe kann Schmutz durch Pollen auf dunklen Markisen von Zeit zu Zeit deutlicher zu erkennen sein. Abgase von stark befahrenen Straßen oder herabfallender Schmutz (Nadeln, Blätter und so weiter) stechen eher auf weißen/hellen Markisen ins Auge.

Was passt zu Ihrem Haus?
Welche Architektur und welchen Stil hat Ihr Haus und welche Markisen werden normalerweise für diese Art von Gebäuden verwendet?

WARUM DUNKLE TEXTILIEN IM FREIEN OFT LILA WERDEN

Warum werden manche dunklen Textilien (wie schwarze Sonnenschirme und graue Kissen) beim Ausbleichen durch Sonneneinstrahlung lila? Dazu gibt es eine Theorie, die sich auf die Untertöne der schwarzen Komponente im Farbpigment bezieht. Grau entsteht ja durch das Mischen von Schwarz und Weiß. Und Schwarz erhält man durch Mischen aller Grundfarben. Stoffe bleichen unterschiedlich stark aus, je nachdem, wie gut das Farbpigment in der Faser haftet. Das liegt zum einen an der chemischen Struktur des Farbstoffs, zum anderen verblassen verschiedene Farben unterschiedlich schnell.

Rot neigt dazu, am stärksten zu verblassen, gefolgt von Orange und Gelb, während Blau und Lila in der Regel länger halten. Kein Wunder also, dass graue und schwarze Textilien, die der Sonne ausgesetzt sind, nach einer Weile oft einen Lilastich bekommen.

Stillleben gestalten

Möbel allein reichen nicht aus, um einen Außenbereich vollständig zu gestalten. Auch die Dekoration und Einrichtungsdetails sind wichtige Elemente, um eine gemütliche Atmosphäre zu schaffen.

Ein paar Laternen, eine Schale mit schönen Steinen, ein ausgestelltes Brettspiel, eine Vase mit Sommerblumen oder eine Schale mit selbst gesammelten Gegenständen verleihen dem Ganzen den letzten Schliff und zeigen, dass jemand sich darum kümmert und Wert darauf legt, dass alles schön ist. Mit einem Stillleben lässt sich auch kurzfristig die Stimmung verändern, genauso wie Accessoires und Schmuck ein und dasselbe Outfit von alltäglich zu festlich aufwerten können.

Ungerade Anzahl
Gruppieren Sie die Gegenstände dem Grundsatz der ungeraden Anzahl entsprechend: Stellen Sie ruhig drei oder fünf Windlichter auf den Tisch und verwenden Sie unterschiedlich große Modelle.

Vorne und hinten
Der gängigste Fehler beim Zusammenstellen eines Stilllebens ist, alles in einer Reihe anzuordnen. Versuchen Sie stattdessen, eine Vorder- und eine Hintergründigkeit zu schaffen, um dem Arrangement mehr Tiefe zu verleihen.

Materialien mischen
Bei der Kombination verschiedener Objekte macht sich ein Materialmix oft gut. Mischen Sie beispielsweise Metall, Glas, Holz oder Stein. Oder um es noch weiter zu vereinfachen: Wählen Sie etwas Glänzendes, etwas Durchsichtiges, etwas Raues und etwas Glattes.

Stellen Sie Ihr Couchtisch-Stillleben auf ein Tablett oder einen größeren Teller. So können Sie es schnell ins Haus holen, wenn es zu regnen beginnt.

Alltagsgegenstände verwenden

Bei der Gestaltung Ihres Außenraums sollten Sie nicht nur an Dekorationen und Schmuck denken. Sie können auch Alltagsgegenstände wie Gießkannen, leere Körbe, Stapel unbenutzter Terrakottatöpfe und schöne Gartengeräte (die für draußen geeignet sind) in Form von Stillleben platzieren, sodass sie, wenn sie nicht gebraucht werden, schöne Blickfänge bilden.

Aus der Natur schöpfen – das ganze Jahr über

Bei der Gestaltung des Außenraums bietet sich auch die Möglichkeit, Details aus der Umgebung und der Natur zu verwenden, um schöne Arrangements zu schaffen, die das Auge erfreuen. So können Sie beispielsweise im Herbst den Eingangsbereich oder die Terrasse mit Zierkürbissen und Heuballen dekorieren. Wenn Sie viele große Tannenzapfen haben, legen Sie diese doch auf ein Tablett oder in einen Drahtkorb.

Sind die Sommerblumen in den Pflanzgefäßen verwelkt, ersetzen Sie sie durch Moospolster, damit Sie weiterhin Freude daran haben.

Im Winter ist es empfehlenswert, Tannen- oder Kiefernzweige zu verwenden, um Grün hinzuzufügen, und gegen Ende des Winters können Sie Weidenkätzchen oder Osterzweige in eine große Vase stellen. Zwar darf man im Wald nicht einfach alles pflücken, ohne die Erlaubnis des Grundbesitzers einzuholen, aber solche Zweige kann man oft auch in gut sortierten Gärtnereien kaufen.

Gibt es an Ihrem Wohnort Schnee und Minusgrade? Nutzen Sie

diese Gelegenheit, um selbst Eislaternen gefrieren zu lassen oder Schneebälle zu formen, um temporäre Blickfänge zu schaffen, die im Dunkeln funkeln. Eine andere wetterunabhängige Dekoration aus der Natur bietet sich an, wenn bei Erdarbeiten auf Ihrem Grundstück oder auf dem Ihres Nachbarns einige größere Steine zutage gefördert werden, die Sie nutzen können. Trocken und in der Sonne glitzernd sind Steine genauso schön anzusehen, wie wenn sie dunkel vom Regen glänzen. Im Winter kann sich außerdem Schnee auf ihnen festsetzen und ganz neue Formationen schaffen.

Gruppieren und wiederholen

Ein ganz einfacher Trick, um den Eindruck von Einheit und Harmonie zu verstärken, egal, ob auf der Terrasse oder im Wohnzimmer, ist das Gruppieren und Wiederholen. Das Gleiche gilt für die Bepflanzung von Beeten und Rabatten. Lassen Sie die einzelnen Pflanzenarten an mehreren Stellen auftauchen und gruppieren Sie sie lieber in leicht versetzten Clustern, anstatt sie in exakten Reihen zu pflanzen.

Ungerade Zahlen und ungleiches Gleiches

Wie viele Töpfe sollte man bei seinem Stillleben auf der Terrasse gruppieren? Wie viele Kissen lassen sich schön auf dem Sofa platzieren? Wie kann man Windlichter auf dem Couchtisch aufstellen? Gärtner, Innen- und Gartenarchitekten arbeiten oft nach dem *Grundsatz der ungeraden Anzahl*, um Harmonie zu schaffen, und auch bei der Gestaltung eines Außenbereichs ist dieses Prinzip hilfreich.

Bei der Arbeit mit geraden Zahlen ist es oft schöner, verschiedene Größen zu verwenden, als mit identischen Paaren zu arbeiten. Möchte man zum Beispiel zwei Windlichter auf dem Tisch platzieren, sieht es meist am besten aus, wenn sie unterschiedliche Höhen und Größen haben. Durch die Ungleichheit in der geraden Anzahl entsteht mehr Dynamik.

1 Objekt bezeichnet man als Solitär
2 Objekte bilden ein Paar
3 Objekte bilden eine Gruppe (kann auch in 2 + 1 aufgeteilt werden)
4 Objekte lassen sich meistens am besten in zwei Teile aufteilen (3 + 1 oder 2 + 2)
5 Objekte lassen sich meistens gut in eine Gruppe und ein Paar aufteilen (3 + 2 oder gleichmäßige Paare und ein Solitär)
6 Objekte lassen sich meistens am besten in zwei Gruppen aufteilen (3 + 3)
7 Objekte sehen meistens am besten aus, wenn sie ein Cluster bilden

Wasser und Brunnen

Ein klassisches Mittel, um im Außenbereich für Gemütlichkeit und einen Blickfang zu sorgen, ist ein plätschernder Brunnen oder ein glatter Wasserspiegel. In öffentlichen Orten wie Parks, Plätzen, Einkaufszentren und Krankenhausbereichen wird ein Brunnen oft zum natürlichen Mittelpunkt, wo Bänke und andere Sitzgelegenheiten zuerst besetzt sind.

Es ist, als würden wir Menschen uns davon angezogen fühlen. Zahlreiche Studien haben außerdem gezeigt, dass fließendes Wasser beruhigend und entspannend wirken, den Blutdruck senken und Stress lindern kann.

Falls Sie also ein langweiliges Grundstück ohne Charakter haben, ist Wasser möglicherweise der Schlüssel, um einem bestimmten Bereich Harmonie und Attraktivität zu verleihen.

Auch ein glänzender Wasserspiegel kann zur Gemütlichkeit beitragen, indem er den Himmel reflektiert und ein Gefühl von Weite vermittelt.

Sonne und Schatten

Platzieren Sie einen Springbrunnen möglichst nicht an einem Standort, der den größten Teil des Tages direktem Sonnenlicht ausgesetzt ist, da das Wasser dann schneller verdunstet und die Wärme das Algenwachstum begünstigt. Damit der Wasserstand nicht absinkt und die Pumpe nicht beschädigt wird, muss regelmäßig frisches Wasser nachgefüllt werden. Je nach Wasserqualität und Standort ist es möglicherweise erforderlich, Kalk- und Algenbekämpfungsmittel zuzusetzen. Ein etwas schattigerer Standort ist ebenfalls vorteilhaft, weil Sie sich dann keine Gedanken über blendende Reflexionen und Spiegelungen machen müssen.

Verschmutzungsgefahr

Steht der Brunnen an einer erhöhten Stelle und auf einer offenen Fläche, wird das Wasser unter Umständen nicht durch Blätter und Pollen von benachbarten Bäumen oder Sträuchern verunreinigt. Außerdem vermeidet man so, dass Pflanzerde und Rindenmulch ins Wasser geweht werden.

TIPP!

Mit dem beruhigenden Plätschern eines Brunnens lassen sich andere Geräusche wie leiser Verkehrslärm oder Lüftungsgeräusche übertönen.

Spiegelung und Entfernung

Am schönsten wirkt Wasser meistens aus einer gewissen Distanz, wenn sich der Himmel darin spiegelt. Schaut man nämlich aus der Nähe und direkt von oben auf das Wasser, sieht man eher den Boden. Den schönsten Effekt erzielt man normalerweise, wenn man schräg von der Seite draufschaut.

Wo ist der beste Platz für einen Wasserspiegel in Ihrem Außenbereich, an dem man die glatte Oberfläche des Wassers und nicht den Boden des Behälters sieht?

Sicherheit

Wenn sich kleine Kinder oder Haustiere (nicht einmal unbedingt Ihre eigenen) in der Nähe des Wassers aufhalten, sollten Sie bedenken, dass bei einem Unfall die Verantwortung bei Ihnen liegt. Machen Sie sich daher Gedanken über die Wassertiefe und den Standort, um Unfälle zu vermeiden.

Vorbereitungen für den Winter

Vor der kalten Jahreszeit muss das Wasser in der Regel abgelassen werden, damit es keine Frostschäden gibt. Außerdem müssen je nach Material eventuell Bauteile abgenommen und im Winter im Haus gelagert werden, um Risse und Beschädigungen zu vermeiden. Es empfiehlt sich also, die winterlichen Bedingungen bereits bei der Auswahl von Behälter und Dekoration zu berücksichtigen!

Stauraum

Eine Aufbewahrungsbox für Kissen und andere Textilien auf der Terrasse vereinfacht den täglichen Gebrauch. So hat man sie immer griffbereit, wenn man sich spontan zu einer Tasse Kaffee hinsetzen möchte – und wenn es anfängt zu regnen, braucht man die Kissen nicht hastig ins Haus zu holen.

Worauf man beim Kauf einer Kissenbox achten sollte:

– **Welches Grundgefühl möchten Sie vermitteln?** Für ein harmonisches und einheitliches Gesamtbild empfiehlt es sich, eine Kissenbox aus dem gleichen Material wie die Gartenmöbel zu wählen. Wenn Sie eine dezentere Lösung bevorzugen, bietet sich auch eine farblich auf das Haus abgestimmte Kissenbox an.

- **Ist die Box wasserdicht?** Nicht nur Regen und Niederschlag setzen den Kissen zu, auch Tau und Kondenswasser können Probleme verursachen. Verstauen Sie feuchte Kissen nie in dicht schließenden Boxen.
- **Stimmen die Maße**? Haben Sie größere Auflagen für Sonnenliegen oder Outdoor-Sofas? Es gibt Auflagenboxen in verschiedenen Größen, wählen Sie also ein Modell, in das Ihre Polster tatsächlich hineinpassen.
- **Wie lässt sich der Deckel öffnen und schließen?** Bei größeren Boxen erleichtert eine Gasdruckfeder die Handhabung und verhindert unbeabsichtigtes Zuklappen. Ich spreche aus eigener Erfahrung, wenn ich sage, dass manche Modelle zu einer Art Guillotine werden können, wenn man sich nach den Sachen unten im Kasten bückt. Bei Kissenboxen, bei denen der Deckel in verschiedenen Positionen einrastet, bleiben einem sowohl eingeklemmte Kinderfinger als auch Beulen am Hinterkopf erspart.
- **Kann man die Box bewegen?** Wenn man die Kissenbox verschieben will, sind Modelle mit Rollen nicht verkehrt, aber man sollte darauf achten, dass sie feststellbar sind, damit die Box auf abschüssigem Untergrund nicht wegrollt. Es gibt auch Varianten mit ausklappbaren Griffen an den Seiten, die das Greifen erleichtern.
- **Soll die Box abschließbar sein?** Polster sind nicht billig, eine abschließbare Variante erschwert Diebstahl.
- **Müssen Sie Kleinigkeiten aufbewahren?** Investieren Sie in einen Regaleinsatz, der am Rand eingehängt werden kann, um kleinere Dinge wie Klammern, Sonnenhüte, Seile oder Werkzeuge aufzubewahren.

WOHIN DAMIT IM WINTER?

Viele Möbel und Polster sollten im Herbst, Winter und frühen Frühling bei Raumtemperatur gelagert werden, damit sie nicht durch Frost und Temperaturschwankungen beschädigt werden. Während der Arbeit an diesem Buch bat ich meine Follower in den sozialen Medien um clevere Tipps, wie sie das Einlagern im Winter lösen. Hier einige der eingegangenen Antworten. Vielleicht inspirieren sie auch Sie, wenn der Platz im Abstellraum oder in der Garage nicht ausreicht?

»Wir haben unter der Terrasse (die auf Pfeilern steht) einen Stauraum eingerichtet. Dort können die Gartenmöbel im Winter unter einer Plane geschützt stehen. Die Kissenbox bringen wir in die Garage.«

»Wir lagern alle Sitzauflagen für die Gartenmöbel in rollbaren Unterbettkommoden, die wir unter die Betten in unserem Gästehaus schieben können.«

»Wir haben das Problem gelöst, indem wir Möbel gekauft haben, die sich nach der Saison einfach auseinanderbauen lassen, sodass wir sie flach verstauen können. Im Frühjahr schrauben wir sie dann wieder zusammen.«

»Wir haben stapelbare Stühle, die wir in einer Ecke der Terrasse verstauen und mit einer Plane abdecken.«

»Wir haben Möbel aus Aluminium gekauft, die das ganze Jahr über draußen stehen können.«

»Wir haben eine unbeheizte Abstellkammer auf dem Dachboden, wo wir alle Polster für die Gartenmöbel in praktischen Vakuumbeuteln aufbewahren können. Mit einem handelsüblichen Staubsauger saugt man die Luft aus den Beuteln, sodass sie zu flachen Paketen werden, die sich leicht handhaben lassen.«

7

Räume im Freien

Wie groß ist Ihr Außenbereich? Haben Sie ein Zimmer und eine Küche? Oder handelt es sich um eine Fünfzimmerwohnung mit offenem Grundriss? Teilt man den Außenbereich in verschiedene Zonen ein und betrachtet diese als abgegrenzte Räume mit eigenen Merkmalen, Funktionen und Anforderungen, wird es einfacher, sie einzurichten und Inspiration zu finden. In diesem Kapitel schreibe ich über die gängigsten Flächen. Sie können die Abschnitte lesen, die Sie gerade am meisten interessieren, oder das Kapitel von Anfang bis Ende durcharbeiten, um einen Überblick zu bekommen.

Der Eingangsbereich

Der Eingangsbereich ist nicht nur derjenige Teil des Außenbereichs, den wir als Erstes, sondern meist auch der, den wir am häufigsten sehen – denn wir passieren ihn jedes Mal, wenn wir kommen oder gehen, sogar dann, wenn wir das Haus gar nicht betreten. Egal, ob man in einer prächtigen Villa oder einem kleinen Reihenhaus wohnt, im Eingangsbereich hat man die Gelegenheit, einen starken ersten Eindruck zu hinterlassen. Betrachten Sie den Eingangsbereich ähnlich wie die Oberbekleidung in Ihrem Kleiderschrank. Variieren Sie den Ausdruck je nach Jahreszeit! Passen Sie die Dekorationen und den Inhalt Ihrer Töpfe und Kübel so an, dass sie das ganze Jahr über einladend wirken.

Übersichtlichkeit ist wichtig!

Das Erste, woran man bei der Gestaltung des Eingangsbereichs denken sollte, ist Übersichtlichkeit. Dazu hier ein paar Fragen:

- Ist die Hausnummer von der Straße aus gut zu sehen? Sowohl für Fußgänger als auch für Radfahrer und Autofahrer?
- Ist klar, welche Eingangstür man benutzen soll (falls es mehrere gibt)?
- Ist die Haustür ausreichend beleuchtet? Ist die Beleuchtung blendfrei? Auf welcher Seite der Tür befindet sich die Lampe? Wird das Licht durch das Türblatt abgeschirmt, wenn man die Tür öffnet, oder blendet es die Besucher?

Auch die Größe spielt eine Rolle

Betrachten Sie den Eingangsbereich als Landebahn des Hauses: Gibt es genug Platz, um Besucher zu empfangen? Oft bleibt man ja eine Weile an der Haustür stehen, um Hallo oder Auf Wiedersehen zu sagen. Geizen Sie also nicht mit dem Platz. Sonst besteht die Gefahr, dass der erste (und letzte) Eindruck Ihrer Gäste eher einer der Enge und Unordnung als der Ruhe und Weite ist. Bedenken Sie zudem, dass der Bereich möglicherweise mit schützenden Geländern eingefasst werden muss. Es ist kein schönes Gefühl, bei der Begrüßung oder Verabschiedung am Rande eines Abgrunds zu stehen.

Symmetrie schafft Harmonie

Eine gängige Strategie zur Gestaltung des Eingangsbereichs ist die Verwendung von Symmetrie. So kann man beispielsweise auf beiden Seiten der Eingangstür identisch angeordnete Töpfe oder Pflanzgefäße platzieren. Dies ist eine einfache Lösung, um ein harmonisches und ausgewogenes und für das Auge leicht zu erfassendes Gesamtbild zu schaffen. Darüber hinaus gibt es jedoch noch weitere Symmetrieprinzipien, die Ihnen nützlich sein können.

Spiegelsymmetrie

Zwei identische Versionen derselben Größe, Farbe und Form, wie die Flügel eines Schmetterlings. Beispielsweise zwei Paare identischer Töpfe und Pflanzgefäße, zwei identische Lampen auf beiden Seiten der Eingangstür, zwei Beete, die sich spiegelbildlich gegenüberliegen.

Asymmetrische Balance
Zwei Teile, die zwar nicht spiegelsymmetrisch sind, sich jedoch in Größe, Farbe und Form die Waage halten. Hier unterscheiden sich also Volumen und optisches Gewicht auf den beiden Seiten, doch weil sie zusammengenommen ausgewogen sind, entsteht Symmetrie. Asymmetrische Balance lässt sich erzielen, indem man unterschiedlich große Töpfe und Pflanzen auf beiden Seiten der Haustür platziert, wobei die Summe beider Seiten gleich ist. Robuste, etwa 60 Zentimeter hohe und 100 Zentimeter breite Eichenfässer können ziemlich große Exemplare von mehrstämmigen Sträuchern und Bäumen beherbergen, was auf Anhieb einen Eindruck größerer Üppigkeit neben einem Eingang vermittelt.

Radiale Ausgewogenheit
Hier basiert die Symmetrie nicht auf einer Mittellinie, sondern auf einem Mittelpunkt. Um diesen herum werden ähnliche Objekte in Kreisform angeordnet. Radiale Ausgewogenheit schaffen Sie, indem Sie eine kreisförmige Rabatte um einen Eingang, eine Terrasse, einen Brunnen oder einen Baum herum anlegen.

Wege und Schrittlänge

Welche Richtlinien gilt es zu beachten, wenn man einen Weg zum Eingang oder weiter in den Garten oder zur Terrasse anlegen möchte? Hier einige hilfreiche Faustregeln und Richtwerte:

- **Zwei Personen nebeneinander:** Ein Weg, auf dem sich zwei Personen begegnen können, sollte etwa 120 bis 140 Zentimeter breit sein. Ist er von Pflanzen gesäumt, die während der Blütezeit etwas über den Weg hinauswachsen, sollten Sie sich für die breitere Variante entscheiden.

- **Eine Person plus Kinderwagen oder Schubkarre:** Ein Weg, der so breit sein soll, dass man einen Kinderwagen oder eine Schubkarre schieben kann, sollte etwa 60 bis 90 Zentimeter breit sein.
- **Eine Person im Rollstuhl:** Ein barrierefreier Weg muss etwa 120 Zentimeter breit sein, damit man sich mit einem Rollstuhl ungehindert fortbewegen kann. Beachten Sie auch die Neigung und dass eine ebene Fläche einen Wenderadius von 150 Zentimetern haben sollte.
- **Eine Person:** Ein schmalerer und informellerer Gartenpfad für eine Person kann etwa 35 bis 40 Zentimeter breit sein.
- **Abstand zwischen Trittsteinen:** Bemisst sich anhand der Schrittlänge eines Erwachsenen. Etwa 60–66 Zentimeter zwischen den Mittelpunkten der Steine sind in der Regel angemessen, aber probieren Sie es aus!
- **Ein Auto:** Ein Parkplatz für einen Pkw sollte pro Fahrzeug etwa 300 Zentimeter breit sein.

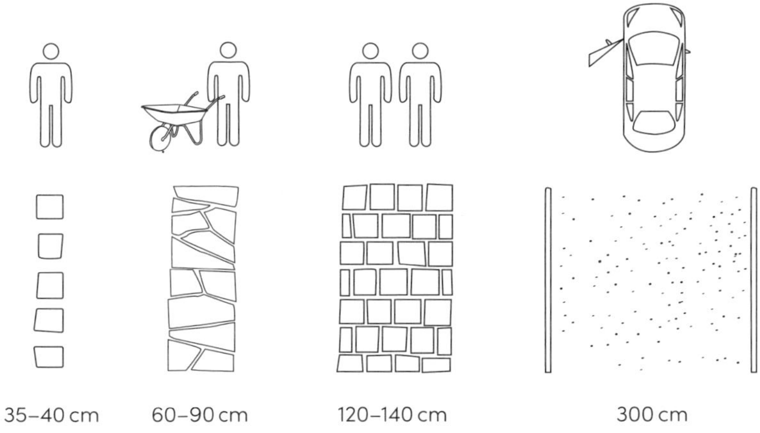

2 × Stufenhöhe + Stufentiefe = 60–66 cm

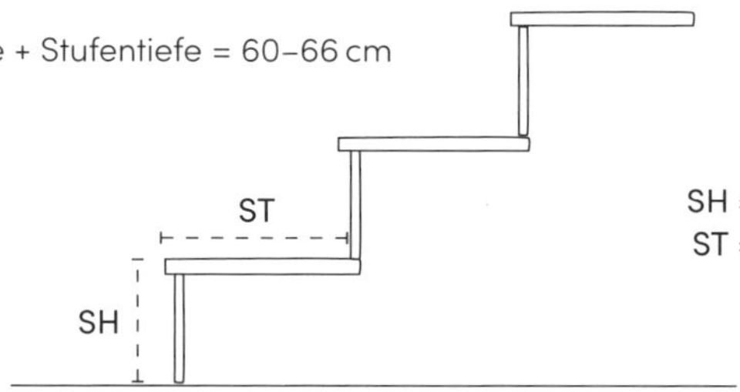

SH = Stufenhöhe
ST = Stufentiefe

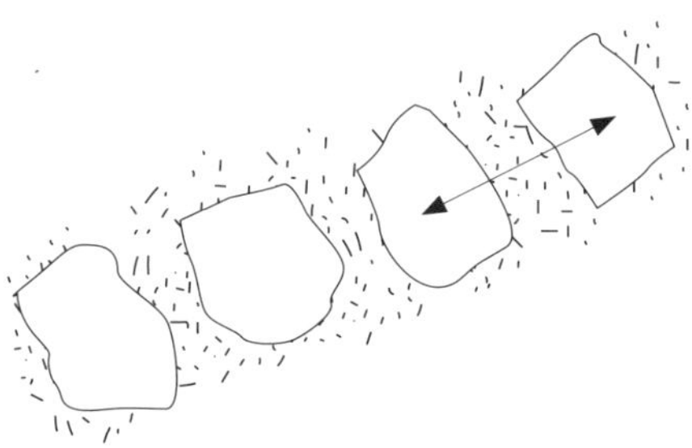

Für einen Gartenweg wird ein Abstand von etwa 60 bis 66 Zentimetern zwischen den Mittelpunkten der Steine empfohlen, aber das hängt natürlich davon ab, wie lang Ihre Schritte sind. Machen Sie einen »Probelauf«, indem Sie die Steine in einer Reihe auslegen und sie ausprobieren, bevor Sie sich für die genaue Platzierung entscheiden.

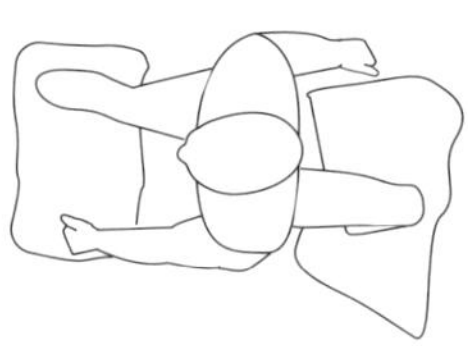

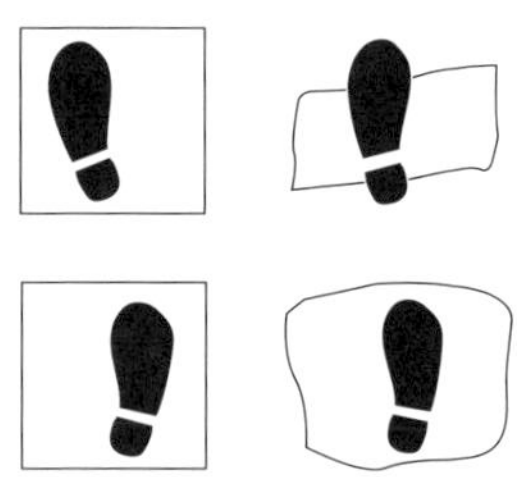

Achten Sie außerdem darauf, dass der ganze Fuß auf den Platten Platz findet, insbesondere, wenn Sie sich für Natursteine entscheiden.

Die Treppenformel

Für die Planung von Treppen in und an Gebäuden gibt es eine nützliche Formel, die bei der Neugestaltung eines Eingangsbereichs oder auch bei größeren Höhenunterschieden im Garten hilfreich sein kann. Gemäß der DIN 18065 sollte die Tiefe einer Stufe (der sogenannte »Auftritt«) mindestens 21 und maximal 37 Zentimeter betragen. Für baurechtlich notwendige Treppen gilt sogar eine Mindesttiefe von 23 Zentimetern. (Diese Industrienorm gilt nicht für Sonderbauten im privaten Garten.) Der Mensch reagiert vermutlich eher empfindlich auf die Höhe der Stufen als auf deren Tiefe (lange Stufen sind uns lieber als hohe). Beachten Sie auch, dass alle Stufen die gleiche Höhe und Länge haben sollten, um die Stolpergefahr zu reduzieren.

Altane und Terrassen

Wer einmal einen Balkon hatte, träumt oft von einer größeren Terrasse. Möglicherweise neigen viele deshalb dazu, etwas zu große Freisitze zu bauen, die dann allerdings eine Herausforderung in Hinblick auf die Gestaltung einer gemütlichen und behaglichen Atmosphäre darstellen.

Terrasse: Das Wort ist dem französischen »terrasse« und dem lateinischen »terra« entlehnt, was »Erde« bedeutet. Eine Terrasse wird als eine ebene Fläche definiert, die auf dem Boden vor oder auf einem Gebäude angelegt ist.

Altan oder Hochterrasse: Ein Altan (vom lateinischen »altus«, was »hoch« bedeutet) ist eine hochgelegene, auf einem Unterbau aus Säulen oder einem Gebäudeteil ruhende Terrasse. Aufgrund der Höhe muss diese Art Freisitz gemäß den Bauvorschriften der schwedischen Baubehörde Boverket mit einem Schutzgeländer umgeben sein. Sowohl Terrassen als auch Altane können verwendet werden,

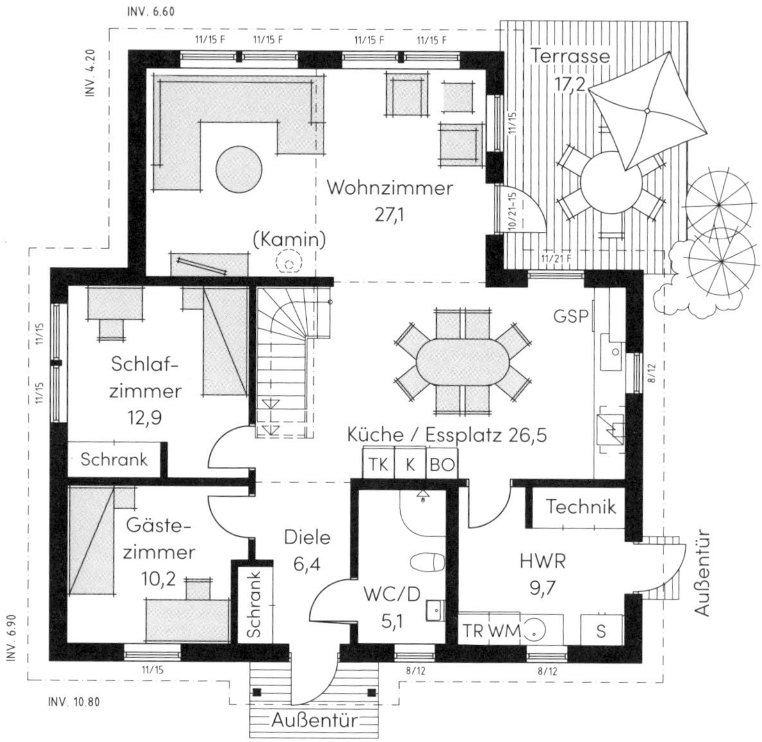

um mehrere Gebäude auf einem Grundstück miteinander zu verbinden, beispielsweise Nebengebäude verschiedener Größe mit dem Hauptgebäude.

Materialwahl

Holz – ein lebendiges Material,
das sich mit den Jahreszeiten verändert

Vorteile: Eine Terrasse aus Holz bietet zahlreiche Vorteile. Zum einen verleiht das Material vielen verschiedenen Fassadentypen eine gewisse Weichheit und wird oft als natürlicher Übergang von einem

Holzfußboden im Innenbereich zu einem Rasen oder einer Grünfläche im Außenbereich wahrgenommen. Zum anderen ist es angenehm, darauf zu gehen und anzusehen. Darüber hinaus ist es relativ einfach, einen Altan aus Holz an verschiedene Gegebenheiten des Grundstücks oder der Fläche anzupassen, beispielsweise, wenn er an einen Steingarten an- oder um einen Felsen herum gebaut werden soll.

Nachteile: Es ist wichtig zu beachten, dass Holz ein lebendes Material ist, das je nach Jahreszeit und Luftfeuchtigkeit quillt und schrumpft. Da es sich dementsprechend verändert, sollten Sie die Dielen so verlegen, dass zwischen ihnen auch dann Platz für den Abfluss bleibt, wenn das Holz seine größte Ausdehnung erreicht.

Ausrichtung

Die Dielen einer Holzterrasse können in verschiedene Ausrichtungen verlegt werden, um unterschiedliche Effekte zu erzielen. Hier gibt es kein Richtig oder Falsch, es ist eine Frage des Geschmacks und hängt von den eigenen Prioritäten ab – jedoch habe ich ein paar hilfreiche Tipps für Sie.

Viele entscheiden sich dafür, die Dielen auf der Terrasse so zu verlegen, dass möglichst wenig Verschnitt anfällt. In diesem Fall spielt die Länge der Dielen eine entscheidende Rolle bei der Frage nach der besten Ausrichtung. Auf auskragenden und weniger tiefen Altanen kann man oft ohne Sägeschnitte verlegen, während bei längs verlegten Dielen immer an einigen Stellen angesetzt werden muss, da die Bretter nicht so lang sind wie die heute üblichen Terrassen. Je nach Lichteinfall werden durch die unterschiedlichen Verlegerichtungen auch Unebenheiten und Fugen hervorgehoben. Manchmal lohnt es sich, die Verlegerichtung eines Holzfußbodens im Inneren des Hauses fortzuführen, um einen fließenden Übergang zwischen Innen und Außen zu schaffen. Man kann auch den Blick auf eine bestimmte Aussicht lenken, indem man die Linienführung auf der Terrasse entsprechend ausrichtet.

Längsseitig zum Gebäude

- Lässt die Terrasse länger wirken.
- Oft empfehlenswert, wenn sich an den kurzen Seiten Hindernisse wie Steine oder Felsen befinden.
- Soll das Fundament des Hauses leicht zugänglich sein, ist es oft einfacher, wenn man die Dielen längs verlegt. Dann müssen nicht alle Dielen dafür entfernt werden.

Weg vom Gebäude

- Lässt die Terrasse tiefer wirken.
- Befinden sich an der langen Seite Hindernisse wie Steine oder Felsen, ist diese Verlegeweise oft vorzuziehen. Um Wartungsarbeiten am Haus zu vereinfachen, können Sie einige Bretter wie ein Sims quer zur Fassade verlegen lassen, damit Sie nicht die gesamte Terrasse abreißen müssen, um an das Fundament zu gelangen.

Schräg zum Gebäude

Wenn Sie den Fokus in eine bestimmte Richtung lenken möchten, kann eine schräge Verlegung vom Gebäude weg sehr effektiv sein. Allerdings stellt dies etwas höhere Anforderungen an die Vorarbeiten und die Konstruktionslösung und bedeutet daher möglicherweise einen höheren Arbeitsaufwand für die Handwerker.

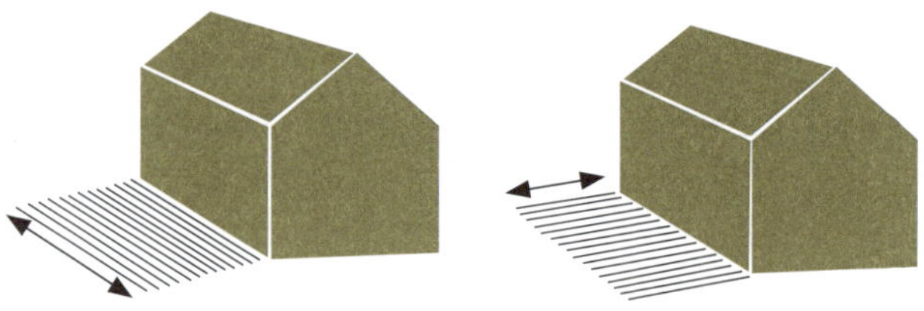

BITTE BEACHTEN!

In welche Richtung fegen Sie Unrat, herabfallende Blätter und Schnee? Am einfachsten ist dies in der Regel mit dem Verlauf der Holzfasern, ansonsten muss der Unrat womöglich über mehrere Spalten geschoben werden.

Beton – stilvoll, aber fleckenanfällig

Vorteile: Vermittelt einen einheitlichen Eindruck und passt zu modernen Häusern wie auch zu vom Funktionalismus inspirierten Gebäuden. Weil Beton etwas teurer ist, gilt er oft als eine exklusivere Variante. Darüber hinaus speichert Beton Wärme, was beim Barfußlaufen angenehm sein kann.

Nachteile: Beton kann empfindlich gegenüber Flecken sein, beispielsweise von Cortenstahl-Töpfen und Holzmöbeln, die bei Regen verfärbtes Wasser absondern. Man kann Beton aber schützen und auch pigmentieren, damit er dagegen widerstandsfähiger wird. Außerdem ist es möglich, den Beton staubfrei zu machen, damit er nicht so leicht Schmutz abgibt. Andernfalls neigt Beton nämlich dazu, Staub abzugeben, der im Innenbereich Schmutz hinterlässt, wenn man häufig hinaus- und hineingeht. Ein weiterer Nachteil von Beton ist, dass er mit der Zeit Risse bekommen kann, wenn nach Abschluss des Hausbaus Sprengarbeiten auf einem anderen Grundstück durchgeführt werden oder sich der Boden im Laufe der Zeit stark verändert. In der Branche wird intensiv an

BITTE BEACHTEN!

Beton ist ein totes Material, das bei Regen keine Feuchtigkeit aufnimmt. Bei starken Regenfällen kann es dadurch zu Überschwemmungen kommen. Stellen Sie also sicher, dass die Terrasse ein leichtes Gefälle hat, damit das Wasser nicht zum Haus hin abfließt.

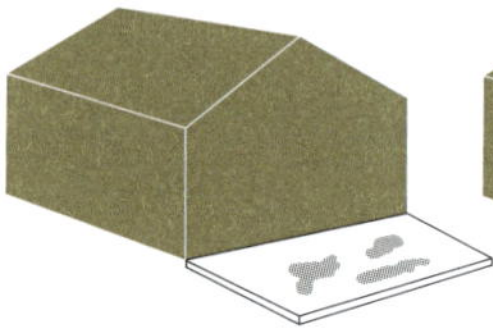

Kein Gefälle = Wasser bleibt leicht stehen.

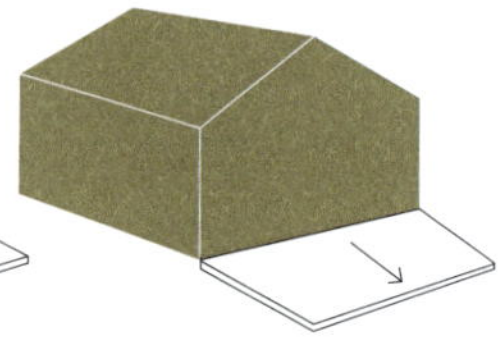

Abfallende Neigung = Gefälle nach außen.

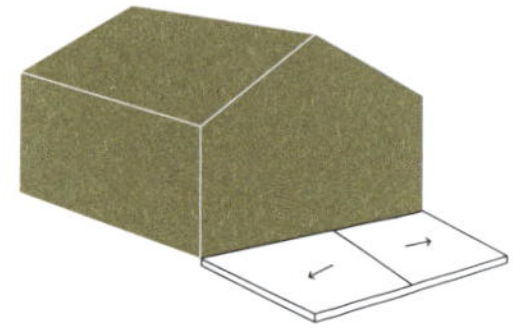

Gebrochene Neigung = Gefälle zu den Seiten.

der Entwicklung eines klimaneutraleren Betons gearbeitet, jedoch ist er zum jetzigen Zeitpunkt nicht das nachhaltigste Material für die Gestaltung von Außenbereichen.

Entwässerungsrichtung?

Wenn Sie eine Terrasse aus Beton von Grund auf neu anlegen, sollten Sie sich überlegen, in welche Richtung das Regenwasser abfließen soll. Nach vorne geneigt oder so gebrochen, dass das Gefälle zu den Seiten hin verläuft? Und wohin soll das Wasser dann fließen?

Pflastersteine

Der Boden eines Freisitzes kann auch mit verschiedenen Arten von Pflastersteinen versehen werden. Sowohl Natursteine (beispielsweise Schiefer und Granit) als auch Gussplatten und Fliesen unterschiedlicher Art kommen infrage. Dabei beeinflussen die Form der Platten und das Verlegemuster die Wahrnehmung. Auch die Breite und Farbe der Fugen zwischen den Platten spielen eine Rolle. Eine Terrasse, deren Bodenbelag ein sehr lebhaftes und komplexes Muster aufweist, profitiert oft von einer ruhigen Einrichtung, während ein mit quadratischen Pflastersteinen in sich wiederholenden Mustern gepflasterter Freisitz gegebenenfalls durch abgerundete Formen der Einrichtung aufgelockert werden sollte, damit er nicht zu leblos wirkt.

Kies, Splitt und Schotter

Kies wird häufig als Sammelbegriff für ein Material verwendet, das sehr unterschiedlich aussehen kann. Je nach Zusammensetzung hat es unterschiedliche Farben, und je nach Beschaffenheit der Kanten (scharf oder abgerundet) sowie der Größe der Bruchstücke (Gesteinskörnung) weist es verschiedene Eigenschaften auf. Dass die Lieferanten dann auch noch unterschiedliche Bezeichnungen und Sortierungen verwenden, macht die Sache nicht gerade einfacher, aber hier finden Sie eine grobe Übersicht zur Orientierung.

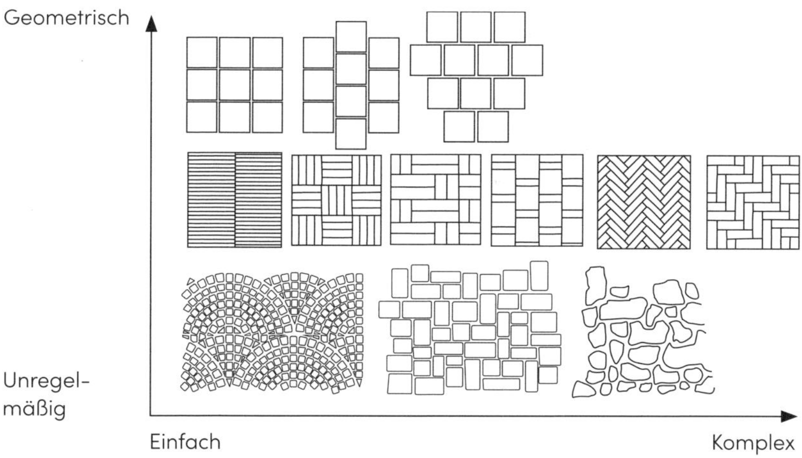

Die einzelnen Steinsorten weisen nicht nur verschiedene praktische Eigenschaften auf, sondern lassen auch ein und dieselbe Fläche ganz unterschiedlich wirken. Nutzen Sie die Muster der Steine bewusst, um den visuellen Eindruck in Ihrem Außenbereich zu verstärken, abzumildern oder zu verändern.

Zierkies, Feinkies (2–6,3 mm)
Kleine, abgerundete Steine, auf denen man bequem geht und die häufig als Oberflächenschicht auf Wegen oder als Mineralmulch in Beeten verwendet werden. Sie haben den Nachteil, dass sie leicht in Schuhsohlen und Autoreifen stecken bleiben und so auf Rasenflächen und in Flure gelangen können. Für Terrassen eignet sich das Material eher weniger, da Möbel aufgrund der abgerundeten Form der Steinchen leichter darin einsinken.

Mittelkies (6,3–20 mm)
Wird auch als Wege- oder Naturkies bezeichnet. Er ist sortiert und hat abgerundete Kanten. Geeignet für Wege, Terrassen und unter Bänken.

Grobkies (20–63 mm)
Grobkies ist etwas größer und wird häufig als Deckschicht oder Zierkies um Hausfundamente, Beete oder Baumstämme verwendet.

Schotter und Splitt (2–4 mm, 4–8 mm oder 8–16 mm)
Beides Bezeichnungen für gebrochenen Stein (Brecherprodukte). Eckiger und scharfkantiger als Kies, wodurch die Steine ineinandergreifen und die Oberfläche stabiler wird. Kleinere Gesteinskörnungen werden als Splitt bezeichnet, größere als Schotter. Eignet sich gut für Garagenauffahrten, wo ein fester Untergrund von Vorteil ist, und für Terrassen, die eine gute Drainage benötigen. Zum Barfußlaufen ist er allerdings nicht besonders geeignet! Die gängigste Größe für befestigte Außenbereiche ist ca. 8–16 mm.

Schutt (0–150 mm)
Natürliche, unveränderte Form des durch physikalische Verwitterung und Erosion entstandenen Mineralprodukts (kein Bauschutt!). Wird je nach Feinheit unterschiedlich bezeichnet. Von Steinmehl

für Pflasterarbeiten (0–4 mm) über gröberen Wegkies und Wegkies-Tragschicht (0–63 mm) bis hin zu grober Füllmasse, die als Unterbau bei Bauarbeiten verwendet wird (0–150 mm).

Größe und Proportionen des Freisitzes

Wie groß sollte eine (Hoch-)Terrasse im Verhältnis zum Haus sein? Dies ist natürlich Geschmackssache, jedoch hat die schwedische Baubehörde (Boverket) bestimmte Maße festgelegt, die Sie für eine baugenehmigungsfreie Konstruktion berücksichtigen sollten. Zum Zeitpunkt der Erstellung dieses Buches darf eine genehmigungsfreie Terrasse nicht mehr als 3,6 Meter vom Wohnhaus entfernt sein, muss mindestens 4,5 Meter Abstand zur Grundstücksgrenze einhalten (sofern die Nachbarn nicht eine geringere Entfernung zulassen) und darf an keiner Stelle höher als 1,8 Meter über dem Boden sein. In Deutschland variieren die Voraussetzungen von Bundesland zu Bundesland und sollten vor Baubeginn genau geprüft werden.

Das Maximum ist jedoch nicht immer das Optimum. Für ein harmonisches Gesamtbild sind auch die Proportionen des Hauses zu berücksichtigen. Vergessen Sie nicht, auch die Umgebung mit einzubeziehen. Die Terrasse sollte mit dem umliegenden Gelände harmonieren und so proportioniert sein, dass sie als Teil des Hauses wahrgenommen wird.

- **Folgende Aspekte sind in Deutschland zu beachten:** Der Mindestabstand zwischen Bebauung und der Grundstücksgrenze liegt in den meisten Bundesländern bei 3 Metern. Insbesondere ebenerdige, nicht überdachte Terrassen dürfen meist aber auch näher an die Grundstücksgrenze gebaut werden. In Deutschland variieren die Regelungen hierzu je nach Bundesland, und häufig sind zusätzlich örtliche Satzungen zu beachten.
- In den meisten Bundesländern ist eine Terrasse mit 30 Quadratmetern und 3 Metern Tiefe genehmigungsfrei.

Haben Sie ein abschüssiges Grundstück und möchten eine Hochterrasse errichten? Überlegen Sie vorher, wie diese aus verschiedenen Blickwinkeln wahrgenommen wird. Von der Rasenfläche aus betrachtet, wirkt eine solche Konstruktion mitunter übermächtig und bedrohlich. Es empfiehlt sich, den durch den Höhenunterschied entstehenden Hohlraum durch Bepflanzung zu kaschieren und optisch aufzulockern. Eine niedrige, aber frei wachsende Hecke davor schafft einen weichen und grünen Abschluss, der die Hochterrasse »erdet« und mit dem Grundstück verbindet.

Eine Faustregel lautet, dass die Terrasse als Ergänzung zum Haus wahrgenommen werden sollte und nicht umgekehrt.

Sinnvolle Richtwerte

Wie groß eine Terrasse sein sollte, hängt in erster Linie von der Größe des Hauses und des Grundstücks ab, gefolgt vom Platzbedarf für die Gartenmöbel. Allerdings sollten auch Durchgangsmaße, Sicherheitsabstände und Platz für geselliges Beisammensein in die Berechnungen einbezogen werden.

Hier sind einige Richtwerte, an denen Sie sich orientieren können, wenn Sie eine Terrasse neu planen oder ermitteln möchten, wie viele Gartenmöbel auf eine bestehende Terrasse passen:

- **Mindestabstand zu Zaun/Hauswand oder Hecke:** Etwa 80–90 Zentimeter vom Tischrand.
- **Mindestauszugraum hinter jedem Stuhl:** ca. 30–50 Zentimeter. Bitte mindestens das Doppelte hinzufügen, wenn der Sitzplatz an eine Kante grenzt.
- **Empfohlene Breite**: Rechnen Sie mit mindestens 60 Zentimetern Breite pro Person und Sitzplatz, eventuell mehr, wenn Sie etwas breitere Stühle auf Ihrem Freisitz haben.
- **Für eine kleinere Sitzecke** für zwei Personen an einem Cafétisch (Frühstücksecke) mit einem Tisch von 70 Zentimetern und zwei kleinen Stühlen benötigen Sie eine Fläche von ca. 1,7 × 1,7 Meter.
- **Für einen Essplatz** für 6 Personen ist eine Fläche von etwa 3 × 4 Meter erforderlich.
- **Sonstiges:** Planen Sie außerdem zusätzlichen Platz ein, wenn Sie Platz für Töpfe, Kissenboxen oder einen Grill benötigen. Für Letzteren wird mehr Platz gebraucht als oft gedacht, da man nicht im Essensdunst (oder Rauch, wenn Sie Kohle/Briketts verwenden) sitzen möchte.

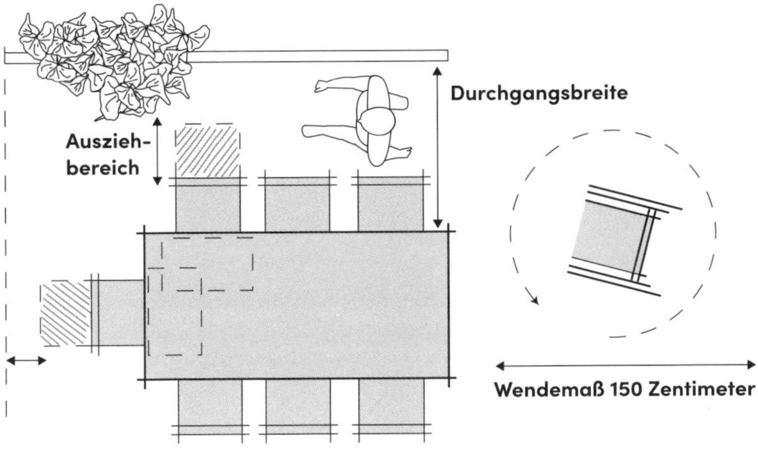

- **Bewegungsfreiheit:** Vergessen Sie nicht, dass Sie auch Platz zum Beisammensein benötigen, also Platz, wo mehrere Personen stehen können. Beispielsweise, wenn Sie Ihre Gäste begrüßen oder aufstehen und ein Glas trinken möchten, bevor sich alle an den Tisch setzen.
- **Maße bezüglich Barrierefreiheit:** Damit ein Esstisch Platz für einen Rollstuhl bietet, muss unter der Tischplatte eine lichte Höhe von 68–70 Zentimetern und eine lichte Tiefe (ohne störende Konstruktionsteile) von etwa 60 Zentimetern vorhanden sein.
- **Wendemaß für Rollstuhl (im Freien):** etwa 150 Zentimeter.

Ist der Freisitz von Pflanzen umgeben? Dann sollten die Außenmaße großzügig bemessen sein, damit sich niemand mit der Kleidung in hervorstehenden Ästen oder Sträuchern verfängt, wenn er sich an den Tisch setzt oder darum herumgeht. Ebenso muss bei einer dichten Einfriedung die Fläche unter Umständen etwas verbreitert werden, damit sich niemand beim Gehen mit den Armen an der Wand stößt.

Auch bei einer abschüssigen Stufe oder einem Höhenunterschied zur Rasenfläche hin braucht man mental mehr Bewegungsfreiheit. Beim Aufstehen vom Stuhl sollte man nicht vor lauter Platzmangel Gefahr laufen, rücklings zu stürzen.

!

Sind Sie unsicher, was die Maße angeht, und wissen Sie nicht, wie groß Ihre Terrasse sein sollte? Möglicherweise helfen Ihnen die Materialien weiter, mit denen Sie arbeiten. Was ist die beste Größe für Ihren Freisitz, wenn Sie überflüssigen Verschnitt oder zusätzliche Kosten für die letzten Zentimeter vermeiden möchten?

Lichtes Maß

Wie viel Freiraum ist vor einer Terrasse oder einer Außentür erforderlich, wenn man einen Freisitz einrichten möchte? Messen Sie das lichte Maß der Tür, das auch als Lichtmaß, Lichte oder Öffnungsmaß bezeichnet wird. Es gibt viele Bezeichnungen dafür, wichtig ist jedoch, dass Sie ermitteln, wie viel Platz in der einzurichtenden Fläche für den Schwenkradius der Tür und Ihren eigenen Körper verloren geht. Ja, Tatsache ist: Sie selbst brauchen auch Platz, wenn die Tür vollständig geöffnet ist, damit Sie problemlos mit einem Tablett mit Getränken und Gebäck hinein- und wieder hinausgehen können.

Dieses Maß ist bei der Gestaltung von Freisitzen, Terrassen und Balkonen wichtig, aber auch für die Bemessung einer Diele oder eines Eingangsbereichs, in dem es einen Niveauunterschied zwischen Eingangstür und Boden gibt. Der der Eingangstür am nächsten gelegene Bereich sollte idealerweise das Türblatt einschließen, damit man nicht aus Versehen zu weit hinaustritt, zwei Stufen auf einmal nimmt und hinfällt.

Laut DIN 18040-2:2011-09 Barrierefreies Bauen – Planungsgrundlagen – Teil 2: Wohnungen (2011) muss die Bewegungsfläche vor der barrierefreien Terrassentür mindestens 150 × 150 Zentimeter (Drehflügeltür) beziehungsweise 120 × 190 Zentimeter (Schiebetür) groß sein, damit auch ein Rollstuhl, Rollator oder Kinderwagen Platz hat, wenn die Tür aufschwingt. (Möchten Sie den Eingangs-

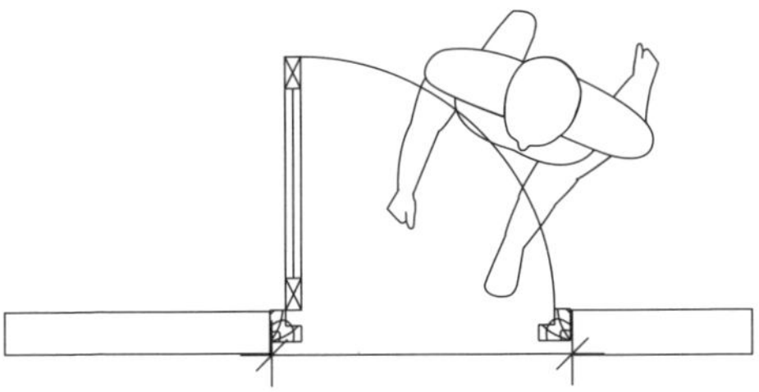

bereich gemäß den Vorschriften behindertengerecht gestalten, müssen Sie sich auch Gedanken darüber machen, wie sämtliche Stufen und Schwellen überwunden werden können. Auf der Website des Bundesministeriums für Wohnen, Stadtentwicklung und Bauwesen https://www.bmwsb.bund.de finden Sie einen »Leitfaden Barrierefreies Bauen«.)

Geländer

Geländer an Balkonen und Terrassen dienen nicht nur dekorativen Zwecken. Ab einer gewissen Höhe der Terrasse muss zur Vorbeugung von Sturzunfällen ein Sicherheitsgeländer angebracht werden. Die Vorschriften hierzu variieren in Deutschland je nach Bundesland. Tendenziell gilt, dass ab einer Höhe von 1 Meter (in Bayern ab 50 Zentimetern) ein mindestens 90 Zentimeter hohes Geländer angebracht werden muss. Dieses muss darüber hinaus so beschaffen sein, dass Kinder nicht darüberklettern oder zwischen den Pfosten stecken bleiben können. Bitte prüfen Sie gegebenenfalls, was an Ihrem Wohnort gilt.

BITTE BEACHTEN!

Soll das Sicherheitsgeländer als Barriere für Kinder und Haustiere dienen, sollten Sie vertikale Spalten nehmen. Horizontale Spalten wirken wie Trittstufen und erleichtern das Überklettern.

Verkehrswege und möblierbare Bereiche

Wo befinden sich die Türen, die auf den Balkon oder die Terrasse führen? Gibt es weitere Öffnungen oder Stufen zum Garten? Diese Knotenpunkte bestimmen das Bewegungsmuster und die möblier-

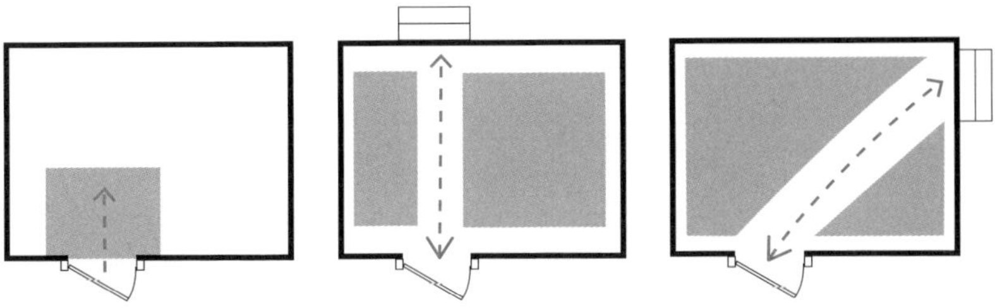

Je nachdem, wo die häufigsten Wege auf Ihrem Freisitz verlaufen, kann die Fläche in verschiedene möblierbare Zonen aufgeteilt werden.

bare Fläche, da die natürlichen Wege die Terrasse oft in kleinere Bereiche unterteilen. Beziehen Sie dies also schon bei der Planung des Mobiliars mit ein, damit Sie Tische und Stühle nicht mitten in einem Verkehrsweg platzieren oder das Sofa so aufstellen, dass dahinter eine Bewegungsfläche entsteht.

Tipps, um Räume im Raum zu schaffen

Genauso, wie wir einen offenen Grundriss drinnen gerne in verschiedene Räume im Raum aufteilen, um ihn übersichtlicher zu machen, können wir auch im Außenbereich mehrere Zonen schaffen. Hier sind ein paar einfache Tipps für eine klarere Raumaufteilung.

- Ein Outdoor-Teppich in Loungebereich oder Essecke verbindet die Möbel miteinander und weist den Bereich als eigene Zone aus.
- Auch über dem Kopf ist Platz für Gestaltung. Ein Sonnenschirm oder ein gespanntes Segeltuch tragen zum Raumgefühl und der Einteilung bei.
- Blumenkästen eignen sich sehr gut als Raumteiler. Mit feststellbaren Rollen lassen sie sich leichter verschieben, wenn man die Möbel umstellen möchte. In leeren Ecken sorgen gruppierte Pflanzgefäße für mehr Gemütlichkeit.

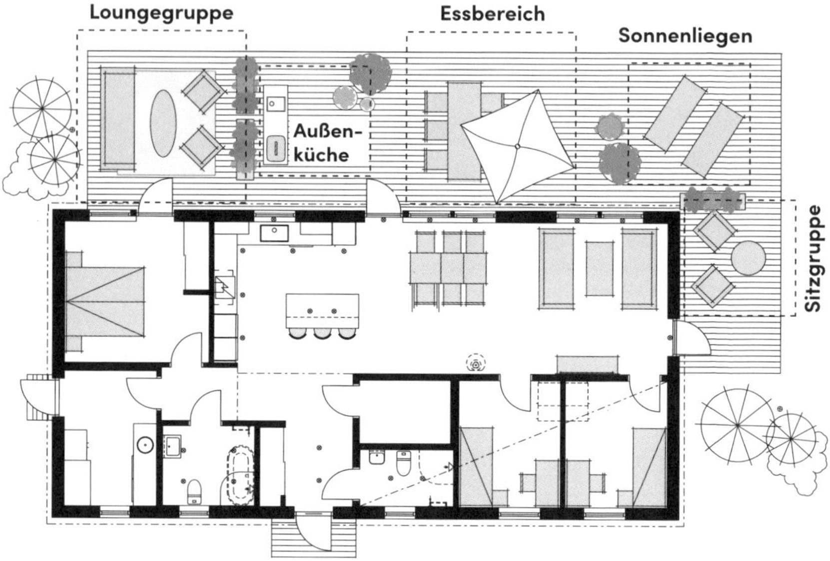

- Lange Lichterketten können auch als Raummarkierungen über Kopfhöhe dienen, selbst wenn sie nicht eingeschaltet sind.
- Wer eine große Terrasse hat und wenig Interesse an Pflanzen, sollte auf immergrüne Pflanzen in seinen Raumteilern und Töpfen setzen.

Verschiedene Ebenen für mehr Raumgefühl

Ein einfacher Trick für mehr Raumgefühl und Gemütlichkeit auf einer großen Terrasse oder Veranda ist, sie in verschiedenen Ebenen zu gestalten. Durch die Höhenunterschiede fällt es dem Auge leichter, die große Fläche in kleinere Einheiten aufzuteilen. So entsteht ein natürliches Raumgefühl zwischen den Zonen, wodurch Sie leichter eine gemütliche Atmosphäre schaffen – auch wenn die Quadratmeterzahl dieselbe bleibt, als wäre alles ganz flach.

SCHRITT FÜR SCHRITT EINRICHTEN

Möchten Sie die Möblierung eines Außenbereichs von Grund auf konzipieren? Dann sollten Sie einige Punkte beachten, an denen sich Profis in Sachen Garten- und Innenarchitektur immer orientieren, damit ihnen nicht der Bleistift ausrutscht.

- Messen Sie die Terrasse oder den Freisitz aus.
- Markieren Sie, wo sich Ihre Fenster befinden, damit die Aussicht oder das Ausblickmotiv nicht durch sperrige Möbel oder Sitzgruppen verdeckt wird.
- Ziehen Sie die Fläche für den Schwenkradius der Terrassentüren ab. Vergessen Sie nicht, den Durchgang mit einzukalkulieren, der durch die Türöffnung entsteht.
- Skizzieren Sie den vorgesehenen Verkehrsfluss von Türen, Aussparungen in Balkongeländern, Treppen und Zugängen zum Garten. Planen Sie ihn so, dass er um Ihre Sitzgruppen herum führt und nicht durch sie hindurch.
- Zeichnen Sie bei erhöhten Sitzplätzen ohne Geländer einen Schutzrand von 30–50 Zentimetern um die Außenseite der Terrasse ein.
- Markieren Sie sowohl die geplanten Möbelmaße als auch die Nutzungsmaße (wie den Ausziehbereich, der hinter den Stühlen an einem Esstisch benötigt wird).
- Messen Sie die Pflanzgefäße aus, aber vergessen Sie nicht, dass bei einem Zierbaum der Umfang der Pflanze größer sein kann als der Topfdurchmesser. Markieren Sie außerdem den Platz für den Grill sowie die für das Grillen benötigte Nutzfläche und den wegen Rauch und Gerüchen notwendigen Abstand zu den Möbeln.

Connectivity

In Ermangelung eines besseren deutschen Worts verwende ich das englische »Connectivity« – ein Begriff, den Sie in Ihre Überlegungen, wo Sie verschiedene Möbelgruppen platzieren möchten, miteinbeziehen sollten. Neben den bereits erwähnten rein praktischen und ortsspezifischen Fragen lohnt es sich auch, ein wenig über die Entfernung zu wichtigen Knotenpunkten im Innenbereich nachzudenken. So sollte der Essplatz in der Nähe der Küche liegen, damit man nicht zu viel laufen muss. Die Leiter zum Pool sollte möglichst in der Nähe der Toiletten stehen und so weiter.

BITTE BEACHTEN!

Entspricht das Niveau des Freisitzes dem Boden im Haus, wird der Eindruck erzeugt, dass sich der Raum nach draußen fortsetzt. Allerdings sollte der Terrassenboden oder der Boden der Veranda immer etwas niedriger liegen als der Fußboden im Haus. Andernfalls besteht die Gefahr, dass Schnee, Schmutz und Regen hereingeweht oder hereingetragen werden, wenn man die Terrassentür öffnet.

Pergolen

Das Wort Pergola kommt aus dem Italienischen und heißt so viel wie »(Wein-)Laube«. Im Grunde ist es ein Freisitz, der von Säulen umgeben ist, die wiederum mit einer Form der Überdachung versehen sind: Balken, Seile, Pflanzen, Markisen, klappbare Lamellen oder ein Segeltuch. Auch wenn es sich um eine ziemlich offene Konstruktion handelt, vermittelt sie sofort mehr Raumgefühl im Außenbereich und umschließt einen Essbereich oder eine Loungegruppe, wodurch diese gemütlicher wirken. Im Gegensatz zu einem Gewächshaus oder einem Wintergarten hat eine Pergola keine festen Seitenwände, aber es entsteht trotzdem ein Gefühl der Geborgenheit.

Wer mehr Schutz wünscht, ohne gleich eine Sichtschutzwand zu bauen, kann die Pergola strategisch günstig neben einer vorhandenen Bepflanzung errichten oder eine Hecke pflanzen, um auf einer oder mehreren Seiten eine »lebende Wand« zu schaffen. Wie der Name schon sagt, ist es nicht ungewöhnlich, dass eine Pergola von vornherein für die Begrünung konzipiert ist, damit sich Pflanzen daran hochranken, was vielleicht an ein Dach erinnert.

Eine Pergola kann auf einer Terrasse oder einem Freisitz platziert werden oder frei im Garten stehen, um einen schattigen Platz zu schaffen. Länge und Breite können variieren, aber man sollte von einer Pfostenhöhe von etwa 2,3 Metern über dem Boden ausgehen. Ein erwachsener Mensch sollte darunter stehen und gehen können, aber sie soll auch nicht zu hoch sein, damit das Gefühl, nach oben abgeschirmt zu sein, nicht verloren geht. Die Regeln für Baugenehmigungen variieren, aber im Moment ist in den meisten Kommunen keine Baugenehmigung nötig, wenn die Pergola mindestens 50 Prozent durchsichtig und nicht mit einer festen Überdachung versehen ist.

Heutzutage gibt es auch jede Menge fertige Bausätze und Modelle, die man an verschiedene Haustypen anpassen kann. Eine fertige Pergola ist vielleicht schneller aufgebaut, aber wenn man sie vor Ort selbst zimmert, bieten sich mehr Möglichkeiten, die Gestaltung und die Abmessungen der verschiedenen Teile individuell anzupassen, damit das Bauwerk besser zum Haus passt. Schließlich soll sie ja mit der Architektur harmonieren und nicht wie ein Anhängsel wirken.

Schattenraster

Je nach Art des Daches ergeben sich unterschiedliche Schatteneffekte oder Streifen darunter. Wer empfindlich auf Lichtmuster reagiert, sollte lückenhafte oder perforierte Materialien vermeiden und lieber eine Markise verwenden, durch die das Licht gleichmäßig gefiltert wird. Mehr über verschiedene Arten von Schatten erfahren Sie im Kapitel über Grundsätze.

TIPP!

Bei einer zu hohen Pergola stellt sich das Gefühl von Geborgenheit und Schutz eher nicht ein. Ist das Dach viel höher als die Standardhöhe in Innenräumen, büßen Sie zudem die Proportionalität zu den Möbelstücken ein.

Vorhänge

Mit Vorhängen rund um die Pergola können Sie noch mehr Privatsphäre und Windschutz kreieren, aber sich auch gegen die tief stehende Sonne am frühen Morgen und späten Abend schützen. In Neubaugebieten, in denen es oft einige Jahre dauert, bis sich Pflanzen und Hecken etabliert haben, bietet sich dies als Lösung an, damit die Nachbarn keine freie Sicht haben.

BITTE BEACHTEN!

Überlegen Sie nicht nur, wie die Pergola draußen wahrgenommen wird, sondern auch, wie sie sich auf die Innenräume auswirkt. Wird sie unmittelbar an die Fassade angebaut oder verfügt sie über ein Dach und Seitenwände, wird unter Umständen der Lichteinfall in die zum Freisitz ausgerichteten Räume beeinträchtigt.

In Räumen, die sehr starker Sonneneinstrahlung ausgesetzt sind, kann das aber auch gerade positiv sein, da die Pergola an heißen Sommertagen wie eine Schirmmütze fungiert.

Zur Auswahl stehen flatterig fließende Vorhänge oder vertikale Sonnenschutzvorhänge aus PVC-beschichtetem Polyester, die eher wie eine glatte Wand wirken. Zudem können Vorhänge Mücken und Insekten fernhalten. Mithilfe von Schlaufen oder Knoten können Sie den Stoff auf verschiedene Weise fixieren, wenn er nicht gebraucht wird. Damit die Vorhänge nicht verschmutzen, sollten sie oft etwas kürzer sein als die im Innenbereich.

Möblierung

Da das Dach einer Pergola nicht komplett dicht ist, ist es wichtig, Möbel aus Materialien zu wählen, die einer gewissen Feuchtigkeit standhalten, ohne Schaden zu nehmen. Mehr dazu im Kapitel über Gartenmöbel (ab Seite 112 f.).

Messen Sie nicht nur die Tische und Stühle aus, die in der Pergola stehen sollen, sondern berücksichtigen Sie auch den Platzbedarf für Drehbewegungen und den Auszugsradius der Stühle. Möchten Sie stattdessen eine Couchgarnitur für die Pergola verwenden, sollte der Abstand zwischen Couch und Couchtisch eventuell etwas größer sein, wenn Sie eine eher zurückgelehnte Sitzposition bevorzugen, weil die Beine auch ausgestreckt dazwischen Platz finden müssen.

Einrichtung

Das wohlige Gefühl, unter einer schützenden Überdachung zu sitzen, lässt sich durch das Aufhängen von Lichterketten und Lampen noch verstärken. Dafür brauchen Sie nicht einmal Schrauben, sondern können die Lichterkette einfach um Pfosten und Balken wickeln. Ein Windspiel oder ein Deckenmobile, das sich im Wind bewegt, kann ebenfalls dazu beitragen, den Blick nach oben zu lenken.

Außenküchen

Ein Ort für das Kochen im Freien kann auf viele verschiedene Arten gestaltet werden, das Spektrum reicht vom einfachen Kugelgrill bis hin zur kompletten Außenküche. Für das Einrichten einer Außenküche im Garten gibt es in Deutschland keine speziellen amtlichen Vorgaben. In der Regel ist eine einfache, offene Outdoorküche ohne feste Überdachung und geschlossene Wände genehmigungsfrei und wird als Gartenausstattung betrachtet. Es kann sich aber lohnen, bestimmte Grundsätze für Küchen im Innenbereich zu beachten, da diese auf den körperlichen Standardmaßen basieren. Einige Maße unterscheiden sich aber ein bisschen. Das gilt zum Beispiel für die Höhe der Küchenzeile/Arbeitsplatte. Der Grund dafür ist ganz einfach: Oft trägt man im Freien andere Schuhe und ist dadurch größer. Um das Risiko von Verschmutzungen zu verringern, ist es außerdem vielleicht sinnvoll, die Unterschränke mit etwas höheren Füßen auszustatten als im Innenbereich. Zudem gibt es noch andere Faktoren zu berücksichtigen, wie Regen- und Windschutz sowie IP-Schutzklassen von Lampen und Steckdosen. Und ganz egal, ob Sie einen frei stehenden Grill aufstellen wollen oder eine anspruchsvollere Ausführung im Sinn haben, in jedem Fall brauchen Sie eine Ablagefläche in unmittelbarer Nähe.

Arbeitsablauf

Genau wie beim Kochen im Haus gilt auch hier: Die Entfernungen im sogenannten Arbeitsdreieck sollten nicht zu groß sein.

Gemeint ist die Entfernung zwischen den drei wichtigsten Punkten: Herd (in diesem Fall vielleicht Grill), Spüle und Kühlschrank. Auch wenn genügend Platz für eine Außenküche vorhanden ist, ist es nicht sinnvoll, diese zu groß zu gestalten oder zu weit vom Küchenbereich im Haus entfernt zu platzieren, da man dann immer zwischen beiden hin- und herlaufen muss.

- Überlegen Sie sich, ob Sie die Außenküche an einer Wand oder frei stehend wie eine Kücheninsel aufstellen möchten, damit Sie von zwei Seiten aus in der Küche arbeiten können.
- Soll Ihr Grill/Ofen/Herd rechts oder links stehen?

FROST-SICHER?

Denken Sie bereits bei der Konzeption unbedingt an die Jahreszeiten! Muss die Küche isoliert oder können Teile im Winter drinnen gelagert werden?

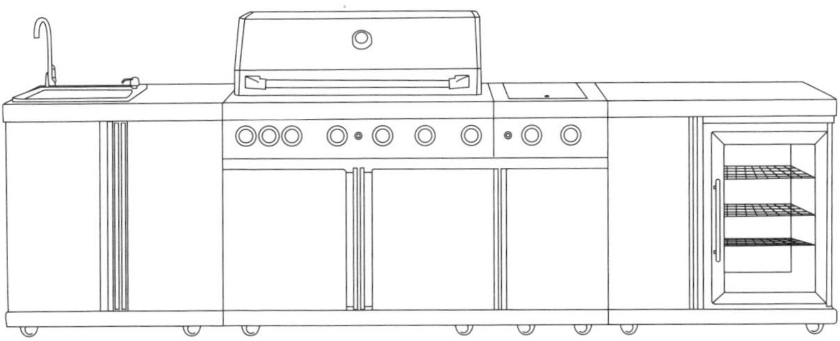

Wenn Sie es einfach halten möchten, sind modulbasierte Außenküchen eine gute Option. Für mehr Flexibilität bietet sich ein Modell an, bei dem die Module beliebig angeordnet werden können, sodass Sie die Platzierung der Einheiten an Ihre räumlichen Gegebenheiten und Anforderungen anpassen können.

- Denken Sie daran, dass die Kühlschranktür immer zur Arbeitsfläche hin geöffnet werden sollte.
- Um Struktur zu schaffen, empfiehlt es sich, die Fläche in verschiedene Zubereitungszonen zu unterteilen: zum Beispiel eine nasse, eine kalte und eine trockene Zone.
- Langweilig, aber wichtig für einen reibungslosen Arbeitsablauf: Wie handhaben Sie die Mülltrennung und Entsorgung?

Arbeitsflächen

Ein weiterer wichtiger Punkt für eine gut funktionierende Außenküche sind ausreichend Arbeits- und Ablageflächen neben dem Kochbereich. Im Haus beträgt der empfohlene Mindestabstand zwischen Herd/Grill/Backofen/Kochfeld und Spüle 80 bis 120 Zentimeter, was auch im Freien ein guter Anhaltspunkt ist. Somit ist Platz für Servierplatten, größere Bleche und Pizzaschieber.

Höhe und Tiefe der Arbeitsplatte

- Die empfohlene Höhe für die Arbeitsplatte liegt zwischen 90 und 94 Zentimetern, je nachdem, wie groß Sie sind.
- Es wird ein Überstand von etwa 3 Zentimetern empfohlen. Vielen gefällt es, wenn die Arbeitsplatte bündig mit dem Schrankkorpus abschließt, aber bedenken Sie, dass ein kleiner Überstand sowohl Schranktüren als auch Verkleidungsmaterial vor Flecken, verschütteten Flüssigkeiten, Krümeln und anderem Schmutz bewahrt.
- Freie Fläche vor der Arbeitsplatte: ca. 110–120 Zentimeter
- Freie Fläche zwischen den Schränken in U-förmigen Küchen: ca. 120–140 Zentimeter, damit die Schranktüren ungehindert geöffnet werden können und genügend Platz für den eigenen Körper und ein gewisses Maß an Bewegungsfreiheit vorhanden ist.

Sicherheit

In einer Außenküche, in der mit Gas, Holzkohle oder einem holzbefeuerten Pizzaofen gekocht wird und möglicherweise Wasser und Strom angeschlossen werden sollen, spielt die Sicherheit eine wichtige Rolle, und das gilt nicht nur für diejenigen, die das Essen zubereiten, sondern auch für die Immobilie insgesamt.

- Beachten Sie, dass nicht alle Grills eingebaut werden können. Für den Einbau gibt es spezielle Modelle. Grills wie auch Pizzaöfen erzeugen Hitze, daher muss eine Außenküche mit genügend Luftschlitzen, einer guten Belüftung und feuerfestem Material ausgestattet sein.
- Haben Sie auch an einen Funkenschutz (bei einem Holzkohlegrill), einen Platz für die Gasflaschen (bei einem Gasgrill) und eine Steckdose (bei einem Elektrogrill) gedacht?
- Wenn Sie Strom in Ihrer Außenküche verlegen, können Sie eine Kochplatte oder einen tragbaren Induktionsherd verwenden.
- Wählen Sie für die Außenküche einen stabilen Untergrund, der sowohl Lebensmittel- und Flüssigkeitsspritzer als auch glühende Kohle aushält.
- Soll in der Außenküche ein Wasseranschluss vorhanden sein? Ein Tipp: Wenn Sie das Wasser trinken möchten, benutzen Sie keinen Gartenschlauch, sondern besorgen Sie sich einen lebensmittelechten, für Trinkwasser zugelassenen Schlauch. Bedenken Sie auch, dass das Abwasser aus der Spüle entsorgt werden muss.
- Die Konstruktion sollte mit feuerfestem Material brandsicher gemacht werden. Lassen Sie sich dazu von Sachverständigen im Fachhandel beraten, bevor Sie eine eigene Lösung entwerfen! Halten Sie immer eine Löschdecke und einen Feuerlöscher bereit.

Eine Arbeitsplatte selbst gießen?

Das geht schon, allerdings darf man nicht vergessen, dass Beton mehr wiegt, als man denkt. Sind Sie in der Lage, die Arbeitsplatte von der Stelle, an der Sie sie herstellen, an ihren Bestimmungsort zu transportieren? Hält die Terrasse das Gewicht aus? Darüber hinaus muss die Oberfläche einer Betonplatte behandelt werden, damit sie keine unschönen Flecken von beispielsweise Fett und Öl abbekommt.

Gewächshäuser

Zwar geht es in diesem Buch eigentlich nicht um Pflanzen, aber heutzutage entscheiden sich tatsächlich viele Menschen für ein Gewächshaus oder eine Orangerie in erster Linie als zusätzlichen Außenraum: als Windschutz, der Wärme wegen oder als gemütlicher Rückzugsort und Blickfang auf dem Grundstück – und nicht unbedingt, um dort besonders viel anzubauen. Wände und Dach eines Gewächshauses bestehen normalerweise aus Glas, damit die Sonnenstrahlen durchgelassen werden, während gleichzeitig die Wärme nicht entweichen kann und die Pflanzen vor Wind und Niederschlag geschützt sind. Eine Orangerie ist eine Variante des Gewächshauses, deren Name vom französischen Wort »orange« für Orange stammt. Ursprünglich wurden Orangerien zum Überwintern exotischer Zitruspflanzen genutzt, die im rauen Klima nicht überleben konnten. Um die Wärme etwas länger zu speichern, haben Orangerien meist eine gemauerte Brüstung, die Glaswand beginnt also etwas weiter oben. Heute wird der Begriff Orangerie auch für isolierte Wintergärten verwendet, die nicht nur frostempfindlichen Zierpflanzen, sondern auch Menschen Wärme spenden sollen. Eine tolle Variante eines Anbaus, wo man auch im Winter Tageslicht und eine Verbindung zum Außenbereich hat – ohne dass man beißenden Frost und

Kälte aushalten muss, sofern man den Raum beheizt. Je nachdem, für welchen Bodenbelag und welche Belüftung man sich im Gewächshaus entscheidet, ob man es nur zum Verweilen einrichtet oder auch zum Gärtnern nutzt, könnte es unter Umständen feuchtwarm werden. Das wirkt sich auf die Gestaltung der Innenausstattung in unterschiedlicher Weise aus.

> **!** Da das Gewächshaus durchsichtig ist, ist es wichtig, dass die Farben und der Stil der Möbel und Textilien darin zum Rest des Außenbereichs passen.

Einrichtung

Weil in Gewächshäusern und Wintergärten meist eine etwas höhere Luftfeuchtigkeit herrscht, ist es wichtig, widerstandsfähige Möbel zu wählen. Vermeiden Sie Polster und Materialien, die mit Feuchtigkeit oder starker Sonneneinstrahlung nicht sehr gut zurechtkommen, beispielsweise Bambus, da dieser empfindlich auf längere UV-Strahlung reagiert und durch starke Schwankungen der Luftfeuchtigkeit Schaden nehmen kann. Auch Rattan verkraftet direkte Sonneneinstrahlung nicht besonders und kann austrocknen, spröde werden und im schlimmsten Fall sogar reißen. Besser sind deshalb Möbel aus verzinktem Stahl, Aluminium und Holzarten, die keine unschönen Flecken durch Feuchtigkeit bekommen.

Bedenken Sie außerdem, dass die Möbel erheblichen Schwankungen zwischen Sommer- und Winterklima ausgesetzt sind, wenn sie das ganze Jahr über in diesem Raum stehen, was Risse oder Formveränderungen an bestimmten Teilen zur Folge haben kann. Da es häufig zu starker Lichteinstrahlung kommt, ist es auch wichtig, dass die Textilien mit einem UV-Schutz ausgestattet sind, da sie sonst schnell ausbleichen.

Beleuchtung

Da Gewächshäuser und Wintergärten meist sowohl Dächer als auch Wände aus Glas haben, gilt es, bei der Auswahl der Beleuchtung und der Platzierung der Lampen darauf zu achten, dass die Leuchten nicht blenden oder das Glas das Licht reflektiert.

Leuchten mit Schirmen, die das Licht umschließen und es auf den Esstisch lenken oder es sanft durch Stoff oder Papier streuen, sowie bewegliche Strahler, die sich auf nicht reflektierende Oberflächen ausrichten lassen, sind daher vorzuziehen. Auch dimmbare Lichterketten an der Decke sorgen für eine schöne Atmosphäre und vermitteln das Gefühl, unter einem Sternenhimmel zu sitzen.

Wenn es außerhalb des Gewächshauses Licht gibt, zum Beispiel von Straßenlaternen oder Pollern, kann das die Lichtfarbe und auch die Beleuchtung im Raum beeinflussen. Mit anderen Worten: Eine Abschirmung durch Textilien an der Decke ist unter Umständen sowohl tagsüber (gegen die Sonne) als auch abends (gegen störende Lichtquellen) angebracht.

Heckenlauben

Die Heckenlaube ist ein kleiner, von Pflanzen umgebener Bereich im Garten, meistens mit verschiedenen Hecken oder Sträuchern. Der in der Gartenarchitektur ebenfalls verwendete Begriff »Berceau« kommt aus dem Französischen und bedeutet wörtlich »Wiege«. Sie fand Ende des 19. und Anfang des 20. Jahrhunderts in den Gärten der wohlhabenderen Bevölkerung Schwedens großen Anklang, da sie Schatten und Windschutz bot. Um die Sonne fernzuhalten, wurde der Eingang der hufeisenförmigen Bepflanzung meist nach Norden ausgerichtet.

Heckenlauben können verschiedene Außenmaße und Formen haben (rund, quadratisch oder unregelmäßig), aber allen gemeinsam ist, dass man davon vollkommen umgeben ist. Auf diese Weise lässt sich eine windschützende Bepflanzung schaffen, sodass der Wind in einem größeren Teil des Grundstücks gebremst wird. Außerdem bietet eine Heckenlaube einen guten Sichtschutz, wenn man auf einem großen, offenen Grundstück wohnt.

– Eine solche Heckenlaube ist nicht nur der traditionelle Ort für Kaffee und Kuchen schlechthin, sondern ist auch ein sehr gut geeigneter Ort, wo unerwünschte Kleckereien und Gerüche nicht so ins Gewicht fallen.
– Welche Form soll Ihre Heckenlaube haben? Eine klassische U- oder Hufeisenform, soll es ein Quadrat oder vielleicht S-förmig sein? Durch unterschiedliche Anordnungen der Bepflanzung können Sie Sitzplätze im Windschatten in mehr als einer Himmelsrichtung schaffen.
– Wo befindet sich der optimale Eingang in Bezug auf die Himmelsrichtung, den Sonnenverlauf, das Wohnhaus, die Windrichtung und eventuelle Einblicke?
– Eine kleinere Laube für zwei Personen darf etwa 2 × 2 Meter groß sein, für vier Personen sollte sie mindestens 4 × 4 Meter groß sein, weil man einen größeren Tisch braucht.
– Achten Sie bei der Auswahl der Möbel darauf, dass diese durch den Eingang oder die Pforte der Laube passen, insbesondere, wenn Sie sie im Winter einlagern müssen. Falls ein kleinerer Zugang vorgesehen ist, eignen sich klappbare Tische und Stühle.
– Welchen Untergrund möchten Sie haben? Gras, Kies, Erde, Backsteine, Pflaster oder Fliesen? Früher hatte man oft denselben Kies in der Heckenlaube wie auf den Gartenwegen.

– Wünschen Sie sich eine dichte Hecke oder in Form geschnittene »Fenster« mit Aussicht?
– Eine beleuchtete Heckenlaube kann länger genutzt werden. Wer die Möglichkeit hat, Strom zu verlegen und Beleuchtung zu installieren oder eine Lichterkette aufzuhängen, hat auch im Dunkeln einen gemütlichen Sitzplatz.
– Bei der Auswahl der Pflanzen sollten Sie neben Ihren Wünschen auch die Gegebenheiten vor Ort berücksichtigen, damit sich die Pflanzen wohlfühlen und die Laube so üppig wird, wie Sie es sich erhoffen. Wenn Sie sich für immergrüne Pflanzen entscheiden, haben Sie das ganze Jahr über einen schönen Sitzplatz.
– Wenn die Hecke geschnitten werden muss, denken Sie daran, dass man bei älteren Hecken oder Kopfbäumen viel Erfahrung braucht, um nicht zu viel abzuschneiden oder zu verstümmeln. Falls die Wände eher spärlich sind, kann man versuchen, einige Triebe und Äste an den nach oben und zur Seite wachsenden Trieben zu befestigen, um die Heckenlaube zu verdichten.

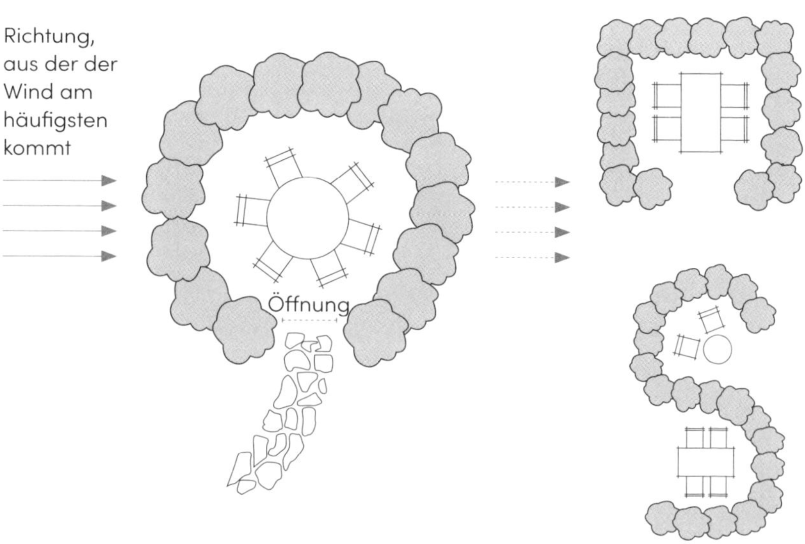

PFLANZEN WACHSEN!

Bedenken Sie, dass sich die Pflanzen im Laufe der Zeit nach oben wie auch nach innen ausbreiten und pflanzen Sie sie daher nicht zu dicht. Es sollte sowohl Platz für den Auszugsradius der Stühle als auch zum Sitzen vorhanden sein, außerdem ein gewisser Sicherheitsabstand, damit man nicht hängen bleibt oder die Kleidung nicht schmutzig wird.

Feuerstellen

Seit jeher zieht es Menschen zum Lagerfeuer. Es dient uns als Licht- und Wärmequelle und zum Kochen, aber auch als Ort der Geborgenheit, der Gemeinschaft und der Entspannung. Früher haben wir es auch genutzt, um Raubtiere und Insekten fernzuhalten. Inzwischen gibt es zwar moderne Grills für die Essenszubereitung, Freisitze mit Infrarot-Heizungen und elektrisch betriebene Insektenvernichter, aber das ändert nichts an der grundsätzlichen Sehnsucht nach einer Feuerstelle. Es ist immer noch etwas Besonderes, sich um ein offenes Feuer zu versammeln. Vielleicht ist das der Grund, warum Feuerstellen immer wieder zum Trend werden? Schließlich sind sie ein sehr gemütliches Element im Freien, sowohl als Bestandteil eines Gartens als auch als eigenständiger Bereich. Zudem erfüllt eine Feuerstelle oft auch im Herbst und Winter ihren Zweck. Wenn Sie auf Ihrer Terrasse oder Ihrem Balkon nicht so leicht eine gemütliche Atmosphäre erzeugen können, sorgt womöglich eine Feuerstelle für die fehlende Wärme, im wörtlichen wie im übertragenen Sinne.

Fragen, über die man nachdenken sollte

- Wo soll die Feuerstelle hin? Gibt es einen Bereich auf der Terrasse, dem Grundstück oder vielleicht dem Balkon, wo sich flackernder Feuerschein wie selbstverständlich gut einfügen würde – wo Sie genügend Sicherheitsabstand zu benachbarten Gebäuden, anderen brennbaren Materialien und Pflanzen haben, die durch die Hitze beschädigt werden könnten?
- Welche Art von Feuer oder Brennstoff schwebt Ihnen vor? Holz, Pellets, Gas, Bioethanol, Grillkohle oder Strom? Die Entscheidung beeinflusst zum einen, wie Rauch, Ruß und Gerüche abgeleitet werden, zum anderen, welchen Anforderungen feuerfeste Materialien, Funkenflug und so weiter standhalten müssen.
- Was möchten Sie rund um das Feuer machen? Soll es in erster Linie ein sozialer Treffpunkt und ein Blickfang sein, oder wollen Sie auch Würstchen oder Marshmallows grillen?
- Wie viele Sitzplätze soll Ihre Feuerstelle haben?
- Soll das Feuer von mehreren Seiten aus zu sehen sein? Es gibt Feuerstellen, die man in Ecken einbauen oder mit Glas auf zwei Seiten in die Mitte eines Raumes platzieren kann.

Tragbare Gartenkamine

Wenn man es sich einfach machen will, kann man die Loungegarnitur auf der Terrasse mit einem tragbaren, mit Bioethanol betriebenen Außenkamin ergänzen. So haben Sie einen natürlichen Blickfang und ein entspannendes Deko-Detail direkt neben der Sitzgruppe. Verbraucherschutzzentralen weisen allerdings darauf hin, dass das Risiko von Ethanolkaminen nicht zu unterschätzen ist, weil sie ihre Verbrennungsstoffe direkt an die Raumluft abgeben und ein hohes Unfall- und Brandrisiko besteht.

Da solche Kamine oft relativ einfach zu bewegen sind, ist man nicht so sehr an den Standort gebunden und kann bei Bedarf die Möbel umstellen. Weil Ethanolkamine Regen und Schnee nicht vertragen, sollten sie im Winter eingelagert und während der Sommersaison vor Witterungseinflüssen geschützt werden.

Kamine mit Schornstein

Manche Häuser sind mit vollwertigen, gemauerten Außenkaminen für die Befeuerung mit Holz ausgestattet. Wenn man einen Kamin im Innenbereich installiert, kann man denselben Schornstein oft auch für einen Kamin im Außenbereich des Hauses nutzen.

Das Wichtigste beim Heizen mit Holz ist, den Rauch abzuleiten – auch weil er die Nachbarn womöglich stören könnte. Wenn der Kamin vom Esstisch oder der Couchgarnitur aus sichtbar sein soll, sollte man sich an der Augenhöhe des Sitzplatzes orientieren. Darüber hinaus wiegen Kamine mehr und erfordern eine Belüftung für einen besseren Zug und die Beseitigung von Ruß. Erkundigen Sie sich daher bei dem Hersteller des Kamins und bei Ihrem zuständigen Schornsteinfeger, bevor Sie mit der Planung beginnen.

Feuerstellen

In den USA sehen die beliebten gemauerten Feuerstellen, sogenannte *fire pits*, oft wie traditionelle Grillstellen aus. Meistens brennt in einer gemauerten Fläche das Feuer, um das sich Sitzgelegenheiten befinden. Um das Feuer bequem beobachten zu können, empfiehlt es sich, die Feuerstelle nicht zu hoch oder zu niedrig anzulegen. Berücksichtigen Sie die Sichtlinie in sitzender Position, also auch den Winkel der Rückenlehne, wenn Sie die passende Höhe für die Feuerstelle ausmessen. Die ungefähre Augenhöhe einer sitzenden Person liegt bei etwa 120 Zentimetern.

Feuertonnen und Feuerkörbe

Tragbare Feuerkörbe verbreiten sowohl Licht als auch Gemütlichkeit und sind in vielen verschiedenen Ausführungen erhältlich. Es ist wichtig, dass der Untergrund feuerfest ist und dass das Feuer nicht in allzu großer Nähe von Pflanzen, Möbeln oder brennbaren Gebäudeteilen entzündet wird. Verwenden Sie immer die mitgelieferte Bodenplatte, um Asche und Funken aufzufangen, aber denken Sie daran, dass auch diese sich aufheizen und Spuren hinterlassen kann.

Sicherheit geht vor

Lassen Sie beim Anzünden eines offenen Feuers stets äußerste Vorsicht walten, auch wenn es sich nur um eine Fackel handelt. Lassen Sie offene Flammen oder Feuer niemals unbeaufsichtigt.

Durch den Wind kann das Feuer schnell auflodern und sich in eine andere Richtung ausbreiten. Außerdem können Glut und Rauch entstehen, also haben Sie immer Wasser und Löschgeräte griffbereit. Lassen Sie sich von Fachleuten beraten, bevor Sie eine Feuerstelle in Ihrem Außenbereich einrichten, und befolgen Sie immer die Empfehlungen des Herstellers, wenn Sie einen fertigen Kamin, eine Feuerstelle oder einen Feuerkorb kaufen!

Beachten Sie auch immer den angemessenen Sicherheitsabstand zu überhängenden Textilien und angrenzenden Holzkonstruktionen wie Markisen, Sonnenschirmen, Pergoladächern, Dachvorsprüngen und Windschutzvorrichtungen.

8

Der Balkon

Ein eigener Balkon steht für viele, die in einer Wohnung leben, ganz oben auf der Wunschliste. Es vermittelt ein unbeschreibliches Gefühl von Freiheit, eine Tür zur Straße hin oder vielleicht sogar noch lieber zu einem begrünten Innenhof öffnen zu können. Trotzdem sind viele etwas ratlos bei der Gestaltung des Balkons, und die Ratschläge, die sie bekommen, sind häufig weniger untermauert als ein französischer Balkon. Diesen Abschnitt habe ich für alle geschrieben, die verstehen möchten, warum manche Dinge besser funktionieren als andere und wie man eine wohldurchdachte Gestaltung hinbekommt.

Ein Sitzplatz in luftiger Höhe

Der Balkon hat den großen Vorteil, dass er sich in der Luft befindet, was jedoch auch einer Herausforderung gleichkommt. Im Englischen gibt es einen schönen Begriff für das Gärtnern auf dem Balkon, nämlich »Cloud Gardening«. Ich mag diese Beschreibung auch in Bezug auf die Einrichtung eines Balkons. Zwar richtet man sich vielleicht nicht zwischen den Wolken ein (es sei denn, man wohnt in einem extrem hohen Gebäude), aber so weit entfernt ist man davon in der Praxis nun auch wieder nicht. Ein Balkon ist ein erhöhter, aber auch ziemlich exponierter Ort. In diesem Abschnitt habe ich einige Dinge zusammengestellt, die man bedenken sollte. Bevor Sie mit der Ideenfindung beginnen, sollten Sie sich unter Umständen erkundigen, ob es seitens Ihres Vermieters, der Wohnungsbaugesellschaft oder Eigentümergemeinschaft Vorgaben gibt, was erlaubt ist und was nicht. In so manchen Leitfäden ist von der Auswahl der Farben für Wind- und Sichtschutz bis hin zu den geltenden Verhaltensregeln so ziemlich alles geregelt.

Verschiedene Balkonarten

Unter dem Begriff Balkon versteht man einen Anbau oder eine Plattform, die in der Regel aus der Hausfassade ragt, mit einem Geländer versehen ist und sich über dem Boden befindet. Es gibt verschiedene Ausführungen, die jeweils etwas unterschiedliche Voraussetzungen für die Einrichtung mit sich bringen.

Offener Balkon: Balkone ohne Verglasung. Hier müssen bei der Auswahl der Einrichtungsgegenstände Wetter und Wind etwas stärker berücksichtigt werden, beispielsweise, indem Kissen gewählt werden, die am Stuhl befestigt, und Möbel, die bei Sturm zusammengeklappt oder verankert werden können.

Verglaster Balkon (Einfachverglasung): Balkone, die mit einer Einfachverglasung oben, außen oder innen am Geländer als Wind- und Regenschutz versehen sind. Wegen fehlender Isolierung sind einfach verglaste Balkone aber nicht beheizt. Trotzdem erlauben sie etwas mehr Freiheit bei der Auswahl der Möbel, aber auf gepolsterte Möbel mit fest montierten Kissen sollte man verzichten, wenn sie den Winter über draußen bleiben sollen.

Verglasung mit Klimaglas: Ein Balkon mit verglasten Wänden (und Überdachung), der die baurechtlichen Anforderungen an Wärmedämmung, Schallschutz und so weiter erfüllt. Hier hat man eine große Auswahl an Möbeln, und wenn er das ganze Jahr über beheizt ist, kommt er fast einem Wintergarten gleich.

BITTE BEACHTEN!

Der Balkon gehört nicht nur zu Ihrer Wohnung, sondern ist auch Teil des öffentlichen Raums. Wie Sie Ihren Balkon gestalten – oder auch nicht –, beeinflusst nicht nur Ihr Wohngefühl. Es hat auch Auswirkungen auf die Aussicht Ihrer Nachbarn und auf das Empfinden der Passanten. Das mag selbstverständlich klingen, aber es reicht schon, einen Spaziergang durch die Nachbarschaft zu machen, um zu sehen, wie unterschiedlich dies interpretiert und respektiert wird. Trägt der Balkon zur Attraktivität der Umgebung bei? Oder mindert er sie?

Neben den drei Kategorien gibt es auch eine Reihe verschiedener Konstruktionstypen, die unterschiedliche Gestaltungsmöglichkeiten bieten. Was für einen Balkon haben Sie?

Französischer Balkon: Französische Balkone, auch Lüftungsbalkone genannt, sind eigentlich keine richtigen Balkone. Es sind vielmehr zu öffnende Türen, die nach innen gehen und mit einem Geländer abgesichert sind. Eine Balkonplatte, auf die man hinausgehen könnte, gibt es hier nicht. Dieser Balkon heißt so, weil er ursprünglich aus Frankreich stammt, wo die Bauvorschriften in den engen Stadtgebieten keine normalen Balkone zuließen. Das Konzept verbreitete sich dann in Europa und kam Ende des 19. Jahrhunderts nach Schweden, als die Bebauung sich verdichtete und nicht immer genügend Platz für einen richtigen Balkon vorhanden war. Mit einer Sitzgruppe oder Stühlen im Innenbereich lässt sich bei geöffneter Tür die Aussicht genießen.

Spanischer Balkon: Spanische Balkone ähneln französischen und haben oft nach innen öffnende Türen, aber sie verfügen auch über eine kleine Balkonplatte (Kragboden), auf der mit etwas gutem Willen Blumentöpfe oder kleinere Möbelstücke Platz finden.

Balkon (Standard): Ein typischer Balkon kragt ein Stück aus und ist rundum mit einem schützenden Geländer versehen. Je nach Gestaltung des Geländers, Lage des Hauses und Höhe des Balkons ist der Wind mitunter eine Herausforderung. Achten Sie daher darauf, dass Ihr Balkon den Wetterverhältnissen gewachsen ist.

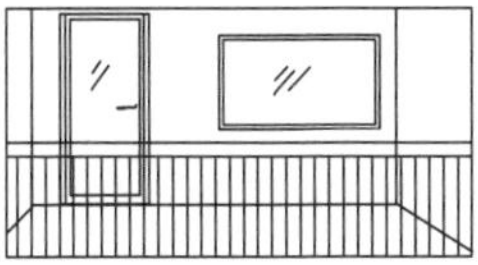

Integrierter Balkon: Balkone, die nicht auskragen, sondern integraler Bestandteil des Gebäudes sind, werden auch als Loggia bezeichnet. Der Vorteil ist, dass sie immer ein schützendes Dach und oft auch einen seitlichen Windschutz haben – allerdings auf Kosten einer etwas geringeren Sonneneinstrahlung. Hier hat man oft gute Gestaltungsmöglichkeiten in der Vertikalen. Auch wenn man nicht in die Fassade bohren oder etwas nageln darf, kann man Gitterwände oder Regale an die Wände stellen und Töpfe, Blumenkästen, Windlichter und Lampen daran aufhängen.

Kronenbalkon: Ein abgerundeter oder gerader Balkon, der zwischen zwei Erkern in einer Etage liegt und daher an beiden Enden eine Tür hat, wird in Schweden gemeinhin als Kronenbalkon bezeichnet.

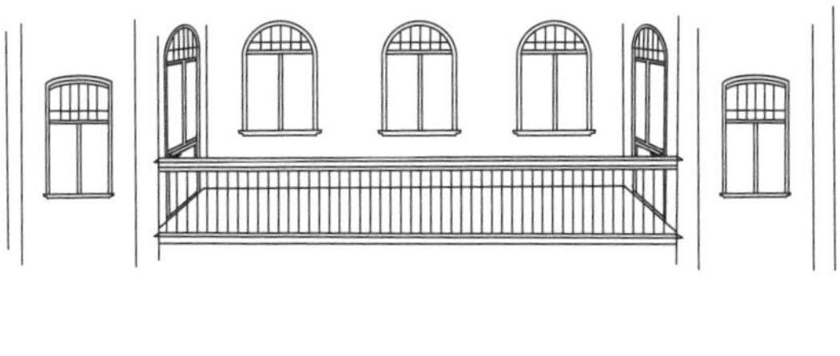

Solche Balkone sind eher selten und manchmal etwas knifflig einzurichten, weil sie so lang und schmal und eigentlich nicht für größere Möbel gedacht sind. Weil sie jedoch normalerweise zu größeren Wohnungen gehören, ist es gar nicht so ungewöhnlich, dass man bei einem solchen Modell mehr als einen Balkon zur Verfügung hat.

Königsbalkon: Balkone, die sich im obersten Stockwerk befinden und sich über mehrere Zimmer einer Wohnung erstrecken, werden in Schweden als Königsbalkon bezeichnet. Diese Modelle sind oft eher schmal und daher, genau wie Kronenbalkone, schwieriger mit Möbeln einzurichten.

Deshalb besteht der Kunstgriff darin, sich nicht an die herkömmliche Anordnung von Tisch und Stühlen zu halten, sondern den Balkon eher als Tribüne zu betrachten und die Fassade als Rückenlehne zu nutzen, sofern dies möglich ist.

Dachterrasse: Im obersten Stockwerk eines Wohngebäudes gibt es manchmal einen Freisitz, der den Himmel als Dach hat, daher der Name. Je nach Größe und Lage bieten Dachterrassen oft eine super Möglichkeit, eine Oase mit mehreren Sitzplätzen und viel Grün zu schaffen, auch wenn man mitten in der Stadt wohnt.

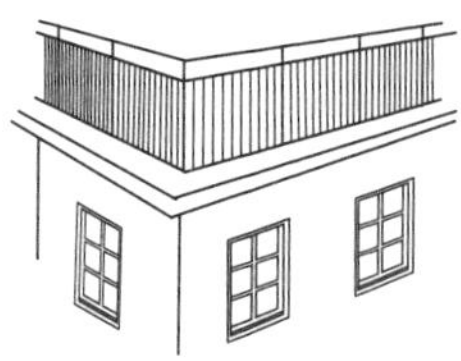

Lage und Ausrichtung

Nach Osten: Ein Balkon nach Osten hat den großen Vorteil, dass er Morgensonne bekommt (sofern keine benachbarten Gebäude im Weg sind). Das ist perfekt für alle, die im Sommer gerne draußen frühstücken oder ihren Morgenkaffee auf dem Balkon genießen möchten. Wenn es Ihnen im Laufe des Tages etwas kühl wird, sollten Sie sich gegebenenfalls einen Terrassenheizstrahler anschaffen.

Nach Norden: Ein Balkon nach Norden liegt meist den größten Teil des Tages im Schatten. Dadurch ist es dort etwas kühler, ideal für alle, die sich gerne im Freien aufhalten, ohne in der prallen Sonne zu sitzen. Wichtig ist, dass die Möbel Feuchtigkeit durch Tau und Regen standhalten, da sie nicht so schnell trocknen.

Nach Westen: Ein Balkon nach Westen hat am Nachmittag und Abend am meisten Sonne. Perfekt für alle, die gerne auf dem Balkon zu Abend essen oder den Tag ausklingen lassen.

Nach Süden: Ein Balkon nach Süden liegt fast den ganzen Tag in der Sonne. Auf einem Südbalkon kann es sehr heiß werden. Sonnenschutz, Sonnenschirme und Markisen sind oft vonnöten.

DAS MIKROKLIMA

Ein Balkon ist ein Beispiel für ein sogenanntes Mikroklima: Dieselbe Pflanzenart entwickelt sich je nach Umgebung unterschiedlich gut, auch wenn sie in derselben Straße und derselben Stadt gepflanzt wird. Wenn eine in einem Topf auf einem windigen Balkon steht und eine andere auf einem Balkon mit Blick auf einen geschützten Innenhof, sieht man das den Pflanzen an. Auf Balkonen ist es oft sehr trocken, nicht nur, weil nicht selten die Balkonplatte darüber schützt, sondern auch, weil dort normalerweise nicht so viel Regen hinkommt wie auf dem Erdboden.

Boden, Wand und Überdachung

Eine selbstverständliche Begrenzung, einen Rahmen, haben Balkone oft ohnehin durch das Geländer. Einige Bauteile können zwar nicht verändert, aber abgedeckt oder mit anderen Materialien verkleidet werden, um ein Raumgefühl zu erzeugen.

Boden

Die Neugestaltung des Bodenbelags ist ein erster Schritt, um eine gemütlichere Atmosphäre sowie Linien und Muster zu schaffen, die die Oberfläche für das Auge auflockern. Mit verschiedenen Materialien lassen sich optische Täuschungen kreieren, die eine andere Beschaffenheit der Oberfläche vortäuschen. Die einfachste Lösung ist, einen Teppich auf den Betonboden zu legen. Anspruchsvollere Varianten sind Terrassendielen oder Klickfliesen.

Wände

Ein offener Balkon, der von allen Seiten und Winkeln einsehbar ist, wird schnell als sehr exponiert empfunden. Windschutzvorrichtungen an den Geländern erfüllen sowohl eine funktionale als auch eine emotionale Aufgabe, da sie die Sichtlinien der Umgebung auf einen selbst unterbrechen.

Ist es nicht erlaubt, Löcher in Wände oder Decken zu bohren? In diesem Fall hilft eine Duschvorhangstange, an der man einige Vorhangbahnen aufhängen kann. Solche Teleskopstangen lassen sich leicht in der Länge verstellen und sind an den Enden meist mit Gummifüßen oder Saugnäpfen versehen.

Überdachung

Auf Balkonen stellt sich das Gefühl, gut nach oben abgeschirmt zu sein, oft von ganz allein ein, wenn man einen weiteren Balkon über sich hat. Doch nicht immer wirkt die vorhandene Überdachung gemütlich. Um das Licht zu filtern und den Einblick zu verhindern, kann man einen drehbaren Sonnenschirm verwenden. Falls ein Sonnenschirm oder ein Sonnensegel nicht erlaubt sind, kann auch ein abschirmender Sessel oder ein Hängesessel einen gewissen Sichtschutz bieten und zugleich den Eindruck vermitteln, dass man Wände und Dach um sich hat. Bei Hängesesseln gibt es auch praktische Modelle mit einem Gestell.

Balkonmöbel

Bei der Einrichtung eines Balkons kann man selbstverständlich beliebige Gartenmöbel verwenden – es gibt jedoch auch einige Möbel und Lösungen, die speziell auf die Gegebenheiten von Balkonen zugeschnitten sind und die man kennen sollte.

Balkontisch

Falls es an Platz mangelt, bietet sich ein Balkontisch an, der an das Geländer gehängt wird. Dadurch wird viel Bodenfläche gespart, da das Geländer als Untergestell dient. Wenn der Tisch nicht gebraucht wird, kann die Platte oft heruntergeklappt werden, sodass er überhaupt keinen Platz einnimmt.

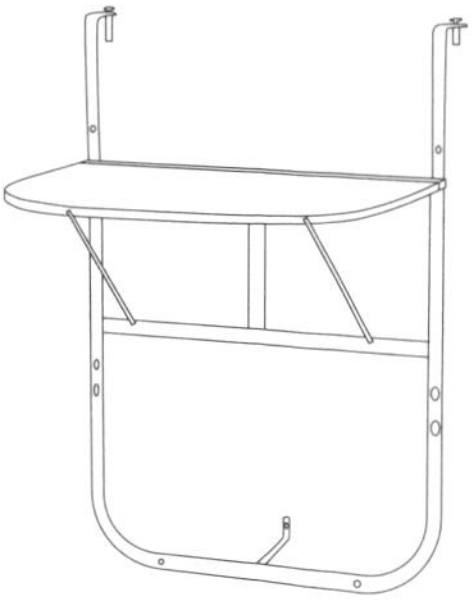

An Geländern montierte Regale

Wer neben einer Sitzgruppe keinen Platz für einen Couch- oder Beistelltisch hat oder einfach nur zusätzliche Ablagefläche auf seinem Balkon möchte, für den sind an Geländern montierte Regale eine gute Alternative. Der Name sagt es bereits: Es handelt sich um Regale, die am Balkongeländer befestigt werden.

Eckmöbel

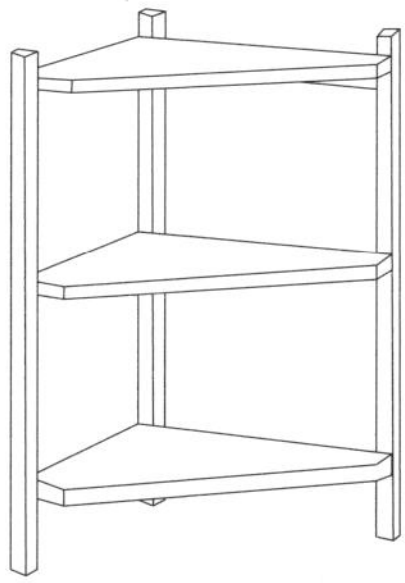

Sie sind vielleicht nicht immer speziell für Balkone gemacht, aber meistens perfekte Lösungen für die Einrichtung einer kleinen Fläche. Mit Sofas, Regalen, kleinen Tischen, Schränken und Podesten, die für die Platzierung in Ecken konzipiert sind, kann man so eine schwer zu möblierende Fläche voll nutzen.

Balkonsonnenschirme

Für den Balkon gibt es Sondermodelle, die man am Geländer befestigen kann. Das ist in mehrfacher Hinsicht praktisch. Zum einen wiegen diese Sonnenschirmhalterungen weniger als ein Sonnenschirmständer, bieten aber eine ähnliche Stabilität, zum anderen sparen sie im Vergleich zu herkömmlichen (schweren) Sonnenschirmständern viel Platz auf dem Balkon. Es gibt zwei verschiedene Halterungen: die eine wird oben am Balkongeländer befestigt, die andere an den Streben. Um sicherzustellen, dass alles wirklich passt, sollten Sie den Umfang messen.

Falls Sie Schirm und Halterung von verschiedenen Händlern oder Herstellern kaufen, überprüfen Sie unbedingt, ob die Rohrmaße von Schirm und Balkonhalterung zusammenpassen.

Es gibt runde, rechteckige und speziell zugeschnittene Schirme. Für einen schmalen Balkon eignet sich ein halber Schirm für die Beschattung in Fassadennähe. Die gleiche Wirkung erzielen Sie auch mit einem Balkonsonnenschirm mit Neigungsfunktion. Beachten Sie aber, dass diese windanfälliger sind. Je höher der Balkon liegt, desto größer die Gefahr von starken Winden.

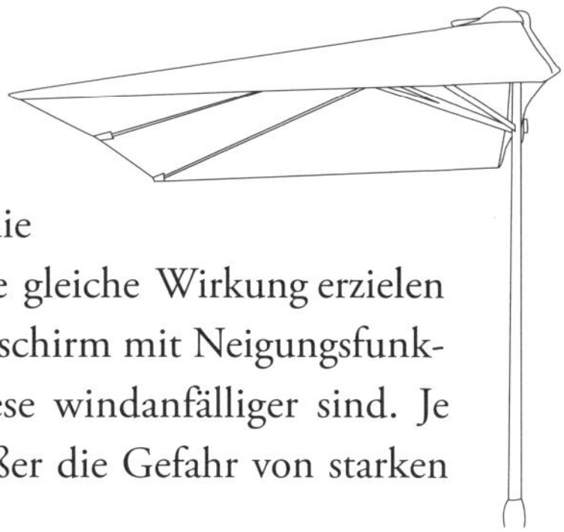

Dunkle Möbel wirken schwerer

Im Abschnitt über das visuelle Gewicht habe ich beschrieben, dass dieselben Möbel je nach Farbe unterschiedlich wahrgenommen werden. Dunkle, massive Möbel wirken oft schwerer, helle und durchbrochene Möbel dagegen leichter, auch wenn sie genau dasselbe wiegen. Viele Menschen machen auf kleinen Balkonen den Fehler, sie mit schwarzen, massiven Möbeln auszustatten. Dadurch wirkt der Balkon unnötig plump und beengter, als er sein müsste.

SICHTBEHINDERUNG

Vergessen Sie nicht, bei der Wahl der Sitzhöhe der Möbel das Balkongeländer zu berücksichtigen. Haben Sie ein blickdichtes Geländer, oder planen Sie, einen Windschutz rundum anzubringen? Dann besteht die Gefahr, dass Sie durch die niedrigen Stühle und Loungesofas der Aussicht beraubt werden. Anstelle eines klappbaren Liegestuhls mit einer eher niedrigen Sitzhöhe ist es vielleicht besser, sich etwas höher zu positionieren, damit die Augen über der Barriere bleiben.

Balkonkästen

Bei der Auswahl von Balkonkästen verhält es sich ähnlich wie bei der Auswahl von Pflanzgefäßen. Soll die Bepflanzung im Vordergrund stehen, wählen Sie etwas aus, das farblich mit der Fläche harmoniert. Möchten Sie den Fokus auf das Design des Balkonkastens lenken, nehmen Sie ein Modell, das sich durch eine abweichende Farbe oder Form vom Hintergrund abhebt. Bei einer bunten und detailreichen Bepflanzung lenkt ein schlichterer Blumenkasten mit klareren Linien nicht von den Pflanzen ab und umgekehrt. Und falls Sie keine besonderen Ambitionen haben, sondern sich eher einen üppigen Efeu vorstellen, können Sie stattdessen mit der Form des Kastens experimentieren.

Balkonkästen sind in vielen Größen erhältlich, von 30 bis 90 Zentimeter Länge, in unterschiedlicher Tiefe und Höhe. Wählen Sie keine zu flachen Kästen, da dann weniger Erde für die Pflanzen hineinpasst, die dann schneller austrocknet.

BITTE BEACHTEN!

Ein Balkonkasten mit Pflanzen und bewässerter Erde kann etwa 30 Kilo wiegen und großen Schaden anrichten, wenn er aus großer Höhe herunterfällt. Bringen Sie ihn stattdessen innen an, dann können Sie die Aussicht auch besser genießen!

Vergewissern Sie sich, dass die Halterungen wirklich an Ihrem Geländer befestigt werden können, damit der Balkonkasten nicht in der Luft schwebt, sonst können bei Wind sowohl der Pflanzkübel als auch der Balkon Schaden nehmen.

Balkonkästen mit herausnehmbaren Pflanzgefäßen sind einfacher zu handhaben, wenn man die Pflanzen schnell hereinholen muss oder sie einfach nach der Saison austauschen und die Kästen neu bepflanzen möchte.

Wenn Sie ein harmonischeres Gesamtbild der Pflanzen auf Ihrem Balkon schaffen möchten, probieren Sie es doch mal mit Gruppierungen, anstatt die Töpfe entlang der Balkonkante zu verteilen. Machen Sie sich außerdem das Prinzip des Goldenen Schnitts zunutze und verwenden Sie unterschiedlich große Töpfe. Arrangieren Sie das Stillleben so, dass die Außenkonturen ein Dreieck bilden, und bepflanzen Sie sowohl Balkonkästen als auch Kübel nach dem zuvor beschriebenen Thriller-Filler-Spiller-Prinzip.

Häufige Herausforderungen und Lösungsvorschläge

Problem: Der Balkon ist klein und eng.
Lösung: Nutzen Sie optische Täuschungen, um die Bodenfläche visuell zu vergrößern, zum Beispiel mit einem Teppich mit Querstreifen. Stellen Sie helle und schlichte Möbel mit Aussparungen oder durchsichtigen Elementen auf. Vermeiden Sie dunkle, klobige Möbel und Pflanzen mit sehr großen und dunklen Blättern. Hellen Sie stattdessen schattige Ecken auf, indem Sie Pflanzen mit weißen oder hellen Blüten pflanzen. Am Abend können Beleuchtung, Lichterketten und tragbare Lampen dazu beitragen, den Raum optisch zu vergrößern.

Problem: Der Balkon ist eher länglich und schmal.
Lösung: Stellen Sie die Sitzmöbel mit dem Rücken zur Hauswand und nutzen Sie das Balkongeländer, um einen Balkontisch daran zu befestigen. Bei einem großen, länglichen Balkon kann man mit einem Sofa ähnlich vorgehen und statt eines Couchtischs davor jeweils einen Beistelltisch an der Armlehne platzieren.

Problem: Der Balkon wirkt groß und eher leer, obwohl er eingerichtet ist.
Lösung: Um einen großen Balkon gemütlicher zu machen, sollte man größere und stabilere Möbel verwenden. Verzichten Sie auf schmale und filigrane Konstruktionen. Teilen Sie den Balkon oder die Terrasse in verschiedene Bereiche auf und schaffen Sie beispielsweise einen Essbereich, eine Lounge-Ecke und einen Küchengarten oder ein Blumenbeet aus Pflanzgefäßen. Statten Sie die leeren Flächen mit üppiger Begrünung aus, am besten gruppieren Sie mehrere unterschiedlich hohe Töpfe miteinander. Denken Sie auch daran, alle Ebenen zu dekorieren: oben, unten und dazwischen. Über Kopf-

höhe kann das zum Beispiel ein Sonnenschirm, ein Zierbaum, eine Hängepflanze oder ein Mobile sein. Seien Sie großzügig mit zusätzlichen Möbeln wie Beistelltischen, Fußschemeln und Körben mit Decken. Auf dem Boden können wasserfeste Teppiche als Raumteiler dienen.

Problem: Vögel beschmutzen den Balkon.
Lösung: Weil Vögel Plastikbänder oder raschelnde Materialien nicht mögen, empfiehlt es sich, einige davon aufzuhängen, die sich im Wind unauffällig bewegen. Auch reflektierende Windspiele können helfen (vorausgesetzt, der Klang stört weder Sie noch die Nachbarn). Pflanzen Sie nichts, was Vögel gerne fressen, und lassen Sie keine Krümel, Essensreste und Wasser herumstehen. Es gibt auch Raubvogelattrappen, aber bedenken Sie, dass Modelle, die Geräusche machen, auch Haustiere in benachbarten Wohnungen stören können. Sprechen Sie mit den Nachbarn, bevor Sie so etwas aufstellen. Wer Probleme mit Tauben hat, die sich auf dem Geländer niederlassen, kann auf spezielle Taubenspiralen zurückgreifen. Die Spiralen verletzen die Tauben nicht, erschweren ihnen jedoch das Landen, da sie keinen Halt auf dem Geländer finden.

Problem: Mücken, Spinnen und Insekten stören die Ruhe.
Lösung: Kaufen Sie Pflanzen, die Mücken nicht mögen. So sollen Lavendel, Katzenminze, Basilikum, Zitronenmelisse und Duftpelargonien Mücken fernhalten. Es gibt auch batteriebetriebene und tragbare Mückenschutzgeräte, die trotz ihrer geringen Größe große Flächen abdecken. Wer Probleme mit Spinnen auf dem Balkon hat, sollte auf Holzterrassen verzichten, da Spinnen gerne in die Ritzen kriechen. Besser ist da ein Flickenteppich, der drinnen aufbewahrt und einfach abgesaugt werden kann.

WIE VIEL GEWICHT TRÄGT IHR BALKON?

Das hängt natürlich von Konstruktion, Größe und Bautechnik ab, aber die meisten modernen Balkone tragen in der Regel etwa 200 Kilo pro Quadratmeter. Ältere Balkone sind unter Umständen weniger belastbar. Auch das Alter des Materials spielt eine Rolle, da Beton und Metallteile mit der Zeit Korrosionsschäden davontragen können. Neben Menschen und Einrichtungsgegenständen müssen auch andere Faktoren in die Gewichtsberechnung miteinbezogen werden. Vergessen Sie nicht, dass Blumentöpfe mehr wiegen, wenn die Erde feucht ist. Ihr Gewicht kann sich verdoppeln, wenn sie mit Wasser gesättigt ist.

9

Glossar und Checkliste

Wenn ich Fachleuten aus Gartenwelt und Handwerk zuhöre, kommt es mir manchmal so vor, als würden sie eine eigene Sprache sprechen.

In diesem Abschnitt entschlüssele ich einige häufig verwendete Ausdrücke, die sehr nützlich sein können. Betrachten Sie es als eine Art Sprachführer für »Gärtnerisch« und »Handwerkerisch«.

Am Ende dieses Kapitels finden Sie eine Checkliste und Infos zu Klimazonen, die Sie bei der Standortanalyse Ihres Außenbereichs verwenden können.

Kleiner Sprachführer für den Garten

A

A Abkürzung für »area« (englisch Baufläche) und bezeichnet die Fläche, die ein Gebäude auf dem Grundstück einnimmt.
Abhärten Bedeutet, dass man eine Pflanze langsam an das Klima draußen gewöhnt, das ist ähnlich wie bei Kindern, die in den Kindergarten kommen. Anfangs nur ein paar Stunden am Tag.
Anbauzone Schweden ist in acht Vegetationszonen unterteilt, basierend auf dem Klima und den Anbaubedingungen. Im Pflanzenhandel werden diese Zahlen als Orientierung angegeben. Je höher die Zone einer Pflanze ist, desto widerstandsfähiger ist sie gegen Kälte und Winter.
Atrium Ein Innenhof, der komplett von einem Gebäude umgeben ist.
Axonometrische Zeichnung Eine dreidimensionale Skizze, mit der man einen Außenbereich unter Einbezug der Tiefe darstellt. Wird auch als falsche perspektivische Zeichnung bezeichnet.

B

Bodendecker Pflanzen, die sich ausbreiten und den Boden bedecken, sodass die Erde nicht mehr zu sehen ist.

E

Einjährige Damit sind nicht etwa Kinder gemeint, sondern Pflanzen, die einen einjährigen Wachstumszyklus haben.
Entwässerungsgefälle Zeigt an, wie viel Gefälle nötig ist, um überschüssiges Wasser von einem Ort wegzuleiten. Wichtig, damit sich kein Wasser an unerwünschten Stellen im Garten oder auf dem Freisitz sammelt.

F

Fassade Die Außenwand oder die Außenseite eines Hauses.
Firsthöhe Die Höhe eines Gebäudes (zum Beispiel eines Gewächshauses) vom Boden bis zum Dachfirst.

G

Gartendenkmal Laut Denkmalschutzgesetz ist ein Gartendenkmal eine Grünanlage, eine Garten- oder Parkanlage, ein Friedhof, eine Allee oder ein sonstiges Zeugnis der Garten- und Landschaftsgestaltung, deren Erhaltung im Interesse der Allgemeinheit liegt.

In Schweden gibt es drei verschiedene Schutzkategorien für kulturell und historisch wertvolle Gebäude (und Gärten), die mit einem großen Q, einem kleinen Q oder einem K gekennzeichnet sind. Bei Parkanlagen bedeutet das beispielsweise, dass Bäume und andere Pflanzen nicht einfach so entfernt werden dürfen und die Pflanzen auf eine bestimmte Art gepflegt werden müssen.
Greifzone Gibt die empfohlene Höhe von Konstruktionen an, damit sie bequem genutzt werden können.

H

Halbschatten Standorte, die während eines Teils des Tages im Schatten liegen.
Hirnholz Die Enden eines Holzes werden als Hirnholz bezeichnet und saugen etwa 20-mal mehr Wasser auf als die Längsseiten. Ein wichtiger Aspekt, den man beim Bau berücksichtigen sollte, von Zäunen und Windschutzvorrichtungen bis hin zu Palettenrahmen.

I

Immergrün Pflanzen, die ihre Nadeln und Blätter über mehrere Jahre hinweg ganzjährig behalten. Beispiele hierfür sind Rhododendron, Thuja und Buchsbaum.

Invasiv Eine Pflanze, die sich aggressiv ausbreitet und dadurch die übrige Vegetation stören kann. Oft handelt es sich dabei um importierte Pflanzen, die in unseren Breitengraden nicht heimisch sind (Neophyten).

J

Jahrestriebe Die neu gebildeten Triebe, die jedes Jahr aus den Spitzen holziger Pflanzen wachsen.

K

Kalthauspflanzen Eher exotische Sorten (natürlich je nach Wohnort), die zum Schutz vor Frost im Winter ins Haus geholt werden müssen. Zum Beispiel Zitronenbäume, Feigenbäume, Olivenbäume und Pelargonien.

Kronenhöhe Maß für die Höhe eines ausgewachsenen Baumes.

L

Lichtes Maß Eine wichtige Angabe, um zu wissen, wie viel Platz vor einer Tür erforderlich ist, damit der Öffnungsradius des Türflügels nicht durch Töpfe oder Möbel behindert wird.

M

Massivbau Wenn ein Haus, ein Poolhaus, eine Garage oder ein Lagergebäude ohne Fertigbauteile errichtet wird.

Mikroklima In einem Garten können sich bestimmte Bereiche von den klimatischen Bedingungen der Umgebung unterscheiden. Das hängt unter anderem von der Topografie, der Lage der Gebäude, von Sonne und Schatten ab.

O

Offener Bereich Bereiche, die zum Verweilen oder Aufbewahren gedacht sind und nicht von Wänden umgeben sind. Zum Beispiel Balkone, Dachterrassen, überdachte Freisitze oder Carports.

P

Pflanzabstand Bezeichnet den empfohlenen Abstand zwischen den Mittelpunkten zweier Pflanzen. Nützlich bei der Planung einer Bepflanzung eines Beetes oder Topfes, damit man die Pflanzen nicht zu dicht nebeneinandersetzt.
Pflanztiefe Gibt an, wie tief das Loch für die Pflanzen sein muss. Das ist wichtig, damit man sie auch wirklich richtig einpflanzt, nicht nur oberirdisch, sondern auch unterirdisch.
Pfropfen Einfach erklärt bedeutet das, dass zwei unterschiedliche Pflanzensorten »gepaart« (veredelt) werden, indem ein Teil auf einen anderen Ast oder Stamm aufgepfropft wird. Auf diese Weise kann man zwei verschiedene Apfelsorten auf demselben Baum erhalten.

R

Remontierend Pflanzen blühen mehrmals pro Saison.

S

Standort Alle Pflanzen kommen ursprünglich von einem Ort auf der Erde, wo die Bedingungen für das Gedeihen dieser Pflanze optimal sind. Dieser wird auch als Standort bezeichnet. Damit sich eine Pflanze wohlfühlt, muss man sie an einem Ort einsetzen, der ähnliche Licht-, Boden-, Wind-, Temperatur- und Wasserbedingungen wie der ursprüngliche Standort hat.
Staude Einfach ausgedrückt sind dies Pflanzen, die nicht nach einer Saison absterben, sondern Jahr für Jahr wiederkommen. Als Stauden werden mehrjährige, krautige Pflanzen, Gräser und Halbgehölze bezeichnet. Pflanzen, die an ihrem natürlichen Standort mehrjährig

sind, aber im hiesigen Klima nicht überwintern können, werden als Einjährige bezeichnet.

T

Taupunkt Gibt die Temperatur an, bei der Tau entsteht, das heißt, wenn die Luftfeuchtigkeit kondensiert und sich Tautropfen auf Pflanzen und Gartenmöbeln bilden.

Topiary Ein englischer Begriff für Formschnitte, der in Gärtnereien und sozialen Medien häufig Verwendung findet.

V

Vorjahrestriebe Die Zuwächse (also das Wachstum) des letzten Jahres, die an Bäumen und Sträuchern hervorstechen.

W

Wintergrün Wintergrüne Pflanzen behalten im Winter alle oder fast alle Blätter, werfen sie aber im Frühjahr ab und bekommen neue – im Gegensatz zu immergrünen Pflanzen, die ihre Blätter und Nadeln das ganze Jahr über behalten, und das über mehrere Jahre hinweg.

Winterhärte Bezeichnet die Fähigkeit einer Pflanze, Temperaturunterschiede und Frost zu überstehen.

Woodland Ein englischer Begriff für die Nachbildung von waldähnlichen Bedingungen im eigenen Garten.

Wuchsform Gibt an, wie sich eine Pflanze während ihres Wachstums verändert. Ist sie zum Beispiel buschig, ein Bodendecker, klettert oder bildet Kissen?

Wurzelnackt Bedeutet, dass eine Pflanze ohne Erde im Topf verkauft wird.

Wurzelzone Damit man Bäume und Sträucher nicht zu dicht nebeneinander pflanzt, sollte man die Wurzelzone überprüfen. So können Sie sich darauf verlassen, dass die gewünschte oberirdische Zusammenstellung auch unterirdisch funktioniert.

X

X = Hybridzeichen Ein X im wissenschaftlichen Namen einer Pflanze bedeutet, dass es sich um eine Hybride handelt, also um eine Kreuzung zwischen zwei Arten.

Xerophyt Pflanzen, die unter trockenen Bedingungen ohne großen Zugang zu Wasser überleben können, beispielsweise Kakteen und Sukkulenten.

Z

Zonenkarte Auf der schwedischen Zonenkarte ist das Land in acht Zonen unterteilt, die die Widerstandsfähigkeit von Obst- und Zierbäumen sowie einer großen Anzahl von Sträuchern angeben. Nicht zu verwechseln ist diese Zonenkarte mit der Klimazonenkarte des US Department of Agriculture (USDA), anhand derer auch eine Karte für Europa erstellt wurde.

Zonenknacken »Zonenknacken« (Schwedisch: Zonknäckeri) beschreibt im Schwedischen die Kunst, etwas an einem Ort anzubauen, an dem es eigentlich nicht möglich sein sollte.

Zweijährige Bezieht sich auf Pflanzen, die einen zweijährigen Lebenszyklus haben.

Checkliste für die Standortanalyse

Im ersten Kapitel habe ich erklärt, wie man eine Standortanalyse macht. Hier ist eine Checkliste, damit Sie die verschiedenen Punkte, die Ihren Außenbereich betreffen, durchgehen können. Erstellen Sie eine Liste oder, noch besser, verwenden Sie die einzelnen Punkte als Rubriken und machen Sie sich Notizen dazu.

Die Checkliste kann man auf verschiedene Arten nutzen, aber ich würde Ihnen empfehlen, die Notizen und Überlegungen fortlaufend zu ergänzen, wenn Ihnen weitere Dinge dazu einfallen.

Checkliste für die persönliche Standortanalyse

1. Grundstückskarte oder Zeichnung des Freisitzes/Balkons mit korrekten Maßen
2. Himmelsrichtungen
3. Sonnenverlauf und Schatten
4. Wind und Windschutz
5. Bodenhöhe und Untergrund
6. Bodenbeschaffenheit und Tiefe
7. Wasser und pH-Wert
8. Ausblicke und Aussicht
9. Einblick und Sichtlinien
10. Geräusche und Lärm
11. Düfte und Gerüche
12. Beleuchtung und Strom
13. Bewegungsmuster
14. Vorhandene Vegetation
15. Klima

Klimazonen

Abhängig von Ihrem Wohnort gibt es verschiedene Klimabedingungen zu berücksichtigen.

Das beeinflusst unter anderem, welche Pflanzen sich auf Ihrem Freisitz oder Balkon wohlfühlen. Stark vereinfacht kann man sagen, dass Pflanzen in der Regel umso besser gedeihen, je mehr die Bedingungen denen ihres heimischen Ursprungsortes entsprechen. Außerdem bestimmt die Klimazone, in der Sie leben, wie viel Niederschlag in Form von Regen und Schnee (sogenannte Schneezonen) die Möbel und Bauten aushalten müssen und bis in welche Tiefe der Boden gefriert, was Einfluss auf die Tiefe von Fundamenten bei Pergolen, Windschutz oder Terrassen hat.

Winterhärteklassifizierung (WHZ)

Wie winterhart eine Pflanze ist, hängt von Nährstoffangebot, Wasserversorgung, Temperatur oder dem allgemeinen Zustand ab. Viele Gärtnereien richten sich inzwischen nach der Winterhärtezonenkarte von Heinze und Schreiber. Bei Onlineshops können Sie Filterfunktionen verwenden, und wer regional einkauft, kann sich vor Ort über die erforderlichen klimatischen Bedingungen beraten lassen.

Schneelastzonen

Die Schneelast auf dem Dach wird in Abhängigkeit von der Dachform und der errechneten Schneelast auf dem Boden ermittelt. Um dies zu erleichtern, werden Regionen in sogenannte Schneelastzonen eingeteilt. Es ist wichtig, sich darüber zu informieren, wenn man einen Freisitz, einen neuen Wintergarten oder ein Gewächshaus überdachen will. Dieser Faktor beeinflusst die Gestaltung und Dimensionierung von Gebäudeteilen und führt unter Umständen dazu, dass die Praktikabilität Vorrang vor der Ästhetik haben muss.

Quellen und Verweise

Bücher

Andersson, Ingald. *Uterum, terrasser, grillar, belysning, möbler*, Svensk Byggtjänst 1995.

Berglund, Erik, Sten Engdal, *Möbelråd*, Svenska Slöjdföreningen 1961. *Möbelns svaga punkter – vanliga brister i möbelkonstruktioner*, 39. Bericht des Möbelinstituts, 1984.

Berglund, Erik, *Sittmöblers mått, Handbok för möbelformgivare.* Möbelinstitutet Nr. 50, Axplock förlag 1988.

Bodin, Anders, Jacob Hidemark, Martin Stintzing, Sven Nyström, *Arkitektens handbok*, Studentlitteratur 2022.

Klarqvist, Björn, *Bostadsplanering*, Läromedelsförlagen Akademiförlaget 1969.

Molin, Ulla, *Konsten att skapa en tidlös trädgård*, Liselotte Fritz, Bokförlaget Arena 2022.

Molin, Ulla, *Leva med trädgård*, Förlags AB Wiken, Höganäs 1992.

Neufert Architects' data 5th Edition, Wiley Blackwell 2019.

Rosenholm, Ann-Christin und Dan, *Trädgårdsdesign*, Albert Bonniers förlag 2006.

Svenska stolar, Möbelfakta 2002.

Tanizaki, Jun'ichirō, *Lob des Schattens*, Manesse 2010

Wilke, Åsa, *Villaträdgårdens historia*, Prisma 2006.

Wilson Nicole, *I huvudet på en trädgårdsdesigner*, Natur & Kultur 2024.

Woldemar Heinze, Detlef Schreiber, »Eine neue Kartierung der Winterhärtezonen für Gehölze in Mitteleuropa.« *Mitteilungen der Deutschen Dendrologischen Gesellschaft* 75, 1984, 11–56.

Internetressourcen und weiterführende Informationen

Balcony Living Balconyliving.se
Boverket Boverket.se
Formenta (Fahnenmasten) formenta.se
Glashusen glashusen.se
Hemtex (Größe der Tischtücher) hemtex.se
Hemtrevligt/Ica Kuriren icakuriren.se
Hängmatta och mer (Shop) hangmatta-och-mer.se
KOI (Farbe) koifargestudio.no
Jotun (Farbe) jotun.se
Lightson (Außenbeleuchtung) lightson.se
MrFredrik mrfredrik.se/mr-fredrik/tradgardsmobler
NCS Colour System ncscolour.com
Pennsylvania Horticultural Society phsonline.org
Poolar poolar.se/belysning-i-poolen
Pith + Vigor pithandvigor.com (Genius loci)
Riksantikvarieämbetet raa.se
Riksförbundet Svensk Trädgård svensktradgard.se
SBI Stålbyggnadsinstitutet
Stenbolaget stenbolaget.se
Stadt Stockholm »Balkongvägledning« Dnr 2023-00087 vaxer.stockholm
Sveriges Natur sverigesnatur.org
Svenskt Trä traguiden.se
Svensk Vattenbehandling svenskvattenbehandling.se
Sydved sydved.se
VA Syd vasyd.se
Veldarchitechts veldarchitects.co.za
Vi i villa viivilla.se
Zenfusionhome zenfusionhome.com

Artikel und wissenschaftliche Arbeiten

The Genius loci

Genius loci: landskap, spelplats, närvaro, SLU i samarbete med Dramatiska Institutet, 2009.

Jakten på Genius Loci, att förstå och finna platsens själ, Amanda Blick, LTJ-fakulteten, SLU 2011-06-13.

Wind

Vind i Bebyggd Miljö, Åsa Johansson, Jeanette Sandberg, Malmö högskola 2006.

Windgeschützte Pflanzungen

Planera och utforma en läplantering, Magdalena Olsson

Institutionen för Landskaps- och trädgårdsteknik, Landskapsingenjörsprogrammet, 2005.

Abgebildete Möbel

Bank, Fermob Louisiane: Seite 145/146

Liegestuhl, Stockamöllan Lobby: Seite 10, 148

Sessel, Fermob Luxembourg (Feuerstelle): Seite 262

Sessel, HAY Pallisade: Seite 54

Sessel, HAY Crate Loungesessel: Seite 54

Hollywoodschaukel, Hillerstorp Marstrand: Seite 167

Hängesessel, Sika The Egg Chair Outdoor: Seite 166

Esstisch und Stühle (unter der Pergola), Djurö von Skargaarden: Seite 250

Positionsstuhl, Skagerak Columbus: Seite 150

Sofas aus Kunstrattan, freistehend: Seite 138

Sonnenliege, Fri Form: Seite 154

Sonnenliege HAY Pallisade: Seite 154

Sonnenliege, Hillerstorp Gänge: Seite 154

Stuhl, Fermob: Seite 132
Stuhl, Skargaarden Viken: Seite 127
Stuhl A1 und A2 von Grythyttan: Seite 42, 58,116, 130/131
Strandstuhl, Skargaarden H55: Seite 159
Außenküche MyOutdoorKitchen Modell Florida: Seite 253

Abgebildete Einrichtungsgegenstände

Kissenbox, Fri Form: Seite 222
Tragbarer Kamin, Vauni: Seite 263

Abgebildete Leuchten

Tischleuchte, Fatboy, Edison: Seite 181
Tischleuchte, Stelton, Pier: Seite 181
Pfosten Louis Poulsen, Toldbod: Seite 181
Pfosten Louis Poulsen, Flindt Pollare: Seite 181
Pfosten, anonymisierter Poller: Seite 181
Wandleuchte, Örsjö belysning, Tratten: Seite 181
Wandleuchte, anonymisiert: Seite 181

Vorlage für die Beleuchtungsplanung auf Seite 190:
Bettina Jagorstrand, lightson.se

Grundrisse

Vielen Dank an Trivselhus, trivselhus.se, dass wir die Zeichnungen und Grundrisse von Häusern und Terrassen für verschiedene Beispiele nutzen durften. Eines der Häuser ist auch die Vorlage für das Cover des Buches.

Dank

In einem alten Sprichwort heißt es, dass es ein ganzes Dorf braucht, um ein Kind großzuziehen. Das gilt in gewisser Weise auch für das Schreiben von Büchern. Auch wenn mein Name auf dem Buchrücken steht, so wäre aus meinen Ideen ohne all die Menschen, die mir auf meinem Weg zur Seite gestanden und mir geholfen haben, nie ein Manuskript geworden.

Ein besonderer Dank gilt meinem Mann und meinen Kindern. Niklas, Max und Oscar.

Danke, dass ihr mir die Möglichkeit gebt, mich in so anspruchsvolle Projekte zu stürzen.

Und danke für all die lieben Umarmungen und Tassen Kaffee, mit denen ihr mich versorgt habt, wenn ihr gemerkt habt, dass ich sie brauchte.

Ich möchte mich auch bei allen bedanken, die auf verschiedene Weise an der Produktion meiner Bücher beteiligt waren: Lektoren, Übersetzer, Illustratoren, Designer, Faktenprüfer und Verleger. Ihr wisst, wer gemeint ist.

Danke an meine fantastische Agentin, die mich von Anfang an begleitet hat, sowie an meinen aktuellen Verlag und mein Dreamteam. Ich hoffe, dass ich noch lange mit euch zusammenarbeiten darf.

Ohne all die interessanten Fragen, die ich von euch, den Followern von Trendenser in den sozialen Medien, bekommen habe, wäre nicht dieses Buch dabei herausgekommen. Vielen Dank an alle, die während meines Schreibprozesses großzügig Tipps, Erkenntnisse und Erfahrungen mit mir geteilt haben. Das hat den Inhalt des Buches entscheidend geprägt, und ich habe ein Verständnis für die Probleme und Herausforderungen entwickelt, denen man bei der Gestaltung eines Außenbereichs begegnet.

Zu guter Letzt möchte ich mich bei Ihnen bedanken, die Sie diese Zeilen lesen. Dass Sie mein Buch in die Hand genommen und bis hierher gelesen haben, bedeutet mir unglaublich viel. Dank Ihnen, die meine Leidenschaft für Innenarchitektur teilen und meine Art, über dieses Thema zu schreiben, schätzen, konnte ich meine beiden großen Kindheitsträume verwirklichen: mit Innenarchitektur zu arbeiten und mich Autorin nennen zu dürfen. Dafür bin ich ewig dankbar.

Foto: Anna Roström

Frida Ramstedt ist Innenarchitektin und Gründerin von Trendenser.se, einem der ersten und größten Blogs über Innenarchitektur in Skandinavien, der in Sachen Inspiration, Wissen, Neuigkeiten und Trendbeobachtungen regelmäßig aktualisiert wird.

Instagram

@trendenser

@trendenser_garden